人工智能与大数据系列



# PyTorch 实战

[印] Ashish Ranjan Jha◎著

郭 涛 孙云华 王昭生 刘志红◎译

電子工業出版社
Publishing House of Electronics Industry
北京 • BEIJING

## 内 容 简 介

本书以 PyTorch 作为深度学习框架，主要包括 4 部分。第 1 部分（第 1、2 章），主要概述 PyTorch 基础知识与常见深度学习算法实现，例如，CNN、LSTM，即 CNN-LSTM；第 2 部分（第 3～5 章）介绍高级神经网络实现，主要包括常见的深度学习网络结构，例如，CNN、RNN 及最新的 Transformer 等模型；第 3 部分（第 6～9 章）介绍生成式 AI 和深度强化学习，主要包括 GAN、GPT 和 DQN 等算法；第 4 部分（第 10～14 章）介绍生产中 PyTorch 落地的几个关键性主题，分布式训练、自动机器学习管道构建和硬件快速部署。

本书内容翔实，以案例作为场景，通过 PyTorch 深度学习框架对 AI 算法进行了实现，适合对人工智能感兴趣的高校教师、企业工程师及对 AI 算法感兴趣的技术人员和研究人员阅读。



**图书在版编目（CIP）数据**

PyTorch 实战 / （印）阿施・拉贾汉・贾（Ashish Ranjan Jha）著；郭涛等译. —北京：电子工业出版社，2024.3
（人工智能与大数据系列）

书名原文：Mastering PyTorch

ISBN 978-7-121-47553-5

Ⅰ. ①P… Ⅱ. ①阿… ②郭… Ⅲ. ①机器学习 Ⅳ. ①TP181

中国国家版本馆 CIP 数据核字（2024）第 060566 号

责任编辑：刘志红（lzhmails@phei.com.cn）　　特约编辑：张思博
印　　刷：北京天宇星印刷厂
装　　订：北京天宇星印刷厂
出版发行：电子工业出版社
　　　　　北京市海淀区万寿路 173 信箱　邮编：100036
开　　本：720×1 000　1/16　印张：26.75　字数：599.2 千字
版　　次：2024 年 3 月第 1 版
印　　次：2024 年 3 月第 1 次印刷
定　　价：158.00 元

凡所购买电子工业出版社图书有缺损问题，请向购买书店调换。若书店售缺，请与本社发行部联系，联系及邮购电话：（010）88254888，88258888。

质量投诉请发邮件至 zlts@phei.com.cn，盗版侵权举报请发邮件至 dbqq@phei.com.cn。

本书咨询联系方式：18614084788，lzhmails@phei.com.cn。

致 Rani Jha——我的母亲，我最好的朋友；致 Bibhuti Bhushan Jha——我的父亲，我的偶像。感谢他们的付出和坚定的支持，他们是我生活和工作的动力。没有他们的爱，这一切都将无法实现。感谢我的姐妹 Sushmita、Nivedita 和 Shalini，她们教会了我在生活中何可为，何不可为。

# 译 者 序

“工欲善其事，必先利其器。”

——《论语》

深度学习自2006年提出以来，在学术界和产业界产生了巨大的影响。在理论方面，深度学习发展出了很多新的模型和网络结构，如深度卷积神经网络、循环神经网络、对抗神经网络、图神经网络等。在应用方面，计算机视觉、自然语言处理和机器人技术等发挥了巨大价值。近几年，由于深度学习本身存在不足以解决小样本学习和模型泛化能力的问题，以迁移学习和元学习为代表的新型机器学习逐渐兴起，成为人工智能领域的新兴研究方向。理论得到了发展，对应的开发语言和开源库也取得了长足的丰富。正所谓“合久必分，分久必合”，深度学习库也经历了这样的过程。刚开始，这一领域出现了60多个深度学习开源库，涉及的开发语言有Python、R和Java等。目前而言，主要以Python开发为主，同时涉及TensorFlow、PyTorch和MXNet等深度学习开源库。这几个框架各有优缺点，读者可以根据实际情况进行选择。

本书是一本围绕PyTorch展开的工具书，以一种引人入胜的方式通过PyTorch探索深度学习世界。本书共4个部分，第1部分（第1、2章），主要是对PyTorch深度学习进行概述，以案例和源码讲解形式探索CNN和LSTM对其图像的处理；第2部分（第3～5章），主要研究CNN框架、深度循环网络和混合模型；第3部分（第6～9章），主要介绍GAN和深度强化学习，以图像迁移风格及生成音乐和问题为场景，对其进行深度探索；第4部分（第10～14章），是本书的特色之处，本部分生成系统中的PyTorch，主要探究分布式计算、AutoML、AI可解释性及使用PyTorch快速构建机器学习原型设计。本书适合对人工智能感兴趣的高校教师、企业工程师及对AI算法感兴趣的技术人员和研究人员阅读。

理论与实践是统一辩证的。深度学习与机器学习涉及理论丰富繁杂，涉及的学科也很多，如数学、统计学、计算机科学、信息论和社会科学等。这也是这个方向门槛高的主要原因，并且这个方向还在快速的发展之中。另外，能够满足这些理论方法的工具有很多，涉及各种语言和开源库，但目前大家的共识是使用 Python 语言和 TensorFlow、PyTorch 等开源库，这些也给使用人员增加了很多学习成本，例如，要熟悉一门开发语言，就要熟悉数据结构和算法设计、离散数学和软件工程设计等方面。要想在这方面取得一定的成就，就要求使用人员“知行合一”。同时，这是一个知识密集型和技术快速发展的方向，选择 PyTorch 可以降低学习成本。

本书由四位译者共同翻译、审核、校对。在翻译本书的过程中，得到了很多人的帮助，对外经济贸易大学英语学院许瀚、西南交通大学外国语学院的周宇健和陈卓、吉林财经大学外国语学院张煜琪等参与了全书校对和审核工作。我以本书作为参考教材，以人工智能和机器学习作为主题进行了公益培训，在此过程中我不断查阅资料，也感谢各位参与人员的反馈，使我有机会对本书中的翻译细节进行了修正。最后，感谢电子工业出版社编辑，他们做了大量的编辑和校对工作，有效提升了本书质量。

由于本书涉及范围广且深，加上译者翻译水平有限，翻译过程中难免有错漏之处，欢迎各位读者在阅读过程中将本书参考源码、问题和勘误提交至 E-mail（guotao3s@163.com 或 lzhmails@163.com）。

郭　涛<br>2023 年 7 月于蓉城

# 序言

Ashish 是我 8 年前在 IIT Roorkee 教人工神经网络课程时的学生，我很高兴得知他撰写了这本需要动手实践的书，本书涵盖了一系列具有合理深度的深度学习主题。

通过代码来学习是每个深度学习爱好者都想做的事情，但往往会半途而废。浏览文档并提取有用信息进行深度学习，这一过程非常烦琐，我已经见过太多学生在此受挫。任何初学者都可以获得大量的资源来成为专家，然而，初学者在试图平衡概念导向课程和许多学术课程的编码方法时，很容易忽视学习任务。

我们将 PyTorch 特地定位为 Pythonic，并且认为其非常灵活，对刚开始编写机器学习模型编码的初学者和喜欢参与设计并训练模型精细参数的专家都很有吸引力。我很乐意向技术爱好者推荐 PyTorch，无论他们的专业水平如何。

学习机器学习和深度学习模型的最佳方法是在 PyTorch 中练习编码。这本书以一种非常引人入胜的方式通过 PyTorch 探索深度学习世界。本书从深度学习的基本构建块开始，学习数据流水线的视觉吸引力。本书以非常简单的方式介绍用于模型构建和训练的 PyTorch 模块，学生能够很容易地理解书中的实践方法。书中的每一个概念都将通过代码来解释，每一步代码都有很好的文档记录。本书不应仅仅被视为初学者教材，相反，任何初学者都可以通过研读本书成为专业人士。

本书将涵盖从基本的模型构建（如流行的 VGG16 或 ResNet）到高级主题

（如 AutoML 和分布式学习）的所有内容。此外，本书进一步涵盖了 AI 可解释性、深度强化学习和 GAN 等概念。本书中的练习包含从构建图像说明模型到音乐生成和神经风格转移模型，以及在生产系统中构建 PyTorch 模型服务器。这些都将帮助你为任何深度学习探索做好准备。

我向任何想掌握 PyTorch 以使用最新库来部署深度学习模型的人推荐这本书。

Gopinath Pillai 博士

IIT Roorkee 电气工程系主任

# 编 著 者

## 关于作者

Ashish Ranjan Jha 拥有 IIT Roorkee（印度）电气工程学士学位、EPFL（瑞士）计算机科学硕士学位、Quantic 商学院（华盛顿）MBA 学位，并都以优异成绩毕业。Ashish 曾在甲骨文、索尼及初创科技公司工作，目前在 Revolut 公司担任机器学习工程师。

除了具有多年的工作经验，Ashish 还是一名自由职业的 ML（机器学习）顾问、作家和博主（datashines）。他专攻的产品/项目领域覆盖从使用传感器数据预测车辆类型到检测保险索赔中的欺诈等。在业余时间，Ashish 为开源机器学习项目做贡献，并活跃于 StackOverflow 和 Kaggle（arj7192）。

## 关于审稿人

Javier Abascal Carrasco 拥有塞维利亚大学（西班牙）的电信工程硕士学位，曾就读于德累斯顿工业大学（德国）和托马斯学院（美国密歇根州），并获得 MBA 学位。自职业生涯开始以来，Javier 一直对数据分析领域充满热情。他曾与小型初创公司和大公司等各种规模的公司有合作，并为其提供帮助，包括咨询公司 EY 和 Facebook（目前更名为 Meta）等。此外，在过去的 3 年中，他一直是数据科学领域的兼职讲师。Javier 坚信 PyTorch 正在为涉及深度学习的编程工作带来一种全新的风格，从而形成与 TensorFlow 的友好竞争格局。

## 正在寻找像你这样的作者

如果你有兴趣成为作者，请发送电子邮件到 lzhmails@phei.com.cn。我们与成千上万像你一样的开发人员和技术专业人士合作，帮助他们与全球技术社区分享见解。你可以进行创作申请，提交你的创作想法。

# 前言

**深度学习（DL）**正在推动 AI 革命，而 PyTorch 使人们构建 DL 应用程序变得前所未有的轻松。本书将帮助你探索专业技术，充分利用你的数据，构建复杂的神经网络模型。

本书首先简要概述了 PyTorch，并探讨了用于图像分类的**卷积神经网络（CNN）**架构。你将探索**循环神经网络（RNN）**架构及 Transformer，并将它们用于情感分析。随着学习的深入，你将使用生成模型将 DL 应用于跨领域，如音乐、文本和图像生成。之后，你将深入研究**生成对抗网络（GAN）**的世界，在 PyTorch 中构建并训练你自己的深度强化学习模型，并解释 DL 模型。你不仅将学习如何构建模型，还将使用专业提示和技术将 PyTorch 模型部署到生产中。最后，你将掌握以分布式方式高效训练大模型的技能，使用 AutoML 有效搜索神经架构，并使用 PyTorch 和 fast.ai 快速构建模型原型。

读完这本书，你将能够使用 PyTorch 执行复杂的 DL 任务来构建**人工智能**模型。

## 本书面向的读者

本书适用希望使用 PyTorch 1.x 来实现高级 DL 范式的数据科学家、机器学习研究人员和 DL 从业者。读者应具备 Python 编程的 DL 工作知识。

## 本书内容

第 1 章，“使用 PyTorch 概述深度学习”，包括对各种 DL 术语和概念的简要说明，将帮助你理解本书的后续部分。本章还提供了 PyTorch 作为一种语言和工具的快速概述。本书通篇都在使用 PyTorch 来构建 DL 模型，最后将使用 PyTorch 训练神经网络模型。

第 2 章，“结合 CNN 和 LSTM”，将引导我们通过示例构建一个带有 CNN 和**长短期记忆（LSTM）**的神经网络模型。该模型在使用 PyTorch 将图像作为输入时，生成文本/标题作为输出。

第 3 章，“深度 CNN 架构”，概述了近年来先进的深度 CNN 模型架构。本书使用 PyTorch 来创建许多此类模型，并针对不同的任务对其进行训练。

第 4 章，“深度循环模型架构”，介绍了循环神经架构的最新进展，特别是 RNN、LSTM 和**门控循环单元**（**GRU**）。学完本章后，你将能够在 PyTorch 中创建自己的复杂循环架构。

第 5 章，“混合高级模型”，讨论了一些先进且独特的混合神经架构，例如 Transformer，这一神经架构彻底改变了自然语言处理的世界。本章还讨论了 RandWireNN，使用 PyTorch 窥探神经架构世界。

第 6 章，“使用 PyTorch 生成音乐和文本”，演示了如何使用 PyTorch 创建深度学习模型，这些模型在运行状态下，可以在几乎不提供任何内容的情况下创作音乐和编写文本。

第 7 章，“神经风格迁移”，讨论了一种特殊类型的生成式神经网络模型，该模型可以混合多个输入图像，并生成具有艺术外观的任意图像。

第 8 章，“深度卷积 GAN”，解释了 GAN，并使用 PyTorch 对特定任务进行训练。

第 9 章，“深度强化学习”，探讨了如何使用 PyTorch 在深度强化学习任务（如视频游戏）中训练智能体。

第 10 章，“将 PyTorch 模型投入生产中”，使用 Flask、Docker 和 TorchServe，将 PyTorch 编写的 DL 模型部署到实际生产系统中。然后，本章将学习如何使用 TorchScript 和 ONNX 导出 PyTorch 模型，如何将 PyTorch 代码作为 C++应用程序发布，以及如何在一些流行的云计算平台上使用 PyTorch。

第 11 章，“分布式训练”，探讨如何通过 PyTorch 中的分布式训练实践在资源有限的情况下有效地训练大模型。

第 12 章，“PyTorch 和 AutoML”，将引导我们使用 AutoML 和 PyTorch 有效地设置机器学习实验。

第 13 章，“PyTorch 和 AI 可解释”，重点介绍使用 Captum 和 PyTorch 等工具，让非专业者了解机器学习模型。

第 14 章，“使用 PyTorch 进行快速原型设计”，讨论各种工具和库，例如 fast.ai 和 PyTorchLightning，二者加快了 PyTorch 中的模型训练过程。

## 如何充分利用本书

读者应具备 Python 实践经验，掌握 PyTorch 基础知识。由于本书大部分练习都是以 Notebook 的形式出现的，因此希望读者有使用 Jupyter Notebook 的经验。某些章节中的某些练习可能需要 GPU 来进行更快的模型训练，因此配备 NVIDIA GPU 会更好。最后，在 AWS、Google 云和 Microsoft Azure 等云计算平台注册账户，将有助于浏览第 10 章“将 PyTorch 模型投入生产中”和第 11 章“分布式训练”的部分内容，你将使训练分布到多个虚拟机器。

| 本书涉及的软硬件 | 操作系统需求 |
| --- | --- |
| Jupyter Notebook | Windows、MaxOS X，或者 Linux（任何） |
| 最好配备 NVIDIA GPU，但并不是必须的 | Windows、MaxOS X，或者 Linux（任何） |
| Python 和 PyTorch | Windows、MaxOS X，或者 Linux（任何） |
| AWS、Google 云和 Azure 账号 | Windows、MaxOS X，或者 Linux（任何） |

如果你想使用本书的数字资源，我们建议你自己敲入代码或通过 GitHub 仓库访问代码。这样将帮助你避免出现与复制/粘贴代码相关的错误。

## 下载示例代码文件

你可以从 GitHub 下载本书的示例代码文件：https://github.com/PacktPublishing/Mastering-PyTorch。如果需要更新代码，可以在现有的 GitHub 仓库上更新。

访问 https://github.com/PacktPublishing/，可以获得更多专业书籍和视频的代码资源。

## 下载彩色图像

我们还提供了一个 PDF 文件，其中包含本书中使用的屏幕截图/图表的彩色图像。你可以在此下载：https://static.packt-cdn.com/downloads/9781789614381_ColorImages.pdf。

## 使用约定

本书使用了以下文本约定。

文本代码：表示文本中的代码、数据库表名称、文件夹名称、文件名、文件扩展名、路径名、虚拟 URL、用户输入和 Twitter 句柄。例如，“batch_size 与 world_size 结合，可以将其视为输入参数，以实现简单的训练界面。”

代码表述如下：

```
# define the optimization schedule for both G and D
opt_gen = torch.optim.Adam(gen.parameters(), lr=lrate)
opt_disc = torch.optim.Adam(disc.parameters(), lr=lrate)
```

当我们希望读者注意代码块的特定部分时，加粗相关行或项：

```
def main():
    parser.add_argument('--num-gpu-processes', default=1,
type=int)
    args.world_size = args.num_gpu_processes * args.num_
machines
    mp.spawn(train, nprocs=args.num_gpu_processes,
args=(args,))
```

命令行输入或输出的写法如下：

```
jupyter==1.0.0
torch==1.4.0
torchvision==0.5.0
matplotlib==3.1.2
pytorch-lightning==1.0.5
fastai==2.1.8
```

**Bold**：表示新术语、重要词。例如，菜单或对话框中的单词在文本中以这样的方式出现。下面是一个例子："首先，大小为 **64** 的随机噪声输入向量被重新整形，并投影到 **128** 个大小为 16×16 的特征图上。"

> **提示或重要说明**
> 以此方式显示。

## 保持联系

我们随时欢迎读者的反馈。

**一般反馈**：如果你对本书有任何疑问，请在邮件主题中提及书名，并发送电子邮件至 lzhmails@phei.com.cn。

**勘误**：尽管我们已尽最大努力确保内容的准确性，但在所难免会有遗漏之处。如果你在本书中发现了错误，请告知我们，不胜感激。请访问 www.packtpub.com/support/errata，选择图书，单击勘误提交表链接，输入详细信息。

**盗版行为**：如果你在互联网上发现本书任何形式的非法复制品，请将链接信息或网站名称告知我们，不胜感激。请通过 dbqq@phei.com.cn 与我们联系，并提供材料的链接。

**成为作者**：如果你具备某个主题的专业知识并且有兴趣撰写图书，请发邮件至 lzhmails@phei.com.cn。

## 评论

留下你的评论。如果你阅读并使用了这本书，请在购买网站上留下你的评论，其他读者可以看到你的评论，并依此做出购买决定；出版社可以了解你对本书的看法；本书作者也可以看到你对这本图书的反馈。谢谢！

# 目录

## 第1部分　PyTorch 概述

## 第 2 部分 使用高级神经网络架构

## 第 3 部分 生成模型和深度强化学习

## 第 4 部分　生产系统中的 PyTorch

# 第1部分

# PyTorch 概述

本部分主要复习深度学习的概念，以及 PyTorch 的基本知识。学完本部分后，你将学会如何训练自己的 PyTorch 模型，以及如何在使用 PyTorch 将给定图像作为输入时构建神经网络模型，生成文本/文字描述作为输出。

本部分包括以下章节：

- 第 1 章，使用 PyTorch 概述深度学习；
- 第 2 章，结合 CNN 和 LSTM。

# 第 1 章

# 使用 PyTorch 概述深度学习

**深度学习**是一类机器学习方法，彻底改变了计算机/机器在现实生活中执行认知任务的方式。基于深度神经网络的数学概念，深度学习使用大量数据，以复杂非线性函数的形式，学习输入和输出之间的重要关系。如图 1.1 所示，一些输入和输出如下。

- 输入：文字图片；输出：文本。
- 输入：文本；输出：用自然声音朗读文本。
- 输入：用自然声音朗读文本；输出：转录文本。

……

以下为支撑上述解释的图片：

深度神经网络涉及大量的数学计算、线性代数方程、复杂的非线性函数及各种优化算法。为了使用 Python 等编程语言从头开始构建和训练深度神经网络，我们需要编写所有必要的方程、函数和优化计划。此外，我们还需要编写代码，以便有效地加载大量数据，并且可以在合理的时间内执行训练。这意味着在我们每次构建深度学习应用程序时，完成几个较低级别的细节。

多年来，学者已经开发 **Theano** 和 **TensorFlow** 等深度学习库，以提取这些细节。**PyTorch** 就是这样一种基于 Python 的深度学习库，可用于构建深度学习模型。

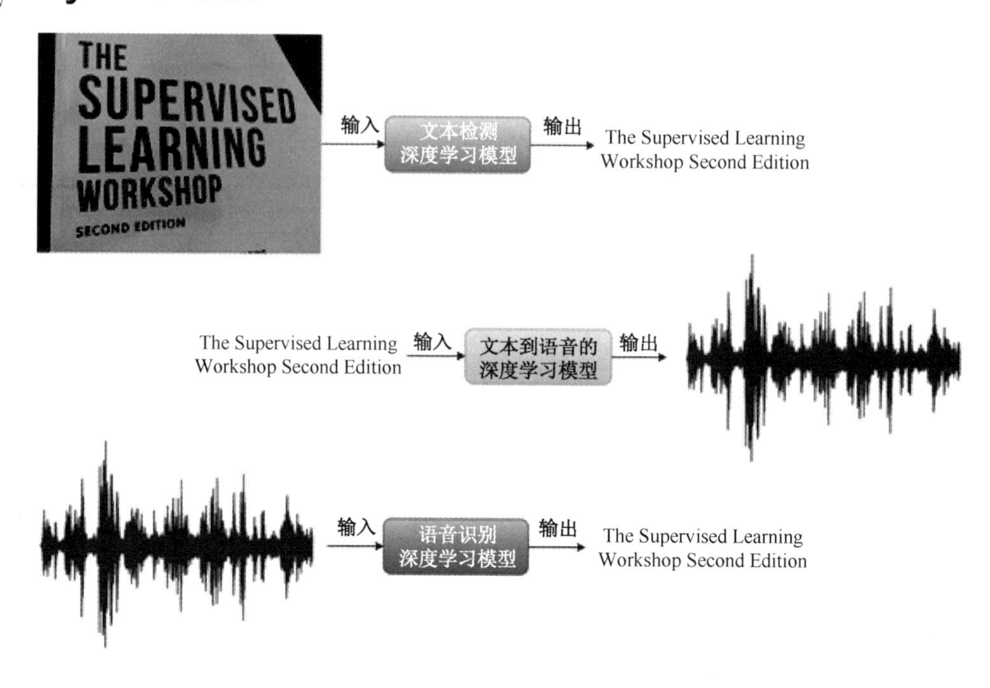


图 1.1　深度学习模型示例

TensorFlow 被 Google 作为开源的深度学习 Python（和 C++）库，于 2015 年年底推出，彻底改变了深度学习应用领域。Facebook（现更名为 Meta）在 2016 年推出自己的开源深度学习库，对此做出回应，并将其称为 **Torch**。Torch 最初与一种名为 **Lua** 的脚本语言一起使用，很快，基于 Python 语言的替代物 PyTorch 出现了。大约在同一时间，微软发布了自己的库——**CNTK**。在激烈的竞争中，PyTorch 迅速成长为最常用的深度学习库之一。

本书旨在成为一些高阶深度学习问题的实践资源，分析如何使用复杂的深度学习架构解决这些问题，以及如何有效地使用 PyTorch 来构建、训练和评估这些复杂的模型。本书虽然以 PyTorch 为中心，但也全面介绍了一些新的、先进的深度学习模型。本书适用于数据科学家、机器学习工程师，或具有 Python 工作知识且最好有 PyTorch 使用经验的研究人员阅读。

由于本书的实操性质，强烈建议你在计算机上亲自尝试每章中的示例，熟练编写 PyTorch 代码。我们从这个介绍性章节开始，随后探索各种深度学习问题和模型架构，这些内容将展示 PyTorch 必须提供的各种功能。

本章将回顾深度学习背后的一些概念，并将简要概述 PyTorch 库。我们以实操练习结束本章，练习使用 PyTorch 训练一个深度学习模型。

本章将涵盖以下主题：

- 复习深度学习；
- 探索 PyTorch 库；
- 使用 PyTorch 训练神经网络。

## 1.1 技术要求

我们将在所有练习中使用 Jupyter Notebook。以下是本章应使用 pip 安装的 Python 库列表。例如，在命令行中运行 pip install torch==1.4.0。

```
jupyter==1.0.0
torch==1.4.0
torchvision==0.5.0
matplotlib==3.1.2
```

与本章相关的所有代码文件请访问：https://github.com/PacktPublishing/Mastering-PyTorch/tree/master/Chapter01。

## 1.2 回顾深度学习

神经网络是机器学习方法的一种子类型，其灵感来自于人脑的结构和功能。在神经网络中，每个计算单元，被类比称为神经元，以分层方式连接到其他神经元。当层数超过两层时，如此形成的神经网络被称为**深度神经网络**。此类模型通常称为**深度学习模型**。

深度学习模型已被证明优于其他经典机器学习模型，因为它们能够学习数据输入和输出（地面实况）之间的高度复杂关系。最近，深度学习获得了广泛关注（理应如此），主要是因为以下两点：

- 强大的计算机器可用性，尤其是在云端；
- 海量数据的可用性。

摩尔定律指出，计算机的处理能力将每两年翻一番。也正因此，在我们如今生活的时代，数百层深度学习模型可以在可行且合理的短时间内得到训练。与此同时，随着各地数据设备的使用呈指数级增长，数据足迹呈爆炸式增长，全球每时每刻都在产生大量数据。

因此，可以为一些高难度的认知任务训练深度学习模型。这些任务要么早期难以处理，要么已通过其他机器学习技术获得了次优解决方案。

深度学习或一般的神经网络与经典机器学习模型相比，具有另一个优势。通常，在经典的基于机器学习的方法中，**特征工程**在训练模型的整体性能中起着至关重要的作用。然而，深度学习模型不需要手动制作特征。有了大量数据，深度学习模型可以在不需要手工设计特征的情况下表现良好，并且可以胜过传统的机器学习模型。图 1.2 展示了机器学习模型如何随数据增加而变化。

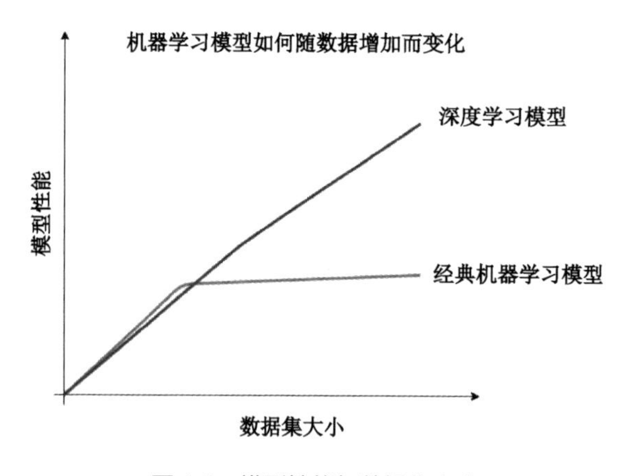


图 1.2　模型性能与数据集大小

从图 1.2 可以看出，在数据集大小一定的前提下，深度学习模型的性能不一定存在区别。然而，随着数据规模逐渐扩大，深度学习模型的性能将优于非深度学习模型。

各种类型的神经网络架构经过多年的发展，可以用于构建深度学习模型。不同架构之间的主要区别在于神经网络中使用的层的类型和组合方式。

- **全连接或线性**：如图 1.3 所示，在全连接层中，该层之前的所有神经元都连接到该层之后的所有神经元。

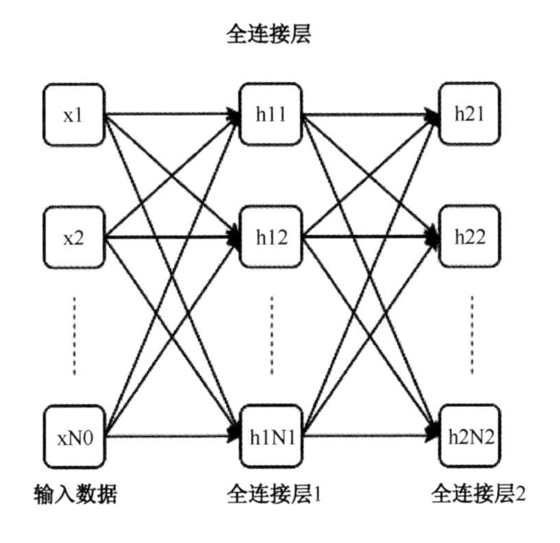


图 1.3　全连接层

此示例展示了两个连续的全连接层，分别具有 ***N*1** 和 ***N*2** 个神经元。全连接层是许多深度学习分类器的基本单元。

- **卷积层**：图 1.4 展示了一个卷积层，其中卷积核（或过滤器）对输入进行卷积。

卷积层是**卷积神经网络**（CNN）的基本单元，是解决计算机视觉问题的最有效模型。

- **循环层**：图 1.5 展示了一个循环层。虽然它看起来类似于全连接层，但二者在循环连接（粗体弯曲箭头标记处）上有本质区别。

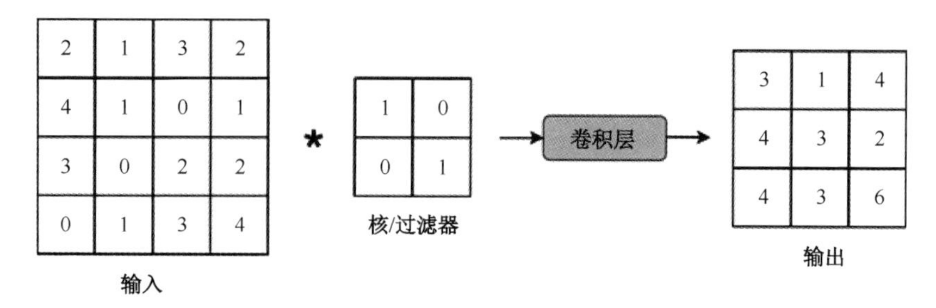


图 1.4　卷积层

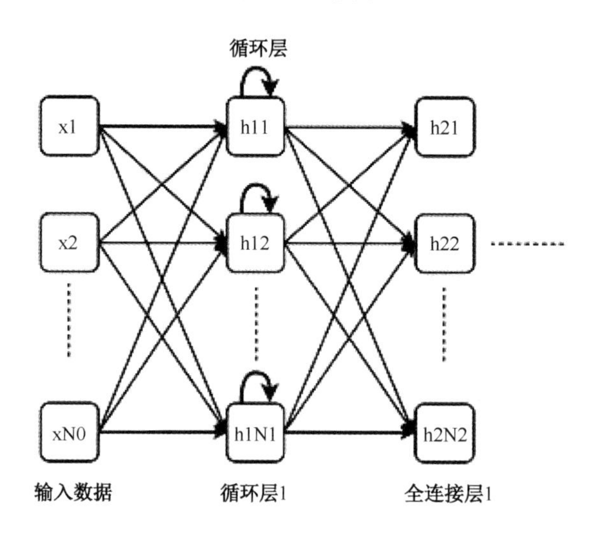


图 1.5　循环层

相比全连接层，循环层的优势在于其具有优良的记忆能力。这为处理连续数据，即需要记住之前的输入内容和当前的输入内容，提供了便利。

- **DeConv**（反卷积层）：与卷积层完全相反，**反卷积层**的工作原理如图 1.6 所示。

该层在空间上扩展了输入数据，因此对于旨在生成或重建图像的模型至关重要。

- **池化层**：图 1.7 展示了最大池化层，它是使用非常广泛的一种池化层。

这是一个最大池化层，从输入的 2×2 大小的子部分中汇集最高数字。其他形式的池化是最小池化和均值池化。

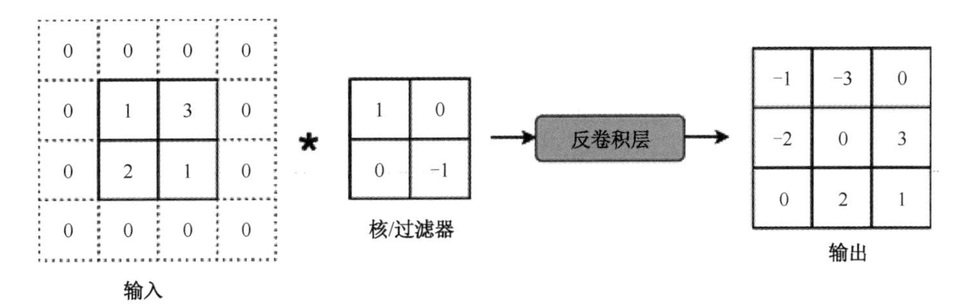


图 1.6　反卷积层

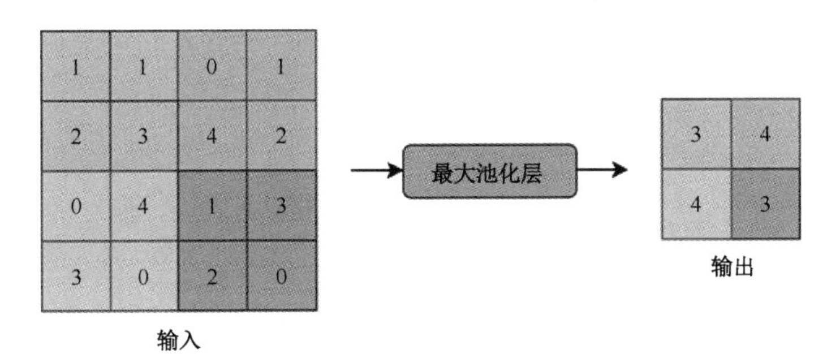


图 1.7　池化层

● **Dropout 层**：图 1.8 展示了 Dropout 层的工作原理。本质上，在 Dropout 层中，一些神经元被暂时关闭（图中用 **X** 标记），即与网络断开连接。

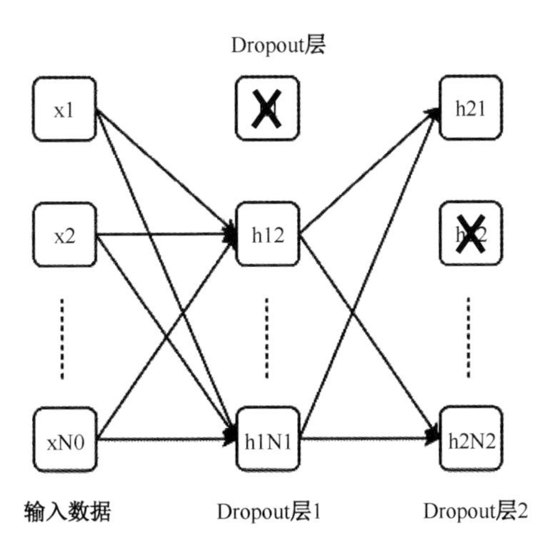


图 1.8　Dropout 层

Dropout 使模型在某些神经元零星缺失的情况下仍然良好运行，这有助于模型正则化，使得模型学习的是可泛化模式，而不是记住整个训练数据集。

图 1.9 展示了不同神经网络架构。

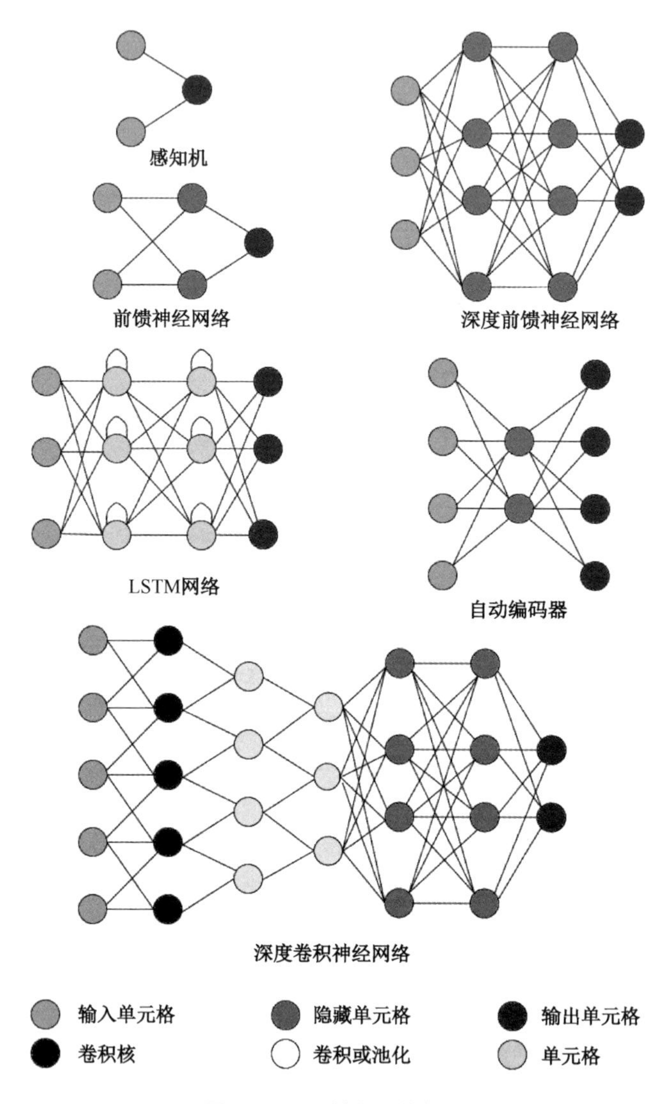


图 1.9　不同神经网络架构

若想学习更详尽的神经网络架构，请查阅此处：https://www.asimovinstitute.org/

neural-network-zoo/。

除了层的类型及在网络中的连接方式之外，**激活函数**和**优化模式**等其他因素也定义了模型。

### 1.2.1 激活函数

激活函数具有非线性，因此对神经网络至关重要，否则无论添加多少层，整个神经网络都将简化为简单的线性模型。下面列出的目前流行的激活函数基本上是不同的非线性数学函数。

- **Sigmoid 函数**

Sigmoid 函数的算术表达式如下：

$$y = f(x) = \frac{1}{1 + \mathrm{e}^{-x}}$$

图 1.10 为 Sigmoid 函数的图形表示方式。

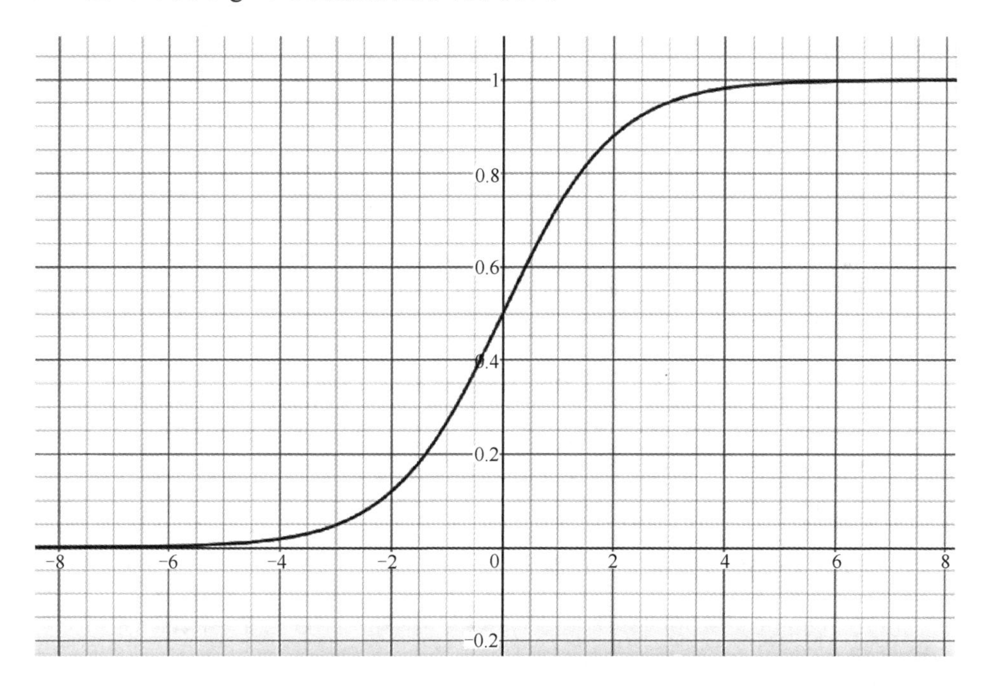


图 1.10　Sigmoid 函数的图形表示方式

从图 1.10 可以看出，Sigmoid 函数以数值 $x$ 作为输入，并输出一个范围为（0,1）的值 $y$。

● **TanH 函数**

TanH 函数的算术表达式如下：

$$y = f(x) = \frac{e^x - e^{-x}}{e^x + e^{-x}}$$

图 1.11 为 TanH 函数的图形表示方法。

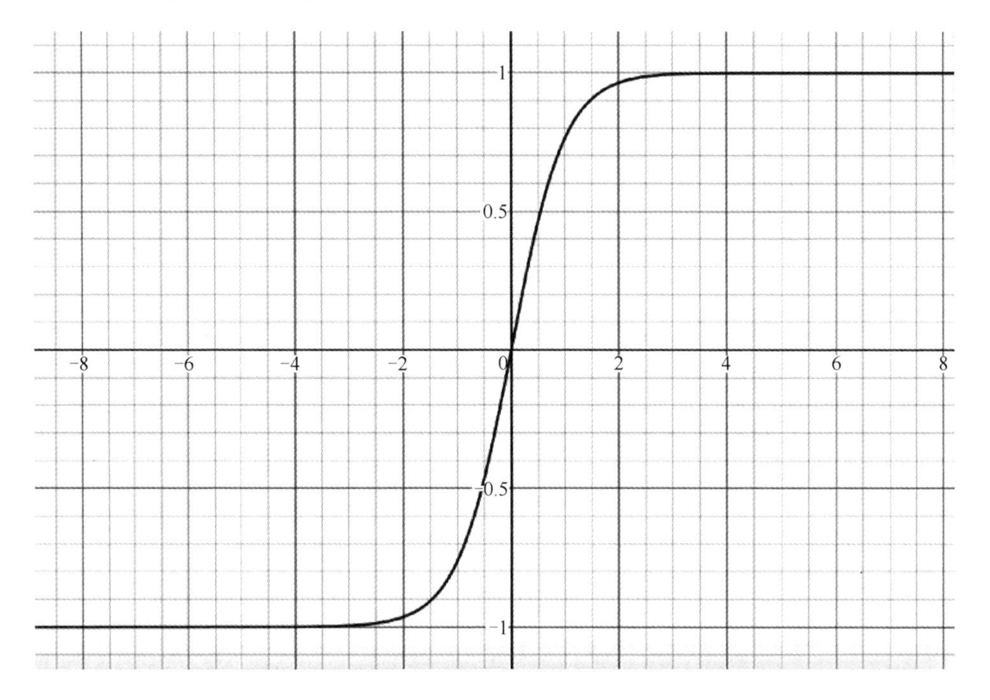


图 1.11　TanH 函数的图形表示方式

与 Sigmoid 函数不同，TanH 函数输出值 $y$ 的变化范围为（−1,1）。这种激活函数在既需要正输出又需要负输出的情况下很有用。

● **ReLU（修正线性单元）函数**

相比 Sigmoid 函数和 TanH 函数，ReLU 出现的时间更晚，ReLU 函数的算术表达式如下：

$$y = f(x) = \max(0, x)$$

图 1.12 为 ReLU 函数的图形表示方式。

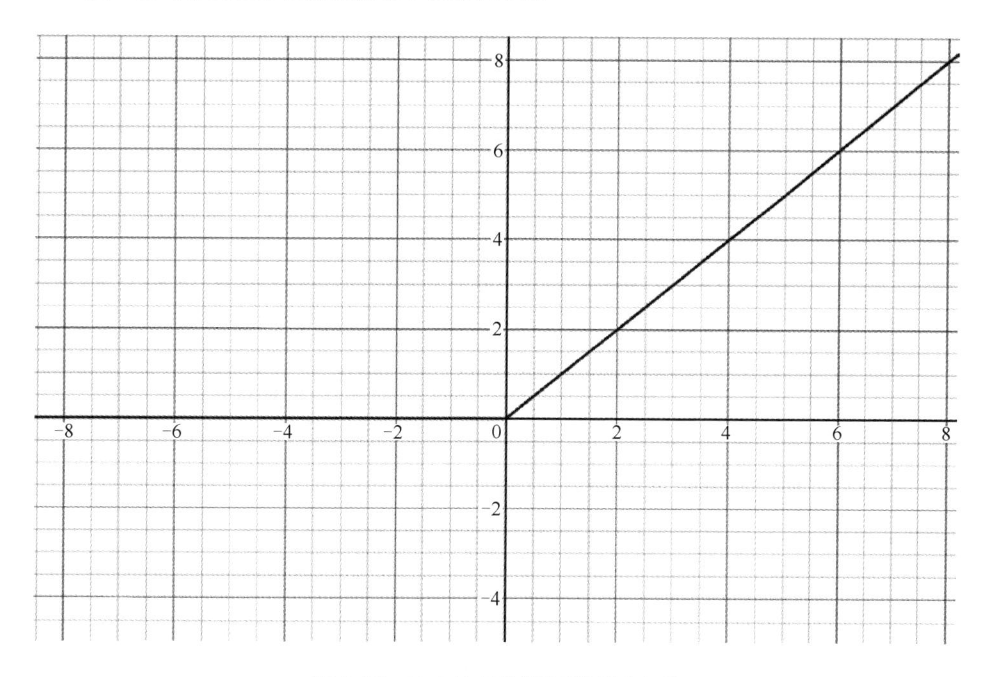


图 1.12　ReLU 函数的图形表示方式

与 Sigmoid 函数和 TanH 函数相比，ReLU 函数的一个显著特征是，只要输入大于零，输出就会随着输入的增长而不断增长，防止该函数的梯度像 Sigmoid 函数和 TanH 函数一样减小到零。然而，当输入为负时，输出和梯度都将为零。

- **Leaky ReLU 函数**：ReLU 函数通过输出零来完全抑制任何负输入。但是，我们可能还想在某些情况下处理负输入。Leaky ReLU 函数提供了一种选择，即通过输出负输入的分数 $k$ 来处理负输入。这个分数 $k$ 是该激活函数的一个参数，可以用数学公式表示如下：

$$y = f(x) = \max(kx, x)$$

图 1.13 所示为 Leaky ReLU 函数的输入与输出的关系。

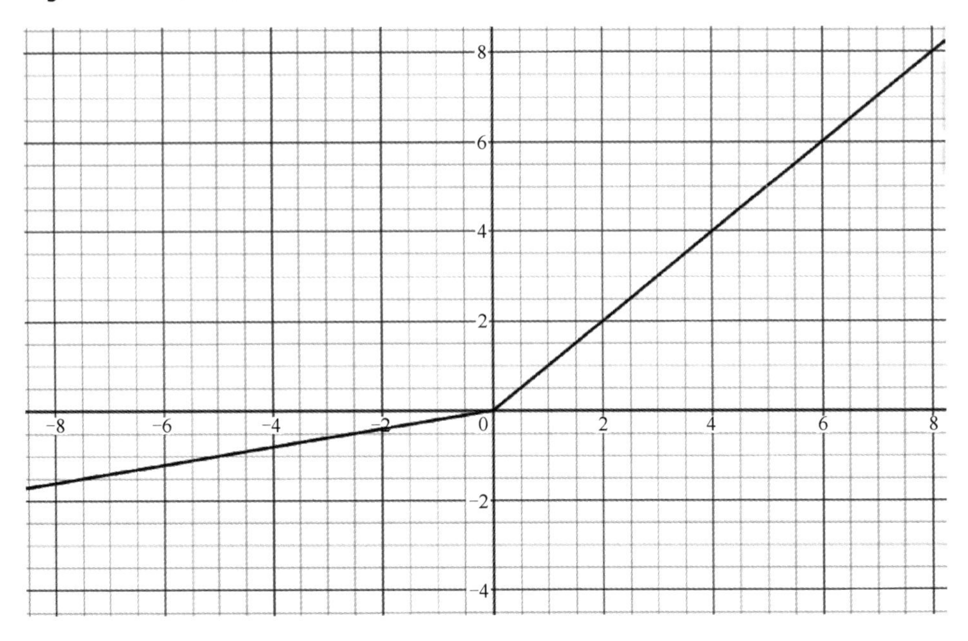


图 1.13　Leaky ReLU 函数的输入与输出的关系

激活函数是深度学习中一个发展活跃的研究领域。这里不可能列出所有激活函数，但我鼓励读者查看该领域的最新研究成果。许多激活函数只是对本节中所提到的激活函数进行了细微的修改。

## 1.2.2 优化模式

到目前为止，我们只是讨论了如何构建神经网络，接下来需要了解如何训练神经网络。训练神经网络需要采用优化模式。与任何其他基于参数的机器学习模型一样，深度学习模型通过调整参数来进行训练。**反向传播过程**调整参数，过程中，神经网络的最终层或输出层会产生损失。这一损失是在损失函数的帮助下，通过计算得出。损失函数接收神经网络最终输出和相应的真实情况目标值，然后使用梯度下降法和链式微分法，将此损失反向传播到前一层。

相应地修改每一层的参数或权重，使损失最小化。修改的程度由一个变化范围为（0,1）的系数决定，该系数称为**学习率**。更新神经网络权重的整个过程

（又名**优化模式**）对模型的训练效果有重大影响，因此，在这一领域已经开展了大量研究。下面介绍当前普遍采用的一些优化模式。

- **随机梯度下降（Stochastic Gradient Descent，SGD）模式**

以下列方式更新模型参数：

$$\beta = \beta - \alpha * \frac{\delta L(X, y, \beta)}{\delta \beta}$$

$\beta$ 是模型的参数，$X$ 和 $y$ 分别是输入的训练数据和相应的标签。$L$ 是损失函数，$\alpha$ 是学习率。SGD 对每个训练示例对（$X,y$）执行此更新。SGD 的一个变体——小批量梯度下降，即对每 $k$ 个样本执行更新（$k$ 是批量大小）。全部小批量，一同计算所有梯度。SGD 的另一变体——批量梯度下降，即通过计算整个数据集的梯度来执行参数更新。

- **Adagrad 模式**

在之前的优化模式中，所有参数使用的是单一学习率。然而，不同的参数可能需要以不同的速度进行更新，特别是在数据稀少的情况下，其中一些参数比其他参数更活跃地参与特征提取。Adagrad 引入了按参数更新的思想，如下所示：

$$\beta_i^{t+1} = \beta_i^t - \frac{\alpha}{\sqrt{\mathrm{SSG}_i^t + \epsilon}} * \frac{\delta L(X, y, \beta)}{\delta \beta_i^t}$$

其中，$i$ 表示第 $i$ 个参数，$t$ 表示梯度下降迭代的时间步长。$\mathrm{SSG}_i^t$ 是第 $i$ 个参数从时间步长 0 到时间步长 $t$ 的梯度平方和。$\epsilon$ 表示添加到 SSG 中以避免被零除的小值。将全局学习率 $\alpha$ 除以 SSG 的平方根，确保频繁更新的参数学习率比很少更新的参数学习率下降得更快。

- **Adadelta 模式**

Adagrad 在每个时间步中增加平方项，学习率的分母不断增值，导致学习率衰减到极小的值。为了解决这个问题，Adadelta 引入了计算梯度平方和的想法，这种总和只计算到之前的时间步长。事实上，我们可以将其表示为过去梯度的运行衰减平均值：

$$\mathrm{SSG}_i^t = \gamma * \mathrm{SSG}_i^{t-1} + (1-\gamma) * \left( \frac{\delta L(X,y,\beta)}{\delta \beta_i^t} \right)^2$$

此处的 $\gamma$ 是我们为之前的梯度平方和选择的衰减因子。这个公式借助衰减平均值来确保梯度平方和不会累积过大。一旦定义了 $\mathrm{SSG}_i^t$，我们就可以使用 Adagrad 方程来定义 Adadelta 的更新步骤。

然而，如果我们仔细观察 Adagrad 方程，就会发现均方根梯度不是一个无量纲的量。因此，理想情况下，不应用均方根梯度作为学习率的系数。为了解决这个问题，我们定义了另一个运行平均值，用于平方参数更新。我们首先定义参数更新：

$$\Delta \beta_i^t = \beta_i^{t+1} - \beta_i^t = -\frac{\alpha}{\sqrt{\mathrm{SSG}_i^t + \epsilon}} * \frac{\delta L(X,y,\beta)}{\delta \beta_i^t}$$

然后，类似于过去梯度方程（Adadelta 下的第一个方程）的运行衰减平均值，我们可以定义参数更新的平方和，如下：

$$\mathrm{SSPU}_i^t = \gamma * \mathrm{SSPU}_i^{t-1} + (1-\gamma) * \left( \Delta \beta_i^t \right)^2$$

此处，SSPU 是参数更新的平方和。一旦获得该平方和，我们就可以用最终的 Adadelta 方程来调整 Adagrad 方程中的维数问题：

$$\beta_i^{t+1} = \beta_i^t - \frac{\sqrt{\mathrm{SSPU}_i^t + \epsilon}}{\sqrt{\mathrm{SSG}_i^t + \epsilon}} * \frac{\delta L(X,y,\beta)}{\delta \beta_i^t}$$

注意，最终的 Adadelta 方程不需要任何学习率。不过，仍然可以提供学习率作为乘数。因此，该优化模式的唯一强制性超参数是衰减因子。

- **RMSprop 模式**

我们在讨论 Adadelta 时，已经隐晦地讨论了 RMSprop 的内部工作原理。Adadelta 与 RMSprop 非常相似，唯一的区别是 RMSProp 不能针对维数问题进行调整，因此更新的方程与 Adagrad 方程保持相同，其中 $\mathrm{SSG}_i^t$ 是从 Adadelta 的第一个方程获得的。这实质上意味着在 RMSProp 的情况下，我们确实需要指定基本学习率和衰减因子。

- **自适应矩估计（Adam）模式**

这是另一个优化模式，用于计算每个参数的自定义学习率。就像 Adadelta 和 RMSprop 一样，Adam 也使用了先前平方梯度的衰减平均值，如 Adadelta 的第一个方程所示。但同时 Adam 也使用先前梯度值的衰减平均值：

$$\mathrm{SG}_i^t = \gamma' * \mathrm{SG}_i^{t-1} + \left(1-\gamma'\right) * \frac{\delta L(X, y, \beta)}{\delta \beta_i^t}$$

SG 和 SSG 在数学上分别相当于估计梯度的一阶矩和二阶矩，因此这种方法被称为——**自适应矩估计**。通常，$\gamma$ 和 $\gamma'$接近于 1，在这种情况下，SG 和 SSG 的初始值都可能会被推向零。为了抵消这一点，这两个量在偏差校正的帮助下被修订为：

$$\mathrm{SG}_i^t = \frac{\mathrm{SG}_i^t}{1-\gamma'}, \quad \mathrm{SSG}_i^t = \frac{\mathrm{SSG}_i^t}{1-\gamma}$$

定义后，参数更新表示如下：

$$\beta_i^{t+1} = \beta_i^t - \frac{\alpha}{\sqrt{\mathrm{SSG}_i^t + \epsilon}} * \mathrm{SG}_i^t$$

基本上，方程最右侧的梯度被梯度的衰减平均值所代替。值得注意的是，Adam 优化涉及基本学习率、梯度和平方梯度的衰减率三个超参数。近期在用于训练复杂深度学习模型的优化模式中，Adam 虽然不是最成功的，但却是成功模式之一。

那么，我们应该使用哪个优化器？这有待商榷。在处理稀疏数据时，由于每个参数的学习率有所更新，因此选择自适应优化器（2 到 5 号）将是有利的。如前所述，对于稀疏数据，不同的参数可能以不同的速度工作，因此能够自定义的每个参数学习率的机制可以极大地帮助模型达到最优解。SGD 也可能找到一个不错的解决方案，但在训练方面需要更长的时间。在自适应方法中，由于学习率分母单调增加，Adagrad 具有消除学习率的缺点。

RMSProp、Adadelta 和 Adam 在各种深度学习任务中的表现非常近似。RMSprop 在很大程度上类似于 Adadelta，但在 RMSprop 中使用基本学习率，而在 Adadelta 中使用先前更新参数的衰减平均值。Adam 略有不同的一点在于，它还包括梯度的第一时刻计算和偏差校正。总的来说，在其他条件相同的情况下，Adam 可能是最优选择。我们将在本书的练习中使用其中一些优化模式。可随意将它们与另一个转换，观察以下变化：

- 模型训练时间和轨迹（收敛）；
- 最终模型性能。

在接下来的章节中，我们将在 PyTorch 的帮助下使用其中许多架构、层、激活函数和优化模式来解决不同类型的机器学习问题。在本章的示例中，我们将创建一个包含卷积、线性、最大池化和 dropout 层的卷积神经网络。**Log-Softmax** 用于最后一层，ReLU 用作所有其他层的激活函数。使用 Adadelta 优化器训练模型，固定学习率为 0.5。

## 1.3 探索 PyTorch 库

PyTorch 是基于 Torch 库的 Python 机器学习库。PyTorch 广泛用作深度学习工具，用于研究和构建产业应用程序，主要由 Facebook（现更名为 Meta）的机器学习研究实验室开发。PyTorch 正在与另一个著名的深度学习库——TensorFlow——竞争，后者由 Google 开发。这两者之间的最初区别在于 PyTorch 基于**立即**执行，而 TensorFlow 的构建基于**以图为基础**的延迟执行。虽然，TensorFlow 现在也提供了一种**立即执行**模式。

立即执行基本上是一种命令式编程模式，其中的数学运算立即计算。延迟执行模式会将所有操作存储在一个计算图中，而不需要立即计算，稍后对整个图进行评估。出于流程直观、易于调试和脚手架代码较少等原因，普遍将立即执行视为更优。

PyTorch 不仅仅是一个深度学习库。凭借其类似 NumPy 的句法/接口，通过使用 GPU，PyTorch 可以提供具有强大加速度的张量计算能力。那么什么是张量？张量是计算单元，与 NumPy 数组非常相似，不同之处在于张量也可以用在 GPU 上加速计算。

通过加速计算和创建动态计算图的设备，PyTorch 提供了一个完整的深度学习框架。除此之外，PyTorch 本质上是真正的 Pythonic，这使 PyTorch 用户能够利用 Python 提供的所有功能，包括广泛的 Python 数据科学生态系统。

本节将介绍一些有用的 PyTorch 模块。这些模块扩展了各种功能，有助于加载数据、构建模型和在模型训练期间详述优化模式。我们还将就张量的概念及如何在 PyTorch 中使用其所有属性的问题，进行扩展。

### 1.3.1 PyTorch 模块

除了像 NumPy 一样提供计算函数外，PyTorch 库还提供一组模块，使开发人员能够快速设计、训练和测试深度学习模型。下面介绍一些非常有用的模块。

**（1）torch.nn 模块**

在构建神经网络架构时，构建网络的基本方面包括层数、每层中的神经元数量和其中哪些是可学习的，等等。torch.nn 模块确保用户能够通过定义其中一些高级方面以快速实例化神经网络架构，而不必手动指定所有细节。下面是不使用 torch.nn 模块的单层神经网络初始化：

```
import math
# we assume a 256-dimensional input and a 4-dimensional output
for this 1-layer neural network
# hence, we initialize a 256x4 dimensional matrix filled with
random values
weights = torch.randn(256, 4) / math.sqrt(256)
# we then ensure that the parameters of this neural network
ar trainable, that is, the numbers in the 256x4 matrix can be
tuned with the help of backpropagation of gradients
weights.requires_grad_()
# finally we also add the bias weights for the 4-dimensional
output, and make these trainable too
```

```
bias = torch.zeros(4, requires_grad=True)
```

我们可以改用 nn.Linear(256,4)来表示同样的内容。

在 torch.nn 模块中，有一个名为 torch.nn.functional 的子模块。该子模块由 torch.nn 模块中所有的函数组成，而 torch.nn 模块的其他子模块都是类。这些函数包括**损失函数**、**激活函数**，以及可用于以函数的方式（即当每个后续层表示为前一层的函数时）创建神经网络的**神经函数**，如池化、卷积和线性函数。使用 torch.nn.functional 子模块的损失函数示例如下：

```
import torch.nn.functional as F
loss_func = F.cross_entropy
loss = loss_func(model(X), y)
```

此处 $X$ 是输入，$y$ 是目标输出，模型是神经网络模型。

**（2）torch.optim 模块**

在训练神经网络时，我们会反向传播误差，以调整网络的权重或参数，此过程称为**优化**。torch.optim 模块包括与运行各种类型的优化模式相关的工具和函数。假设在训练期间使用 torch.optim 模块定义了一个优化器，代码段如下所示：

```
opt = optim.SGD(model.parameters(), lr=lr)
```

那么，不需要手动编写如下优化步骤：

```
with torch.no_grad():
    # applying the parameter updates using stochastic gradient
descent
    for param in model.parameters(): param -= param.grad * lr
    model.zero_grad()

```

将其简写为：

```
opt.step()
opt.zero_grad()
```

**（3）torch.utils.data 模块**

在 utils.data 模块下，torch 提供了自己的数据集和 DatasetLoader 类。二者运用起来既抽象又灵活，给我们带来了极大的方便。这些类基本上提供了可以在张量上迭代的方法，以及执行其他此类操作的方法，这些方法直观且有用。这些方法帮助我们通过优化的张量计算来确保高性能，并且具有故障安全数据 I/O。例如，假设我们像下面这样使用 torch.utils.data.DataLoaderas：

```
from torch.utils.data import (TensorDataset, DataLoader)
train_dataset = TensorDataset(x_train, y_train)
train_dataloader = DataLoader(train_dataset, batch_size=bs)
```

那么，不需要手动迭代一批数据，如下所示：

```
for i in range((n-1)//bs + 1):
    x_batch = x_train[start_i:end_i]
    y_batch = y_train[start_i:end_i]
    pred = model(x_batch)
```

将其简写为：

```
for x_batch,y_batch in train_dataloader:
    pred = model(x_batch)
```

现在来看看 Tensor 模块。

## 1.3.2 Tensor 模块

如前所述，张量（Tensor）在概念上类似于 NumPy 数组。张量是一个 $n$ 维数组，我们可以在上面操作数学函数、通过 GPU 加速计算，同时张量也可以用于跟踪计算图像和梯度，对深度学习至关重要。要在 GPU 上运行张量，我们只需将张量转换为特定数据类型。

以下是在 PyTorch 中实例化张量的方法：

```
points = torch.tensor([1.0, 4.0, 2.0, 1.0, 3.0, 5.0])
```

要获取第一个条目，只需编写以下内容：

```
float(points[0])
```

还可以使用以下方法检查张量的形状：

```
points.shape
```

PyTorch 将张量实现为一组视图，这些视图存储在连续内存块中的一维数值数据数组上，这些数组被称为存储实例。

每个 PyTorch 张量都具有存储属性，可以调用该属性来输出张量的存储实例，如下例所示：

```
points = torch.tensor([[1.0, 4.0], [2.0, 1.0], [3.0, 5.0]])
points.storage()
```

输出内容如图 1.14 所示。

```
points = torch.tensor([[1.0, 4.0], [2.0, 1.0], [3.0, 5.0]])
points.storage()

 1.0
 4.0
 2.0
 1.0
 3.0
 5.0
[torch.FloatStorage of size 6]
```

图 1.14　PyTorch 张量存储

当张量被视为存储实例上的视图时，可以用以下信息来实现视图：

- 尺寸（size）；
- 存储（storage）；
- 偏移量（offset）；
- 步幅（stride）。

借助前面的示例来研究一下：

```
points = torch.tensor([[1.0, 4.0], [2.0, 1.0], [3.0, 5.0]])
```

研究一下这些不同的信息意味着什么：

```
points.size()
```

输出内容如图 1.15 所示。

```
points.size()
torch.Size([3, 2])
```

图 1.15　PyTorch 张量大小

正如我们所见，size 类似于 NumPy 中的 shape 属性，显示每个维度的元素数量。这些数的乘积等于存储实例的长度（在本例中为 6）。

我们已经研究了 storage 属性的含义，接下来让我们看看偏移量：

```
points.storage_offset()
```

输出内容如图 1.16 所示。

```
points.storage_offset()
0
```

图 1.16　PyTorch 张量存储偏移量 1

这里的偏移量表示 storage 数组中张量的第一个元素索引。因为输出为 0，所以表示张量的第一个元素是 storage 数组中的第一个元素。

让我们检查一下：

```
points[1].storage_offset()
```

输出内容如图 1.17 所示。

```
points[1].storage_offset()
2
```

图 1.17　PyTorch 张量存储偏移量 2

points[1]是[2.0,1.0]，storage 数组是[1.0,4.0,2.0,1.0,3.0,5.0]，我们可以看到张量[2.0,1.0]的第一个元素，即 2.0 位于 storage 数组的索引 2 处。

最后看看 stride 属性，如图 1.18 所示：

```
points.stride()
```

```
points.stride()
(2, 1)
```

图 1.18　PyTorch 张量步幅

正如我们所见，stride 包含每个维度中要跳过的元素数量，以便访问张量的下一个元素。所以，在这种情况下，沿着第一个维度访问之后的元素，即 1.0，需要跳过 2 个元素（即 1.0 和 4.0）来访问下一个元素，即 2.0。同样，沿着第二维，需要跳过 1 个元素才能访问 1.0 之后的元素，即 4.0。因此，使用这些属性，可以从连续的一维存储数组中导出张量。

张量中包含的数据是数字类型。具体来说，PyTorch 提供了以下将要包含在张量中的数据类型：

- torch.float32 或 torch.float—32 位浮点数；
- torch.float64 或 torch.double—64 位双精度浮点数；
- torch.float16 或 torch.half—16 位半精度浮点数；
- torch.int8—有符号的 8 位整数；
- torch.uint8—无符号 8 位整数；
- torch.int16 或 torch.short—有符号的 16 位整数；
- torch.int32 或 torch.int—有符号的 32 位整数；
- torch.int64 或 torch.long—有符号的 64 位整数。

以下示例指导我们如何指定用于张量的特定数据类型：

```
points = torch.tensor([[1.0, 2.0], [3.0, 4.0]], dtype=torch.
float32)
```

除了指定数据类型，PyTorch 中的张量还需要一个特定装置来存储。可以将装置详述为如下实例：

```
points = torch.tensor([[1.0, 2.0], [3.0, 4.0]], dtype=torch.
float32, device='cpu')
```

我们也可以在所需的设备中创建张量的副本：

```
points_2 = points.to(device='cuda')
```

如两个示例所示，我们可以将张量分配给 CPU（使用 device='cpu'）。如果不指定设备，则默认这种情况发生，也可以将张量分配给 GPU（使用 device='cuda'）。

当张量放置在 GPU 上时，计算速度会加快，并且由于张量 API 与 PyTorch 中 CPU 和 GPU 放置的张量基本一致（相统一），因此在设备之间移动相同的张量、执行计算并将其移回非常方便。

如果有多个同类型的设备，比如不止一个 GPU，我们可以使用设备索引精确定位我们想要放置张量的设备，例如：

```
points_3 = points.to(device='cuda:0')
```

了解更多有关 PyTorch-CUDA 的信息请查阅此处：https://pytorch.org/docs/stable/notes/cuda.html。了解更多关于 CUDA 的信息请查阅此处：https://developer.nvidia.com/about-cuda。

现在我们已经探索了 PyTorch 库，并了解了 PyTorch 和 Tensor 模块。接下来，我们将要学习如何使用 PyTorch 训练神经网络。

## 1.4 使用 PyTorch 训练神经网络

在本次练习中，我们将使用著名的 MNIST 数据集（可在 http://yann.lecun.com/exdb/mnist/获取）。MNIST 数据集是手写数字（从 0 到 9）的图像序列，带有相应的标签。MNIST 数据集由 60 000 个训练样本和 10 000 个测试样本组成，其中每个样本都是 28×28 像素的灰度图像。PyTorch 还在其 Dataset 模块下提供了 MNIST 数据集。

在本次练习中，我们将使用 PyTorch 在该数据集上训练深度学习多类分类器，并测试训练后的模型在测试样本上的表现。

1．本次练习需要导入一些依赖项。执行以下 import 声明：

```
import torch
import torch.nn as nn
import torch.nn.functional as F
import torch.optim as optim
from torch.utils.data import DataLoader
from torchvision import datasets, transforms
import matplotlib.pyplot as plt
```

2．接下来定义模型架构，如图 1.19 所示。

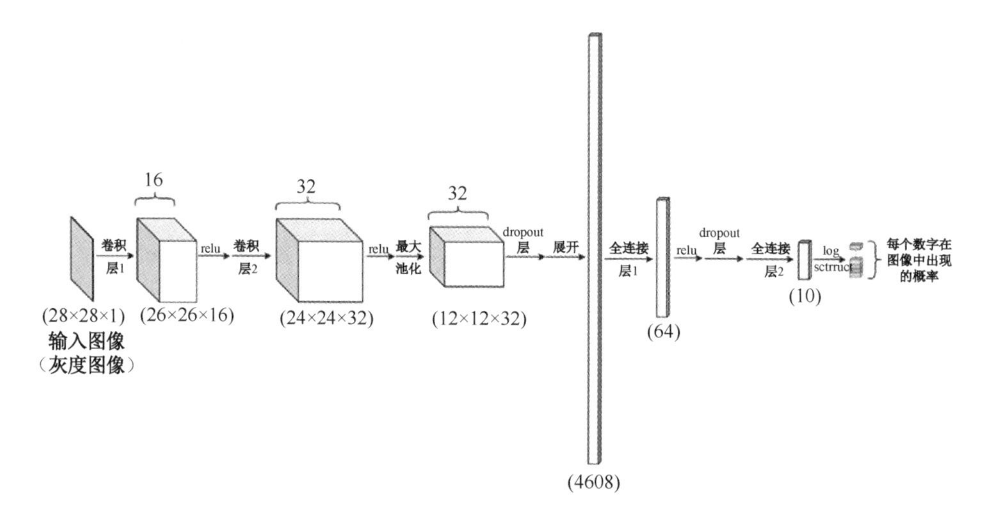


图 1.19　神经网络架构

该模型由卷积层、dropout 层和线性/全连接层组成，所有这些都可以通过 torch.nn 模块获得。

```
class ConvNet(nn.Module):
    def __init__(self):
        super(ConvNet, self).__init__()
        self.cn1 = nn.Conv2d(1, 16, 3, 1)
        self.cn2 = nn.Conv2d(16, 32, 3, 1)
        self.dp1 = nn.Dropout2d(0.10)
        self.dp2 = nn.Dropout2d(0.25)
        self.fc1 = nn.Linear(4608, 64) # 4608 is
basically 12 X 12 X 32
```

```
        self.fc2 = nn.Linear(64, 10)
    def forward(self, x):
        x = self.cn1(x)
        x = F.relu(x)
        x = self.cn2(x)
        x = F.relu(x)
        x = F.max_pool2d(x, 2)
        x = self.dp1(x)
        x = torch.flatten(x, 1)
        x = self.fc1(x)
        x = F.relu(x)
        x = self.dp2(x)
        x = self.fc2(x)
        op = F.log_softmax(x, dim=1)
        return op
```

_init_函数定义了模型的核心架构，即所有层及每层神经元的数量。forward 函数顾名思义是在网络中进行前向传递的。因此，它包括每一层的所有激活函数，以及在之后任何层使用的信息池化层或丢弃层。该函数将返回最终层输出，我们称之为模型的预测，它与目标输出（实际情况）具有相同的维度。

请注意，第一个卷积层有 1-通道输入，16-通道输出，内核大小为 3，步长为 1。1-通道输入主要用于将反馈送到模型的灰度图像。综合考虑各种因素，这里将内核大小设为 3×3。首先，内核大小通常是奇数，以便输入图像像素围绕中心像素对称分布。1×1 太小，因为在给定像素上运行的内核，可能会没有关于相邻像素的任何信息，所以设置为 3，但为什么不进一步设置到 5、7，甚至 27？

好吧，在极端情况下，对 28×28 图像进行卷积的 27×27 内核，会体现出非常粗粒度的特征。然而，图像中最重要的视觉特征是相当局部的，因此使用可以一次查看几个相邻像素的小内核来获取视觉模式很有意义。3×3 是 CNN 中用于解决计算机视觉问题最常见的内核大小之一。

需要注意的是，我们有两个连续的卷积层，而且均具有 3×3 内核。这在空间覆盖方面相当于使用一个有 5×5 内核卷积层。然而，使用具有较小内核大小的多层几乎总是首选，因为它会产生更深的网络，因此内核越小，学习特征越复杂，并且参数越少，内核也就越少。

卷积层的输出通道数通常大于或等于输入通道数。我们的第一个卷积层就是接收 1 个数据通道然后输出 16 个通道。这基本上意味着该层试图从输入图像中检测出 16 种不同类型的信息。这些通道中的每一个图像都称为**特征图**，并且每个通道都有一个专用的内核为其提取特征。

我们在第二个卷积层中将通道数从 16 增加到 32，试图从图像中提取更多种类的特征。在 CNN 中，增加该通道数量（或图像深度）是常见做法。我们将在第 3 章“深度 CNN 架构”的“宽度型 CNN”中介绍更多相关内容。

最后，由于内核大小仅为 3，因此步幅为 1 是有意义的。保持较大的步幅值（如 10）会致使内核跳过图像中的许多像素，我们并不想这样做。但是，如果内核大小为 100，我们可能会将 10 视为合理的步幅值。步幅越大，卷积运算次数越少，但内核整体视野越小。

3．然后，我们定义训练例程，即实际的反向传播步骤。可以看出，torch.optim 模块很好地帮助我们保持了这段代码的简洁性：

```
def train(model, device, train_dataloader, optim, epoch):
    model.train()
    for b_i, (X, y) in enumerate(train_dataloader):
        X, y = X.to(device), y.to(device)
        optim.zero_grad()
        pred_prob = model(X)
        loss = F.nll_loss(pred_prob, y) # nll is the
negative likelihood loss
        loss.backward()
        optim.step()
        if b_i % 10 == 0:
            print('epoch: {} [{}/{} ({:.0f}%)]\t training
loss: {:.6f}'.format(
```

```
                    epoch, b_i * len(X), len(train_
                     dataloader.dataset),
                    100. * b_i / len(train_dataloader), loss.
                     item()))
```

通过批量数据的迭代，将数据集复制到特定装置，使用检索到的数据，在神经网络模型上进行前向传递，计算模型预测和实际情况之间的损失。使用给定的优化器微调模型权重，并每 10 批量打印一次训练日志。

读取整个数据集后，整个过程被称为 1 epoch。

4．与前面的训练例程类似，我们编写了一个测试例程，可用于评估模型在测试集上的性能。

```
def test(model, device, test_dataloader):
    model.eval()
    loss = 0
    success = 0
    with torch.no_grad():
        for X, y in test_dataloader:
            X, y = X.to(device), y.to(device)
            pred_prob = model(X)
            loss += F.nll_loss(pred_prob, y,
reduction='sum').item()  # loss summed across the batch
            pred = pred_prob.argmax(dim=1,
             keepdim=True)  # us argmax to get the most
             likely prediction
            success += pred.eq(y.view_as(pred)).sum().
item()
    loss /= len(test_dataloader.dataset)
    print('\nTest dataset: Overall Loss: {:.4f}, Overall
Accuracy: {}/{} ({:.0f}%)\n'.format(
        loss, success, len(test_dataloader.dataset),
        100. * success / len(test_dataloader.dataset)))
```

此函数的大部分内容与前面的 train 函数类似。唯一区别在于，根据模型预测和真实情况计算出的损失，将不用于使用优化器调整模型权重，而是用于计算整个测试批次的整体测试误差。

5．接下来，我们来看下本次练习的另一个关键部分，即加载数据集。得益于 PyTorch 的 DataLoader 模块，我们可以用几行代码来设置数据集加载机制：

```
# The mean and standard deviation values are calculated
as the mean of all pixel values of all images in the
training dataset
train_dataloader = torch.utils.data.DataLoader(
    datasets.MNIST('../data', train=True, download=True,
                   transform=transforms.Compose([
                       transforms.ToTensor(),
                       transforms.Normalize((0.1302,),
(0.3069,))])), # train_X.mean()/256. and train_X.
std()/256.
    batch_size=32, shuffle=True)

test_dataloader = torch.utils.data.DataLoader(
    datasets.MNIST('../data', train=False,
                   transform=transforms.Compose([
                       transforms.ToTensor(),
                       transforms.Normalize((0.1302,),
(0.3069,))
                   ])),
    batch_size=500, shuffle=False)
```

由此可见，一方面，将 batch_size 设置为 32，是一个相当常见的选择。通常，在设置批量大小时，需要进行权衡。频繁梯度计算使得非常小的批量训练缓慢，并可能导致极为嘈杂的梯度。另一方面，由于计算梯度的等待时间过长，非常大的批量也会减慢训练速度。在单个梯度更新之前等待过久并不值得。建议使用频繁的、不太精确的梯度，这样最终模型会获得更好的学习参数集。

对于训练和测试数据集，我们指定本地存储位置，以保存数据集和批次大小。其中，批次大小决定构成一次训练和测试运行的数据实例数。还需要指定随机打乱训练数据实例，以确保跨批次的数据样本均匀分布。最后，将数据集归一为具有指定均值和标准差的正态分布。

6．我们已经定义了训练程序，现在，该实际定义将用于运行模型训练的优化器和设备。最终会得到以下内容：

```
torch.manual_seed(0)
device = torch.device("cpu")

model = ConvNet()
optimizer = optim.Adadelta(model.parameters(), lr=0.5)
```

我们将本次练习的设备定义为 cpu，并设置一个种子来避免未知的随机性，同时确保可重复性。使用 AdaDelta 作为本次练习的优化器，学习率为 0.5。在本章前面讨论优化模式时，我们提到若要处理稀疏数据，Adadelta 可能是一个不错的选择，因为并非所有像素图像都具有信息。话虽如此，我们鼓励读者在同一问题上尝试其他优化器，例如 Adam，看看其他优化器对训练过程和模型性能的影响。

7．然后我们开始 *k* 个迭代内训练模型的实际过程，并且在每个训练迭代结束时继续测试模型：

```
for epoch in range(1, 3):
    train(model, device, train_dataloader, optimizer, 
epoch)
    test(model, device, test_dataloader)
```

我们将仅运行两个迭代的训练作为演示输出。

8．既然已经训练了一个模型，并且这一模型具有合理的测试集性能，我们就可以手动检查样本图像上的模型推断是否正确。

```
test_samples = enumerate(test_dataloader)
b_i, (sample_data, sample_targets) = next(test_samples)

plt.imshow(sample_data[0][0], cmap='gray', 
interpolation='none')
```

输出如图 1.21 所示。

```
epoch: 1 [0/60000 (0%)]  training loss: 2.306125
epoch: 1 [320/60000 (1%)]        training loss: 1.623073
epoch: 1 [640/60000 (1%)]        training loss: 0.998695
epoch: 1 [960/60000 (2%)]        training loss: 0.953389
epoch: 1 [1280/60000 (2%)]       training loss: 1.054391
epoch: 1 [1600/60000 (3%)]       training loss: 0.393427
epoch: 1 [1920/60000 (3%)]       training loss: 0.235708
epoch: 1 [2240/60000 (4%)]       training loss: 0.284237
epoch: 1 [2560/60000 (4%)]       training loss: 0.203838
epoch: 1 [2880/60000 (5%)]       training loss: 0.292076
epoch: 1 [3200/60000 (5%)]       training loss: 0.541438
epoch: 1 [3520/60000 (6%)]       training loss: 0.411091
epoch: 1 [3840/60000 (6%)]       training loss: 0.323946
epoch: 1 [4160/60000 (7%)]       training loss: 0.296546
                              ⋮
epoch: 2 [56000/60000 (93%)]     training loss: 0.072877
epoch: 2 [56320/60000 (94%)]     training loss: 0.112689
epoch: 2 [56640/60000 (94%)]     training loss: 0.003503
epoch: 2 [56960/60000 (95%)]     training loss: 0.002715
epoch: 2 [57280/60000 (95%)]     training loss: 0.089225
epoch: 2 [57600/60000 (96%)]     training loss: 0.184287
epoch: 2 [57920/60000 (97%)]     training loss: 0.044174
epoch: 2 [58240/60000 (97%)]     training loss: 0.097794
epoch: 2 [58560/60000 (98%)]     training loss: 0.018629
epoch: 2 [58880/60000 (98%)]     training loss: 0.062386
epoch: 2 [59200/60000 (99%)]     training loss: 0.031968
epoch: 2 [59520/60000 (99%)]     training loss: 0.009200
epoch: 2 [59840/60000 (100%)]    training loss: 0.021790

Test dataset: Overall Loss: 0.0489, Overall Accuracy: 9850/10000 (98%)
```

图 1.20　训练日志

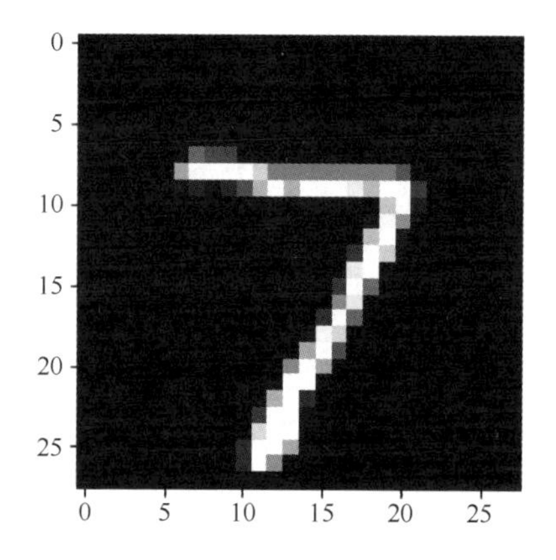


图 1.21　示例手写图像

现在我们运行这个图像的模型推理，并将其与真实情况进行比较：

```
    print(f"Model prediction is : {model(sample_data).data.
max(1)[1][0]}")
print(f"Ground truth is : {sample_targets[0]}")
```

请注意，对于预测，我们首先使用轴=1 上的 max 函数，计算具有最大概率的类。max 函数输出两个列表——sample_data 中每个样本的类概率列表和每个样本的类标签列表。因此，我们使用索引[1]选择第二个列表，使用索引[0]进一步选择第一类标签，仅查看 sample_data 下的第一个样本。输出如图 1.22 所示。

```
Model prediction is : 7
Ground truth is : 7
```

图 1.22 PyTorch 模型预测

由此可见，这是正确的预测。使用 model()完成了神经网络的前向传递，并由此产生概率。因此，我们使用 max 函数输出具有最大概率的类。

> **注意**
>
> 本次练习的代码模式源自官方 PyTorch 示例仓库，可在此处找到：https://github.com/pytorch/examples/tree/master/mnist。

## 1.5 总结

本章回顾了层、激活函数和优化模式等深度学习概念，以及它们为构建各种深度学习架构做出的贡献。我们探索了 PyTorch 深度学习库，以及 torch.nn、torch.optim、torch.data 和张量等重要模块。

然后，我们从头开始运行训练深度学习模型的实践练习。我们使用 PyTorch 模块为练习构建一个 CNN，还编写了相关的 PyTorch 代码加载数据集、训练和评估模型，最后根据训练模型进行预测。

在下一章中，我们将探索一个稍加复杂的模型架构，这一架构涉及多个子模型。我们将使用这种类型的混合模型来解决使用自然文本描述图像的现实任务。PyTorch 能够帮助我们实现此类系统，并为看不见的图像生成文字描述。

# 第2章 结合CNN和LSTM

**卷积神经网络**（**CNN**）是一种深度学习模型，用于解决与图像和视频相关的机器学习问题，如图像分类、目标检测、分割等。这得益于CNN使用的一种特殊类型的层——**卷积层**，卷积层具有共享的可学习参数。权重或参数共享之所以有效，是因为我们假设要在图像中学习的模式（如边缘或轮廓）与图像中像素的位置无关。正如CNN应用于图像一样，经过证明，**长短期记忆**（**Long Short-Term Memory，LSTM**）**网络**——一种**循环神经网络**（**Recurrent Neural Network，RNN**）——在解决与**序列数据**相关的机器学习问题方面非常有效。序列数据的一个例子是文本。例如，在一个句子中，每个词都依赖于前面的词。LSTM模型旨在对此类序列依赖性进行建模。

CNN和LSTM这两种不同类型的网络可以级联，以形成一个混合模型，该模型接收图像或视频并输出文本。众所周知，这种混合模型应用于对图像进行文字性描述，其中模型接收图像并输出图像的合理文本描述。自2010年以来，机器学习已被用于执行图像的文字描述任务（https://dl.acm.org/doi/10.5555/1858681.1858808）。

然而，2014/2015年，神经网络首次成功用于此任务（https://www.cv-foundation.org/openaccess/content_cvpr_2015/html/Vinyals_Show_and_Tell_2015_CVPR_paper.html）。从那时起，人们一直在积极研究图像的文字描述。随着年

复一年的显著改进，这种深度学习应用可能会帮助视障人士更好地可视化世界。

本章首先讨论这种混合模型的架构，以及 PyTorch 中相关的实现细节，在本章的最后，我们将使用 PyTorch 从头开始构建一个对图像进行文字性描述的系统。本章涵盖以下主题：

- 使用 CNN 和 LSTM 构建神经网络；
- 使用 PyTorch 构建图像文字描述生成器。

## 2.1 技术要求

我们将在所有练习中使用 Jupyter Notebook。以下是本章应使用 pip 安装的 Python 库列表。例如，在命令行中 run pip install torch==1.4.0。

```
jupyter==1.0.0
torch==1.4.0
torchvision==0.5.0
nltk==3.4.5
Pillow==6.2.2
pycocotools==2.0.0
```

与本章相关的所有代码文件请访问：https://github.com/PacktPublishing/Mastering-PyTorch/tree/master/Chapter02。

## 2.2 使用 CNN 和 LSTM 构建神经网络

CNN-LSTM 网络架构由一个卷积层和一个 LSTM 层组成。卷积层用于从输入数据（图像）中提取特征，LSTM 层用于执行序列预测。这种模型在空间和时间上都有深度。模型的卷积部分通常用作**编码器**，负责接收输入图像，并输出高维特征或嵌入。

在实践中，CNN 在这些混合网络中通常用于对图像分类任务进行预训练。预训练后，将 CNN 模型的最后一个隐藏层用作 LSTM 组件的输入，该组件则相当于**解码器**，用来生成文本。

在处理文本数据时，我们需要将单词和其他符号（如标点符号、标识符等）转换为数字，这些单词和其他符号统称为标记。要做到这一点，我们用唯一的对应数字表示文本中的每个标记。在下面的小节中，我们将演示文本编码。

假设我们使用以下文本数据构建一个机器学习模型：

```
<start> PyTorch is a deep learning library. <end>
```

然后，将每一个单词/标记映射为数字，如下所示：

```
<start> : 0
PyTorch : 1
is : 2
a : 3
deep : 4
learning : 5
library : 6
. : 7
<end> : 8
```

一旦建立了映射关系，我们就可以用一个数字列表来表示这个句子。

```
<start> PyTorch is a deep learning library. <end> -> [0, 1, 2,
3, 4, 5, 6, 7, 8]
```

同样，<start> PyTorch is deep. <end>可被编码为 -> [0, 1, 2, 4, 7, 8]。这种映射一般被称为**词汇表**。构建词汇表是大多数与文本相关的机器学习问题的关键部分。

作为解码器，LSTM 模型在 $t$=0 时将 CNN 嵌入作为输入。然后，每个 LSTM 单元在每个时间步进行标记预测，作为下一个 LSTM 单元的输入。这样可以将生成的整体架构可视化，如图 2.1 所示。

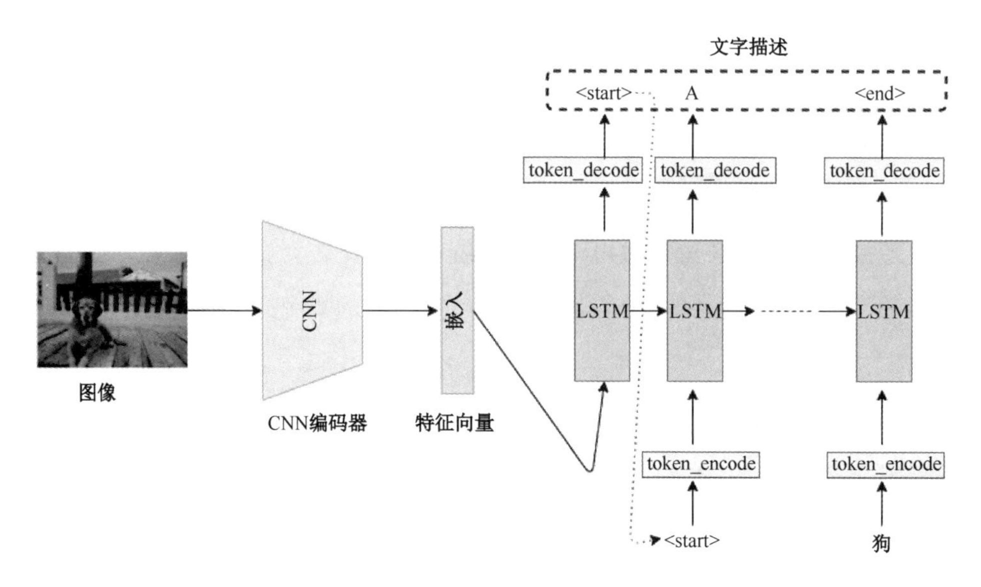


图 2.1 CNN-LSTM 架构示例

演示的架构适用于图像文字描述任务。如果不是只有单个图像，而是有一系列图像（如视频）作为 CNN 层的输入，那么将在每个时间步嵌入 CNN 作为 LSTM 单元输入，而不仅仅是在 $t$=0 处。这种架构在行为识别或视频描述等应用中非常有用。

下一节，我们将在 PyTorch 中实现一个图像文字描述系统，包括构建混合模型架构，以及数据加载、预处理、模型训练和模型评估流水线。

## 2.3 使用 PyTorch 构建图像文字描述生成器

在本次练习中，我们将使用 Common Objects in Context（COCO）数据集（可从 http://cocodataset.org/#overview 获得）。COCO 数据集是一个大规模的目标检测、分割和文字描述数据集。

该数据集包含超过 200 000 张标记图像，每张图像有 5 个文字描述。COCO 数据集出现于 2014 年，对推进与目标识别相关的计算机视觉任务有很大帮助。它是目标检测、目标分割、实例分割和图像文字描述等基准测试任务中最常用的数据集之一。

在本次练习中，我们将使用 PyTorch 在这个数据集上训练一个 CNN-LSTM 模型，并使用训练后的模型为未知样本生成文字描述。但是，在这之前，我们需要执行一些先决条件。

> **注意**
>
> 为了便于说明，我们将只提及重要的代码片段。查阅完整的练习代码，请访问：https://github.com/PacktPublishing/Mastering-PyTorch/blob/master/Chapter02/image_captioning_pytorch.ipynb。

### 2.3.1 下载图像文字描述数据集

在构建图像文字描述系统前，我们需要下载所需的数据集。如果你没有下载数据集，那么请在 Jupyter Notebook 的帮助下运行以下脚本。这有助于在本地下载数据集。

> **注意**
>
> 我们使用的数据集版本稍旧。因其规模稍小，我们能够更快地获得结果。

训练数据集和验证数据集的大小分别为 13 GB 和 6 GB。下载和提取数据集文件，以及清理和处理数据集文件可能需要一段时间。按如下方式执行这些步骤，并让数据集文件快速完成。

```
# download images and annotations to the data directory
!wget http://msvocds.blob.core.windows.net/annotations-1-0-3/captions_train-val2014.zip -P ./data_dir/
```

```
!wget http://images.cocodataset.org/zips/train2014.zip -P ./
data_dir/
!wget http://images.cocodataset.org/zips/val2014.zip -P ./data_
dir/
# extract zipped images and annotations and remove the zip
files
!unzip ./data_dir/captions_train-val2014.zip -d ./data_dir/
!rm ./data_dir/captions_train-val2014.zip
!unzip ./data_dir/train2014.zip -d ./data_dir/
!rm ./data_dir/train2014.zip
!unzip ./data_dir/val2014.zip -d ./data_dir/
!rm ./data_dir/val2014.zip
```

你会看到图 2.2 所示的输出内容。

```
--2020-05-19 06:45:20--  http://msvocds.blob.core.windows.net/annotations-1-0-3/captions_train-val2014.zip
Resolving msvocds.blob.core.windows.net (msvocds.blob.core.windows.net)... 52.176.224.96
Connecting to msvocds.blob.core.windows.net (msvocds.blob.core.windows.net)|52.176.224.96|:80... connected.
HTTP request sent, awaiting response... 200 OK
Length: 19673183 (19M) [application/octet-stream Charset=UTF-8]
Saving to: './data/captions_train-val2014.zip'

captions_train-val2 100%[===================>]  18.76M   220KB/s    in 6m 46s

2020-05-19 06:52:07 (47.4 KB/s) - './data/captions_train-val2014.zip' saved [19673183/19673183]

--2020-05-19 06:52:07--  http://images.cocodataset.org/zips/train2014.zip
Resolving images.cocodataset.org (images.cocodataset.org)... 52.216.143.4
Connecting to images.cocodataset.org (images.cocodataset.org)|52.216.143.4|:80... connected.
HTTP request sent, awaiting response... 200 OK
Length: 13510573713 (13G) [application/zip]
Saving to: './data/train2014.zip'

train2014.zip        63%[===========>        ]   8.03G  --.-KB/s    in 4h 54m

                                        ⋮

extracting: ./data/val2014/COCO_val2014_000000014526.jpg
extracting: ./data/val2014/COCO_val2014_000000154892.jpg
extracting: ./data/val2014/COCO_val2014_000000535313.jpg
extracting: ./data/val2014/COCO_val2014_000000008483.jpg
extracting: ./data/val2014/COCO_val2014_000000259087.jpg
extracting: ./data/val2014/COCO_val2014_000000030667.jpg
extracting: ./data/val2014/COCO_val2014_000000132288.jpg
extracting: ./data/val2014/COCO_val2014_000000155617.jpg
extracting: ./data/val2014/COCO_val2014_000000049682.jpg
extracting: ./data/val2014/COCO_val2014_000000382438.jpg
extracting: ./data/val2014/COCO_val2014_000000488693.jpg
extracting: ./data/val2014/COCO_val2014_000000324492.jpg
extracting: ./data/val2014/COCO_val2014_000000543836.jpg
extracting: ./data/val2014/COCO_val2014_000000551804.jpg
extracting: ./data/val2014/COCO_val2014_000000045516.jpg
extracting: ./data/val2014/COCO_val2014_000000347233.jpg
extracting: ./data/val2014/COCO_val2014_000000154202.jpg
extracting: ./data/val2014/COCO_val2014_000000038210.jpg
extracting: ./data/val2014/COCO_val2014_000000113113.jpg
extracting: ./data/val2014/COCO_val2014_000000441814.jpg
```

图 2.2　数据下载和提取

这一步大体来说就是创建一个数据文件夹（./data_dir），下载压缩的图像和标注文件，并将其解压到数据文件夹中。

### 2.3.2 预处理文字描述（文本）数据

下载的图像文字描述数据集由文本（文字描述）和图像组成。本节中，我们将对文本数据进行预处理，使其可用于 CNN-LSTM 模型。该练习按步骤顺序排列，前三个步骤侧重于处理文本数据。

1．对于本次练习，需要导入一些依赖项。在本章中将导入以下关键模块：

```
import nltk
from pycocotools.coco import COCO
import torch.utils.data as data
import torchvision.models as models
import torchvision.transforms as transforms
from torch.nn.utils.rnn import pack_padded_sequence
```

nltk 是自然语言工具包，它有助于构建词汇表，而 pycocotools 是处理 COCO 数据集的辅助工具。此处，我们导入在上一章中已经讨论过的各种 Torch 模块，除了最后一个，即 pack_padded_sequence。通过填充，pack_padded_sequence 函数可将具有可变长度（单词数）的句子转换为固定长度的句子。

除了导入 nltk 库外，我们还需要下载其 punkt 分词器模型，如下：

```
nltk.download('punkt')
```

这将使我们能够将给定的文本标记为组成词。

2．接下来，我们构建词汇表——即可以将实际文本标记（例如单词）转换为数字标记的字典。此步骤对于任何与文本相关的任务都是必不可少的。此处的近似代码表示此步骤中正在执行的操作：

```
def build_vocabulary(json, threshold):
    """Build a vocab wrapper."""
    coco = COCO(json)
    counter = Counter()
```

```
    ids = coco.anns.keys()
    for i, id in enumerate(ids):
        caption = str(coco.anns[id]['caption'])
        tokens = nltk.tokenize.word_tokenize(caption.
lower())
        counter.update(tokens)
        if (i+1) % 1000 == 0:
            print("[{}/{}] Tokenized the
captions.".format(i+1, len(ids)))
```

首先，在词汇表构建器函数中，加载 JSON 文本标注，标注/描述中单个的词被标记或转换为数字，并存储在计数器中。

然后，在词汇构建器函数中，丢弃出现次数少于特定次数的标记，并将剩余的标记添加到词汇表对象中，词汇表对象旁边是一些通配符——start（句子的）、end、unknown_word 和 padding tokens，如下所示：

```
    # If word freq < 'thres', then word is discarded.
    tokens = [token for token, cnt in counter.items() if
cnt >= threshold]
    # Create vocab wrapper + add special tokens.
    vocab = Vocab()
    vocab.add_token('<pad>')
    vocab.add_token('<start>')
    vocab.add_token('<end>')
    vocab.add_token('<unk>')
    # Add words to vocab.
    for i, token in enumerate(tokens):
        vocab.add_token(token)
    return vocab
```

最后，本地创建词汇生成器函数（被称为词汇对象），保存函数以进一步重新使用，如以下代码所示：

```
vocab = build_vocabulary(json='data_dir/annotations/
captions_train2014.json', threshold=4)
vocab_path = './data_dir/vocabulary.pkl'
with open(vocab_path, 'wb') as f:
    pickle.dump(vocab, f)
```

```
print("Total vocabulary size: {}".format(len(vocab)))
print("Saved the vocabulary wrapper to '{}'".
format(vocab_path))
```

输出如图 2.3 所示。

```
loading annotations into memory...
Done (t=0.79s)
creating index...
index created!
[1000/414113] Tokenized the captions.
[2000/414113] Tokenized the captions.
[3000/414113] Tokenized the captions.
[4000/414113] Tokenized the captions.
[5000/414113] Tokenized the captions.
[6000/414113] Tokenized the captions.
[7000/414113] Tokenized the captions.
[8000/414113] Tokenized the captions.
[9000/414113] Tokenized the captions.
[10000/414113] Tokenized the captions.

[407000/414113] Tokenized the captions.
[408000/414113] Tokenized the captions.
[409000/414113] Tokenized the captions.
[410000/414113] Tokenized the captions.
[411000/414113] Tokenized the captions.
[412000/414113] Tokenized the captions.
[413000/414113] Tokenized the captions.
[414000/414113] Tokenized the captions.
Total vocabulary size: 9956
Saved the vocabulary wrapper to './data_dir/vocab.pkl'
```

图 2.3　词汇表创建

在这一步中，我们定义了一个词汇表对象 vocab，并在其中添加了标记。这一词汇表对象最终将为我们提供文本标记和数字标记之间的映射。本地保存词汇表对象，稍后重新训练模型时就不必重新运行词汇表构建器。

build_vocabulary 函数通过 pycocotools 辅助库，从步骤 1 下载的注释文件中读取注释。读取所有注释后，build_vocabulary 函数遍历文本标记，并将每个新发现的文本标记添加到映射中。

一旦建立了词汇表，我们就可以在运行时将文本数据转换为数字。

### 2.3.3　预处理图像数据

在下载数据并为文本描述构建词汇表后，我们需要对图像数据进行一些预处理。

数据集中的图像会呈现各种大小形状，因此，我们需要将所有图像重塑为固定形状，以便将其输入到 CNN 模型的第一层，如下所示：

```
def reshape_images(image_path, output_path, shape):
    images = os.listdir(image_path)
    num_im = len(images)
    for i, im in enumerate(images):
        with open(os.path.join(image_path, im), 'r+b') as f:
            with Image.open(f) as image:
                image = reshape_image(image, shape)
                image.save(os.path.join(output_path, im),
image.format)
        if (i+1) % 100 == 0:
            print ("[{}/{}] Resized the images and saved into
'{}'.".format(i+1, num_im, output_path))
reshape_images(image_path, output_path, image_shape)
```

输出如图 2.4 所示。

```
[100/82783] Resized the images and saved into './data_dir/resized_images/'.
[200/82783] Resized the images and saved into './data_dir/resized_images/'.
[300/82783] Resized the images and saved into './data_dir/resized_images/'.
[400/82783] Resized the images and saved into './data_dir/resized_images/'.
[500/82783] Resized the images and saved into './data_dir/resized_images/'.
[600/82783] Resized the images and saved into './data_dir/resized_images/'.
[700/82783] Resized the images and saved into './data_dir/resized_images/'.
[800/82783] Resized the images and saved into './data_dir/resized_images/'.
[900/82783] Resized the images and saved into './data_dir/resized_images/'.
[1000/82783] Resized the images and saved into './data_dir/resized_images/'.
[82000/82783] Resized the images and saved into './data_dir/resized_images/'.
[82100/82783] Resized the images and saved into './data_dir/resized_images/'.
[82200/82783] Resized the images and saved into './data_dir/resized_images/'.
[82300/82783] Resized the images and saved into './data_dir/resized_images/'.
[82400/82783] Resized the images and saved into './data_dir/resized_images/'.
[82500/82783] Resized the images and saved into './data_dir/resized_images/'.
[82600/82783] Resized the images and saved into './data_dir/resized_images/'.
[82700/82783] Resized the images and saved into './data_dir/resized_images/'.
```

图 2.4　图像预处理（整形）

将所有图像重塑为 256×256 像素，使它们与 CNN 模型架构兼容。

### 2.3.4 定义图像文字描述数据加载器

我们已经下载并预处理了图像文字描述数据，现在需要将这些数据转换为 PyTorch 数据集对象。随后，PyTorch 数据集对象可用于定义 PyTorch 数据加载器对象。训练循环将使用 PyTorch 数据加载器对象来获取批量数据，如下所示。

1．现在，实现自定义 Dataset 模块和自定义数据加载器：

```
class CustomCocoDataset(data.Dataset):
    """COCO Dataset compatible with torch.utils.data.
DataLoader."""
    def __init__(self, data_path, coco_json_path,
vocabulary, transform=None):
        """Set path for images, texts and vocab wrapper.

        Args:
            data_path: image directory.
            coco_json_path: coco annotation file path.
            vocabulary: vocabulary wrapper.
            transform: image transformer.
        """
        ...
    def __getitem__(self, idx):
        """Returns one data sample (X, y)."""
        ...
        return image, ground_truth
    def __len__(self):
        return len(self.indices)
```

首先，为了定义自定义 PyTorch 数据集对象，需要先定义_init_、_get_item 和_len_方法，分别用于实例化、获取项目和返回数据集的大小。

2．接下来，定义 collate_function。该函数以 X, y 的形式返回小批量数据，如下所示：

```
def collate_function(data_batch):
    """Creates mini-batches of data
    We build custom collate function rather than using
standard collate function,
    because padding is not supported in the standard
version.
    Args:
        data: list of (image, caption)tuples.
            - image: tensor of shape (3, 256, 256).
            - caption: tensor of shape (:); variable
length.
    Returns:
        images: tensor of size (batch_size, 3, 256, 256).
        targets: tensor of size (batch_size, padded_
length).
        lengths: list.
    """
    ...
    return imgs, tgts, cap_lens
```

通常，我们不需要编写自己的 collate 函数，编写自己的 collate 函数是为了处理可变长度的句子。当句子的长度（比如 $k$）小于固定长度 $n$ 时，需要使用 pack_padded_sequence 函数来填充 $n-k$ 标注。

3. 最后，完成 get_loader 函数。该函数在以下代码中为 COCO 数据集返回一个自定义数据加载器：

```
def get_loader(data_path, coco_json_path, vocabulary,
transform, batch_size, shuffle, num_workers):
    # COCO dataset
    coco_dataset = CustomCocoDataset(data_path=data_path,
                        coco_json_path=coco_json_path,
                        vocabulary=vocabulary,
                        transform=transform)
    custom_data_loader = torch.utils.data.
DataLoader(dataset=coco_dataset, batch_size=batch_size,
shuffle=shuffle, num_workers=num_workers, collate_
fn=collate_function)
    return custom_data_loader
```

在训练循环期间，该函数在获取小批量数据时非常有用。

这样就完成了为模型训练设置数据流水线所需要的工作。现在，我们将注意力转向实际模型本身。

### 2.3.5 定义 CNN-LSTM 模型

在本节中，我们将定义模型架构，包括 CNN 和 LSTM 组件。

数据流水线已经构建完成，我们将按照图 2.1 的描述定义模型架构，如下所示：

```
class CNNModel(nn.Module):
    def __init__(self, embedding_size):
        """Load pretrained ResNet-152 & replace last fully
connected layer."""
        super(CNNModel, self).__init__()
        resnet = models.resnet152(pretrained=True)
        module_list = list(resnet.children())[:-1]       #
delete last fully connected layer.
        self.resnet_module = nn.Sequential(*module_list)
        self.linear_layer = nn.Linear(resnet.fc.in_features,
embedding_size)
        self.batch_norm = nn.BatchNorm1d(embedding_size,
momentum=0.01)

    def forward(self, input_images):
        """Extract feats from images."""
        with torch.no_grad():
            resnet_features = self.resnet_module(input_images)
        resnet_features = resnet_features.reshape(resnet_
features.size(0), -1)
        final_features = self.batch_norm(self.linear_
layer(resnet_features))
        return final_features
```

我们定义了两个子模型——CNN 模型和 RNN 模型。对于 CNN 部分，我们使用 PyTorch 模型库提供的预训练 CNN 模型：ResNet 152 架构。虽然下一章才会详细讲解 ResNet，但这个具有 152 层的深度 CNN 模型是在 ImageNet 数据集（http://www.image-net.org/）上经过预训练的模型。ImageNet 数据集包含的 RGB 图像超过了 140 万张，标记了 1 000 多个类别。这 1 000 多个类别包括植物、动物、食品、运动等种类。

我们移除了这个预训练 ResNet 模型的最后一层，并用一个后跟单个批量标准层的全连接层替换。为什么我们能够替换全连接层？因为神经网络可以被看作是一系列权重矩阵，这个权重矩阵从输入层和第一个隐藏层之间的权重矩阵开始，一直到倒数第二层和输出层之间的权重矩阵结束。预训练模型则可被视为一系列经过精心调整的权重矩阵。

通过替换最后一层，我们实质上是在替换最后的权重矩阵（$K\times1\,000$ 维，假设倒数第二层中有 $K$ 个神经元）和一个新的随机初始化权重矩阵（$K\times256$ 维，其中 256 是新的输出规模大小）。

批量归一化层对全连接层的输出进行归一化，整个批次的平均值为 0，标准差为 1。这类似于使用 torch.transforms 执行标准输入数据规范化。执行批量归一化有助于限制隐藏层输出值波动的程度，通常也有助于加快学习速度。得益于更均匀的（均值为 0，标准差为 1）优化超平面，我们可以使用更高的学习率。

由于这是 CNN 子模型的最后一层，因此批量归一化有助于将 LSTM 子模型与 CNN 可能引入的任何数据偏移相隔离。如果我们不使用批量归一化，最坏的情况是，CNN 的最后一层可能在训练期间输出平均值>0.5 和标准差=1 的值。但是在推理过程中，CNN 如果对于某个图像输出的平均值<0.5 且标准差=1，那么 LSTM 子模型将难以操作这种未知的数据分布。

回到全连接层，我们引入我们自己的层，因为我们不需要 ResNet 模型的 1 000 类概率。相反，我们想使用 ResNet 模型为每个图像生成一个嵌入向量，这种嵌入可以被认为是给定输入图像的一维数字编码版本。然后将此嵌入馈送到 LSTM 模型。

我们将在第 4 章“深度循环模型架构”中详细探讨 LSTM。但是，正如图 2.1 所示，LSTM 层以嵌入向量作为输入，并输出一系列单词。理想情况下，这些单词将描述生成嵌入的图像。

```
class LSTMModel(nn.Module):
    def __init__(self, embedding_size, hidden_layer_size,
vocabulary_size, num_layers, max_seq_len=20):
        ...
        self.lstm_layer = nn.LSTM(embedding_size, hidden_layer_
size, num_layers, batch_first=True)
        self.linear_layer = nn.Linear(hidden_layer_size,
vocabulary_size)
        ...

    def forward(self, input_features, capts, lens):
        ...
        hidden_variables, _ = self.lstm_layer(lstm_input)
        model_outputs = self.linear_layer(hidden_variables[0])
        return model_outputs
```

LSTM 模型由一个 LSTM 层和一个全连接的线性层组成。LSTM 层是一个循环层，可以将其想象成 LSTM 单元沿着时间维度展开，形成 LSTM 单元的时间序列。在本书用例中，这些单元格将在每个时间步中输出单词预测概率，并将概率最高的单词附加到输出句子中。

LSTM 单元会在每个时间步生成一个内部单元状态，该状态作为输入被传递到 LSTM 单元的下一个时间步。这个过程一直持续到 LSTM 单元输出一个<end>标记/单词。<end>标记被附加到输出语句中。完成后得到的句子是我们所预测的图像文字描述。

请注意，我们已将 max_seq_len 变量的最大允许序列长度指定为 20。这意味着任何少于 20 个单词的句子，都将在末尾填充空单词标记；而长度超过 20 个单词的句子，将缩减为仅剩下前 20 个单词。

为什么要这样做？为什么单词数量是 20？如果我们真的希望 LSTM 可以处理任何长度的句子，那么此变量将被设置为一个非常大的值，如 9999 个单词。然而，没有多少图像描述会有那么多的单词，更重要的是，如果真有这么长的异常句子，LSTM 将很难在如此大量的时间步内，学习时间模式。

我们知道 LSTM 在处理更长的序列方面比 RNN 更优；然而，LSTM 很难在这样的序列长度上保留内存。考虑到通常的图像描述长度和我们希望模型生成的最大描述长度，我们选择 20 作为一个合理的数字。

前面代码中的 LSTM 层和线性层对象都是从 nn.module 中派生的，我们分别定义了_init_和 forward 方法来构造模型，并运行模型的前向传递。对于 LSTM 模型，我们还实现了一个 sample 方法，如以下代码所示。这对为给定图像生成文字描述很有作用。

```
    def sample(self, input_features, lstm_states=None):
        """Generate caps for feats with greedy search."""
        sampled_indices = []
        ...
        for i in range(self.max_seq_len):
            ...
            sampled_indices.append(predicted_outputs)
            ...
        sampled_indices = torch.stack(sampled_indices, 1)
        return sampled_indices
```

sample 方法利用贪婪搜索算法生成句子；也就是说，它选择总体概率最高的序列。

图像文字模型定义这一步骤到此结束。现在，做好准备，开始训练模型。

### 2.3.6 训练 CNN-LSTM 模型

在上一节中，我们已经定义了模型架构，现在我们将训练 CNN-LSTM 模型。让我们逐一分析这一步的细节。

1. 首先，定义设备。如果有可用的 GPU，则将其用于训练；如果没有，则使用 CPU。

```
# Device configuration
device = torch.device('cuda' if torch.cuda.is_available()
else 'cpu')
```

尽管我们已经将所有图像重塑为一个固定的形状，即图像尺寸为（256,256），但这还不够。我们还需要将数据归一化。归一化很重要，因为不同的数据维度可能有不同的分布，这可能会偏斜整体优化空间，并导致低效的梯度下降（想象一下椭圆与圆）。

2．其次，使用 PyTorch 的 transform 模块规范化输入图像的像素值。

```
# Image pre-processing, normalization for pretrained
resnet
transform = transforms.Compose([
    transforms.RandomCrop(224),
    transforms.RandomHorizontalFlip(),
    transforms.ToTensor(),
    transforms.Normalize((0.485, 0.456, 0.406),
                         (0.229, 0.224, 0.225))])
```

此外，我们增加了可用的数据集。这不仅有助于生成大量的训练数据，还有助于使模型对输入数据的潜在变化具有健壮性。我们使用 PyTorch 的 transform 模块来执行如下两种数据增强技术：

（a）随机裁剪，使图像尺寸从（256,256）到（224,224）；

（b）水平翻转图像。

3．接下来，加载我们在预处理描述（文本）数据部分中构建的词汇表。使用定义图像文字描述数据加载器部分中定义的 get_loader 函数，初始化数据加载器。

```
# Load vocab wrapper
with open('data_dir/vocabulary.pkl', 'rb') as f:
    vocabulary = pickle.load(f)

# Instantiate data loader
custom_data_loader = get_loader('data_dir/resized_
images', 'data_dir/annotations/captions_train2014.json',
vocabulary,
                         transform, 128,
                         shuffle=True, num_workers=2)
```

4．然后，我们来看这一步的主要部分，以编码器和解码器模型的形式，实例化 CNN 和 LSTM 模型。此外，我们还定义了损失函数——**交叉熵损失**，以及优化模式——**Adam 优化器**，代码如下：

```
# Build models
encoder_model = CNNModel(256).to(device)
decoder_model = LSTMModel(256, 512, len(vocabulary),
1).to(device)


# Loss & optimizer
loss_criterion = nn.CrossEntropyLoss()
parameters = list(decoder_model.parameters()) +
list(encoder_model.linear_layer.parameters()) +
list(encoder_model.batch_norm.parameters())
optimizer = torch.optim.Adam(parameters, lr=0.001)
```

正如第 1 章“使用 PyTorch 概述深度学习”中所讨论的那样，在处理稀疏数据时，Adam 可能是优化模式的最佳选择。本节同时处理图像和文本，这是稀疏数据的完美实例，因为并非所有像素都包含有用信息，同时，数字化/矢量化文本本身就是一个稀疏矩阵。

5．最后，运行训练循环（5 个迭代次数）。使用数据加载来获取小批量 COCO 数据集，通过编码器和解码器网络对小批量进行前向传递，最后，使用反向传播来调整 CNN-LSTM 模型的参数（通过时间反向传播，适用于 LSTM 网络）。

```
for epoch in range(5):
    for i, (imgs, caps, lens) in enumerate(custom_data_
loader):
        tgts = pack_padded_sequence(caps, lens, batch_
first=True)[0]
        # Forward pass, backward propagation
        feats = encoder_model(imgs)
        outputs = decoder_model(feats, caps, lens)
        loss = loss_criterion(outputs, tgts)
```

```
        decoder_model.zero_grad()
        encoder_model.zero_grad()
        loss.backward()
        optimizer.step()
```

在训练循环中，每迭代 1 000 次，我们就会保存一个模型检查点。出于演示目的，我们只运行了两个迭代训练，如下所示：

```
        # Log training steps
        if i % 10 == 0:
            print('Epoch [{}/{}], Step [{}/{}], Loss: 
{:.4f}, Perplexity: {:5.4f}'
                  .format(epoch, 5, i, total_num_steps, 
loss.item(), np.exp(loss.item())))
        # Save model checkpoints
        if (i+1) % 1000 == 0:
            torch.save(decoder_model.state_dict(), 
os.path.join(
                'models_dir/', 'decoder-{}-{}.ckpt'.
format(epoch+1, i+1)))
            torch.save(encoder_model.state_dict(), 
os.path.join(
                'models_dir/', 'encoder-{}-{}.ckpt'.
format(epoch+1, i+1)))
```

输出如图 2.5 所示。

```
loading annotations into memory...
Done (t=0.95s)
creating index...
index created!
Downloading: "https://download.pytorch.org/models/resnet152-b121ed2d.pth" to /Users/ashish.jha/.cache/torch/checkpoin
ts/resnet152-b121ed2d.pth
100% 230M/230M [21:30:44<00:00, 3.12kB/s]

Epoch [0/5], Step [0/3236], Loss: 9.2069, Perplexity: 9965.6803
Epoch [0/5], Step [10/3236], Loss: 5.8838, Perplexity: 359.1789
Epoch [0/5], Step [20/3236], Loss: 5.1500, Perplexity: 172.4289
Epoch [0/5], Step [30/3236], Loss: 4.9295, Perplexity: 138.3147
Epoch [0/5], Step [40/3236], Loss: 4.5292, Perplexity: 92.6851
Epoch [0/5], Step [50/3236], Loss: 4.3870, Perplexity: 80.3971
Epoch [0/5], Step [60/3236], Loss: 4.2046, Perplexity: 66.9942
Epoch [0/5], Step [70/3236], Loss: 4.0149, Perplexity: 55.4195
Epoch [0/5], Step [80/3236], Loss: 3.9087, Perplexity: 49.8341
```

图 2.5 模型训练循环

```
Epoch [0/5], Step [90/3236], Loss: 3.8128, Perplexity: 45.2768
Epoch [0/5], Step [100/3236], Loss: 3.7193, Perplexity: 41.2363
Epoch [0/5], Step [110/3236], Loss: 3.8261, Perplexity: 45.8836
Epoch [0/5], Step [120/3236], Loss: 3.6833, Perplexity: 39.7769
Epoch [0/5], Step [130/3236], Loss: 3.4806, Perplexity: 32.4807
Epoch [0/5], Step [140/3236], Loss: 3.6516, Perplexity: 38.5349
Epoch [0/5], Step [150/3236], Loss: 3.6148, Perplexity: 37.1424
Epoch [0/5], Step [160/3236], Loss: 3.6043, Perplexity: 36.7555
Epoch [0/5], Step [170/3236], Loss: 3.4089, Perplexity: 30.2317
Epoch [0/5], Step [180/3236], Loss: 3.5103, Perplexity: 33.4576
Epoch [0/5], Step [190/3236], Loss: 3.4509, Perplexity: 31.5299
Epoch [0/5], Step [200/3236], Loss: 3.3716, Perplexity: 29.1259

Epoch [1/5], Step [3100/3236], Loss: 1.9792, Perplexity: 7.2366
Epoch [1/5], Step [3110/3236], Loss: 2.0225, Perplexity: 7.5575
Epoch [1/5], Step [3120/3236], Loss: 1.9827, Perplexity: 7.2626
Epoch [1/5], Step [3130/3236], Loss: 2.1007, Perplexity: 8.1719
Epoch [1/5], Step [3140/3236], Loss: 2.0461, Perplexity: 7.7378
Epoch [1/5], Step [3150/3236], Loss: 2.1792, Perplexity: 8.8390
Epoch [1/5], Step [3160/3236], Loss: 2.0305, Perplexity: 7.6180

Epoch [1/5], Step [3170/3236], Loss: 2.0086, Perplexity: 7.4526
Epoch [1/5], Step [3180/3236], Loss: 2.0680, Perplexity: 7.9090
Epoch [1/5], Step [3190/3236], Loss: 2.1530, Perplexity: 8.6106
Epoch [1/5], Step [3200/3236], Loss: 1.9798, Perplexity: 7.2412
Epoch [1/5], Step [3210/3236], Loss: 2.0868, Perplexity: 8.0591
Epoch [1/5], Step [3220/3236], Loss: 2.0150, Perplexity: 7.5010
Epoch [1/5], Step [3230/3236], Loss: 2.0978, Perplexity: 8.1480
```

图 2.5　模型训练循环（续）

### 2.3.7 使用已经训练的模型生成图像文字描述

在上一节中，我们训练了一个图像文字描述模型。在本节中，我们将使用已经训练的模型，为模型未知图像生成文字描述。

1. 我们存储了一个示例图像 sample.jpg，用于运行推理。正如我们在训练期间所做的那样：如果 GPU 可用，就将设备定义为 GPU；否则，将设备定义为 CPU。然后，定义一个函数，加载图像，并将其重塑为（224,224）像素大小。最后，定义 transformation 模块，将图像像素归一化，如下所示：

```
image_file_path = 'sample.jpg'
# Device config
device = torch.device('cuda' if torch.cuda.is_available()
else 'cpu')
def load_image(image_file_path, transform=None):
    img = Image.open(image_file_path).convert('RGB')
    img = img.resize([224, 224], Image.LANCZOS)
    if transform is not None:
```

```
        img = transform(img).unsqueeze(0)
    return img
# Image pre-processing
transform = transforms.Compose([
    transforms.ToTensor(),
    transforms.Normalize((0.485, 0.456, 0.406),
                         (0.229, 0.224, 0.225))])
```

2. 加载词汇表，并实例化编码器和解码器模型。

```
# Load vocab wrapper
with open('data_dir/vocabulary.pkl', 'rb') as f:
    vocabulary = pickle.load(f)
# Build models
encoder_model = CNNModel(256).eval()  # eval mode
(batchnorm uses moving mean/variance)
decoder_model = LSTMModel(256, 512, len(vocabulary), 1)
encoder_model = encoder_model.to(device)
decoder_model = decoder_model.to(device)
```

3. 准备好模型脚手架后，使用两个训练时期最新保存的检查点来设置模型参数。

```
# Load trained model params
encoder_model.load_state_dict(torch.load('models_dir/
encoder-2-3000.ckpt'))
decoder_model.load_state_dict(torch.load('models_dir/
decoder-2-3000.ckpt'))
```

之后，模型就可以用于推理了。

4. 这一步的关键部分。加载图像，并对其运行推理——也就是说，首先使用编码器模型从图像生成嵌入，然后将此嵌入提供给解码器网络用于生成序列。

```
# Prepare image
img = load_image(image_file_path, transform)
img_tensor = img.to(device)
# Generate caption text from image
feat = encoder_model(img_tensor)
```

```
sampled_indices = decoder_model.sample(feat)
sampled_indices = sampled_indices[0].cpu().numpy()          # (1, max_seq_length) -> (max_seq_length)
```

5. 在此阶段，文字描述预测仍然是数字标记的形式。我们需要使用词汇表，反向应用文本和数字标记之间的映射，将数字标记转换为实际文本。

```
# Convert numeric tokens to text tokens
predicted_caption = []
for token_index in sampled_indices:
    word = vocabulary.i2w[token_index]
    predicted_caption.append(word)
    if word == '<end>':
        break
predicted_sentence = ' '.join(predicted_caption)
```

6. 一旦将输出转换为文本，就可以将图像和生成的文字描述可视化。

```
# Print image & generated caption text
print (predicted_sentence)
img = Image.open(image_file_path)
plt.imshow(np.asarray(img))
```

输出如图 2.6 所示。

<start> a dog is standing on a sidewalk near a building . <end>

图 2.6　样本图像的模型推断

虽然模型似乎并不是绝对完美的，但在两个迭代内，模型已经被训练得足够优秀，可以生成合理的文字描述。

## 2.4 总结

本章讨论了在编码器—解码器框架中将 CNN 模型和 LSTM 模型相结合的概念，联合训练 CNN 模型和 LSTM 模型，并使用组合模型为图像生成文字描述。我们首先描述了这样一个系统的模型架构应有的模样，以及架构的微小变化对不同应用程序的解决方法，如行为识别和视频描述。我们还探讨了在实践中为文本数据集构建词汇表的意义。

在本章的第二部分（也是最后一部分），我们使用 PyTorch 实现了一个图像文字描述系统。首先，我们下载了数据集，编写了我们自己的自定义 PyTorch 数据集加载器，基于文字描述构建了文本数据集词汇表，并对图像应用了转变，如重塑、归一化、随机裁剪和水平翻转。然后，我们定义了 CNN-LSTM 模型架构，以及损失函数和优化模式。最后，我们运行了训练循环。一旦模型完成了训练，在样本图像上就可以生成文字描述。

本章和前一章的练习都使用了 CNN。

在下一章中，我们将更深入地学习多年来开发的不同 CNN 架构的范围，它们各自的独特作用，以及如何使用 PyTorch 轻松驾驭这些架构。

# 第2部分

## 使用高级神经网络架构

在这一部分中，我们将使用 PyTorch 展示撰写本文时最先进的神经网络架构，并演示它们在现实生活中的应用。完成这一部分后，你将掌握卷积、循环和混合深度学习模型领域中最前沿的技术，并能够将这些模型应用于高级机器学习任务。

本部分包括以下章节：

- 第3章，深度 CNN 架构；
- 第4章，深度循环模型架构；
- 第5章，混合高级模型。

# 第 3 章

# 深度 CNN 架构

在本章中，我们将首先简要回顾 CNN 的演变（架构方面），然后详细研究不同的 CNN 架构。我们使用 PyTorch 实现这些 CNN 架构，这一过程旨在详尽探索在构建深度 CNN 的背景下，PyTorch 必须提供的工具（模块和内置函数）。在 PyTorch 中建立强大的 CNN 专业知识储备，将确保我们能够解决许多涉及 CNN 的深度学习问题。这也将帮助我们构建更复杂的深度学习模型或应用程序，而 CNN 是其中的一部分。

本章将涵盖以下主题：

- 为什么 CNN 如此强大？
- CNN 架构的演变。
- 从头开始开发 LeNet。
- 微调 AlexNet 模型。
- 运行预训练的 VGG 模型。
- 探索 GoogLeNet 和 Inceptionv3。
- 讨论 ResNet 和 DenseNet 架构。
- 了解 EfficientNets 和 CNN 架构的前景。

## 3.1 技术要求

我们将在所有练习中使用 Jupyter Notebook。以下是本章应使用 pip 安装的 Python 库列表。例如，在命令行中运行 run pip install torch==1.4.0。

```
jupyter==1.0.0
torch==1.4.0
torchvision==0.5.0
nltk==3.4.5
Pillow==6.2.2
pycocotools==2.0.0
```

与本章相关的所有代码文件见此链接：https://github.com/PacktPublishing/Mastering-PyTorch/tree/master/Chapter03。

## 3.2 为什么 CNN 如此强大？

CNN 是非常强大的机器学习模型之一，用于解决诸如图像分类、目标检测、目标分割、视频处理、自然语言处理和语音识别等具有挑战性的问题。其成功归因于多种因素，例如：

- 权重分享：这使得 CNN 具有高效参数，即使用相同的权重或参数集提取不同的特征。特征是模型使用其参数生成的输入数据的高级表示。
- 自动提取特征：多个特征提取阶段帮助 CNN 自动学习数据集中的特征表示。
- 分层学习：多层 CNN 结构有助于 CNN 学习低级、中级和高级特征。
- 探索数据中空间和时间相关性的能力：例如，视频处理任务。

除这些预先存在的基本特征外，CNN 这些年的发展还得益于以下几个方面的改进。

● 使用更好的激活函数和损失函数：例如，使用 ReLU 激活函数来克服梯度消失问题。什么是梯度消失问题？我们知道，神经网络中的反向传播是以微分链式法则为基础的。根据链式法则，损失函数相对于输入层参数的梯度可以编写成每一层梯度的乘积。如果这些梯度都小于 1，更糟糕时甚至趋于 0，那么这些梯度的乘积将是一个非常小的值。通过阻止网络参数改变数值，梯度消失问题会对优化过程造成严重影响，这相当于学习障碍。

● 参数优化：例如，使用基于 Adam 的优化器，而不是简单的随机梯度下降。

● 正则化：除 L2 正则化外，还应用 dropout 和批量归一化。

但是，架构的创新才是 CNN 这些年发展最重要的驱动因素。

● 基于空间探索的 CNN：空间探索背后的想法，是使用不同大小的内核来探索输入数据中不同级别的视觉特征。图 3.1 是基于空间探索的 CNN。

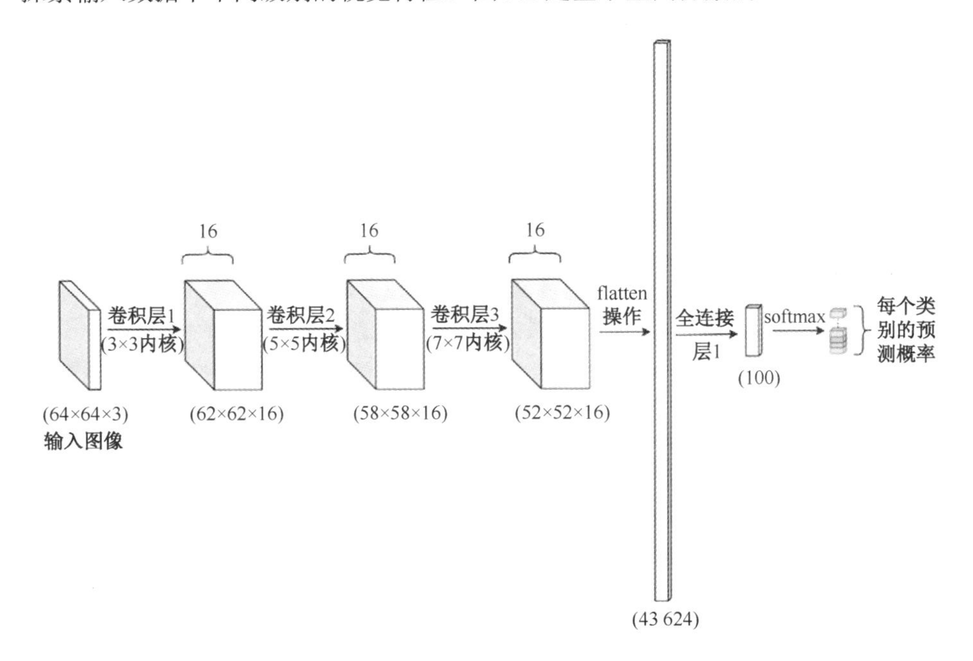


图 3.1　基于空间探索的 CNN

- 基于深度的 CNN：这里的深度是指神经网络的深度，也就是层数。因此，这里的想法是创建一个具有多个卷积层的 CNN 模型，以提取高度复杂的视觉特征。图 3.2 是基于深度的 CNN 模型示例。

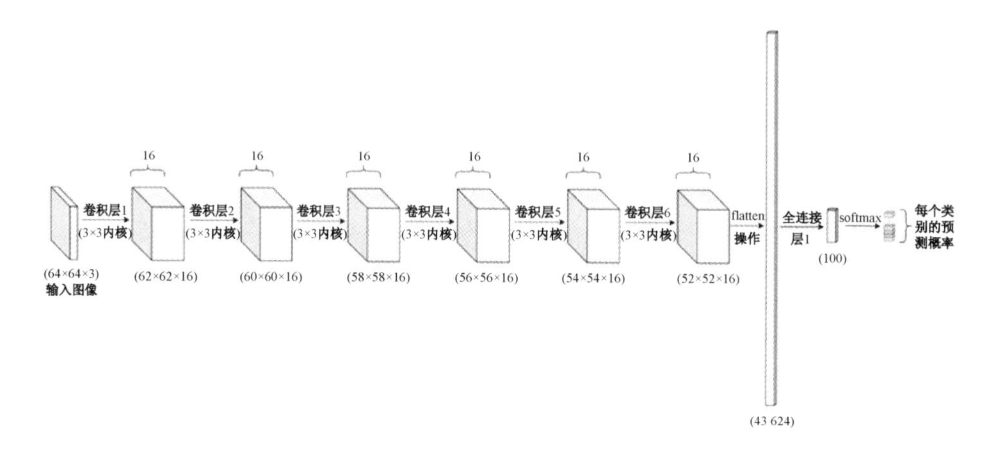


图 3.2　基于深度的 CNN

- 基于宽度的 CNN：宽度是指数据中的通道数或特征图的数量，或者指从数据中提取的特征。因此，从输入层到输出层，基于宽度的 CNN 旨在增加特征图的数量，如图 3.3 所示。

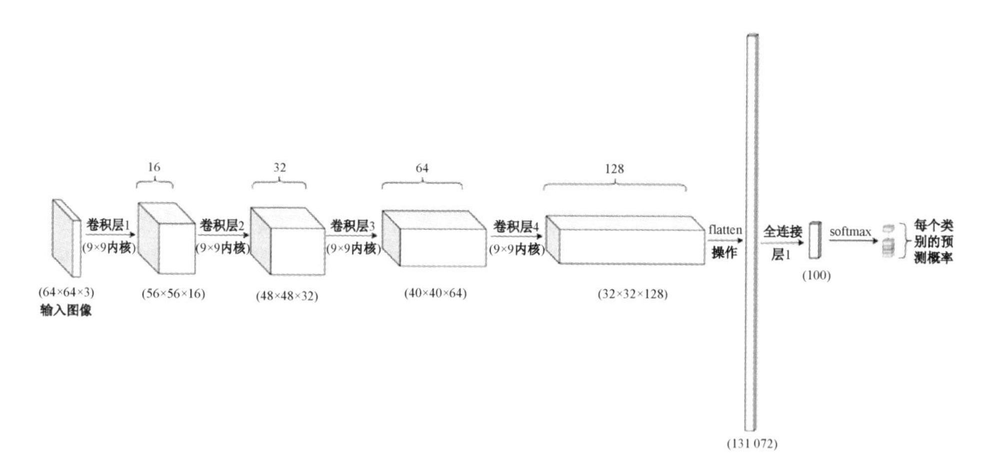


图 3.3　基于宽度的 CNN

- 基于多路径的 CNN：目前，上述三种架构在层与层之间的连接上具有单调性，即只有连续层之间存在直接连接。多路径 CNN 开创了在非连续层之间建立快捷连接或跳跃连接的新思想。图 3.4 是基于多路径 CNN 模型示例。

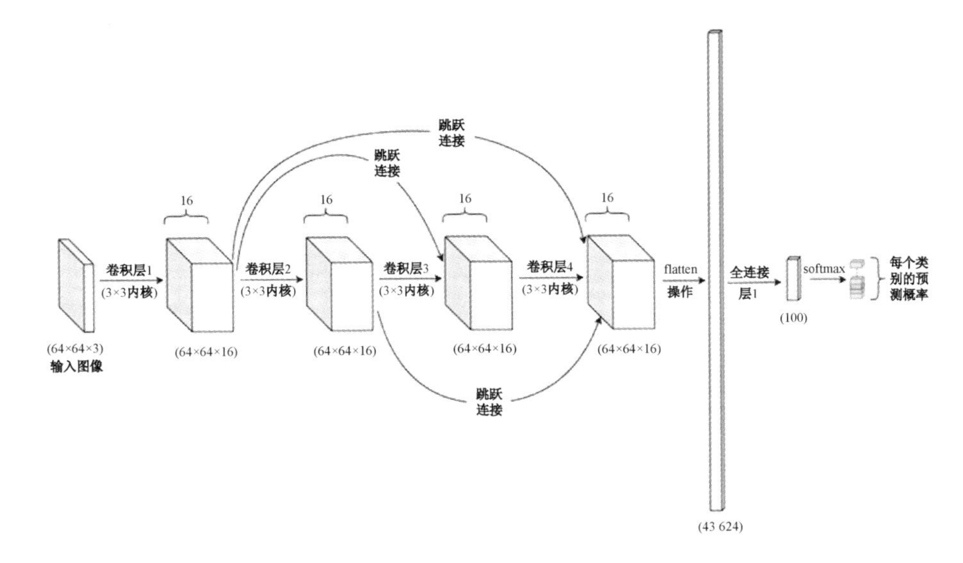


图 3.4　基于多路径的 CNN

多路径架构的一个关键优势是能够跳跃连接，即拥有一个跨层更多的信息流。反过来，这也能让梯度流回输入层，而不会产生过多的损耗。

在了解了 CNN 模型的不同架构设置之后，现在，我们来看看 CNN 自首次使用以来多年的演变情况。

## 3.3　CNN 架构的演变

早在 1989 年，CNN 就已经存在，当时的第一个多层 CNN（称为 ConvNet）由 Yann LeCun 开发。该模型可以执行视觉认知任务，如识别手写数字。1998 年，LeCun 开发了一种改进的 ConvNet 模型，称为 LeNet。由于 LeNet 在光学识别任务中的识别精度很高，因此 LeNet 在发明后不久就被用于工业生产。从那时起，CNN 一直是工业界和学术界最成功的机器学习模型之一。图 3.5 是 CNN 生命周期中架构发展的简要时间表（1989 年至 2020 年）。

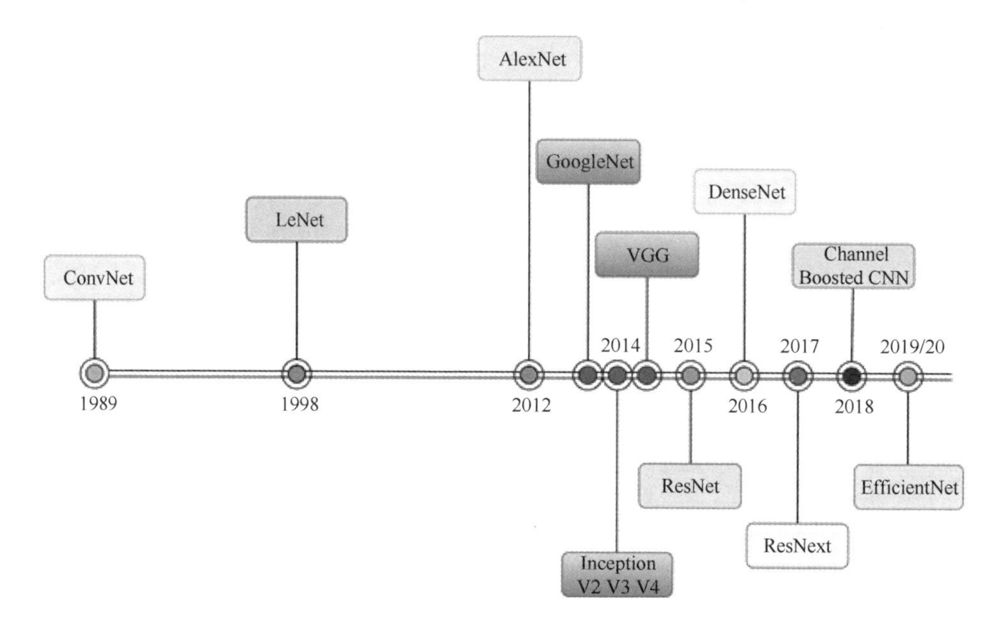


图 3.5　CNN 架构的大致演变

正如我们所看到的，1998 年和 2012 年的 CNN 在架构上发生了巨大的变化。这主要是因为没有足够庞大且合适的数据集来展示 CNN 的能力，尤其是深度 CNN。而当时已有的小数据集（如 MNIST）、经典机器学习模型（如 SVM）的表现逐渐超越 CNN。在这十余年中，CNN 得到了一定的发展。

ReLU 激活函数是为了处理反向传播过程中的梯度爆炸和衰减问题而设计的。经验证明，网络参数值的非随机初始化至关重要。**最大池化**是一项有效的子采样方法。GPU 被越来越广泛地应用于训练神经网络，尤其是大规模的 CNN。最后一点，也是最重要的一点，斯坦福大学的一个研究小组创建了一个名为 **ImageNet**（http://www.image-net.org/）的带注释图像的大型专用数据集。到目前为止，该数据集仍然是 CNN 模型的主要基准数据集之一。

随着这些年来的不断发展，2012 年出现的一种不同的架构设计显著推动了 ImageNet 数据集上 CNN 的性能改进。这个网络被称为 **AlexNet**（以创建者 Alex Krizhevsky 的名字命名）。AlexNet 自带随机裁剪和预训练等各种新颖的功能，确定了统一和模块化卷积层设计的趋势。统一和模块化的层结构被反复用于堆叠这样的模块（卷积层），产生了深度极大的 CNN，也称为 **VGG**。

另一种将卷积层的块/模块分支，并将这些分支块相互堆叠的方法对于定制的视觉任务非常有效。这个网络被称为 **GoogLeNet**（因为其是由 Google 开发）或 **Inception v1**（inception 为支块术语）。随后出现了 VGG 和 Inception 网络的几种变体，如 **VGG16**、**VGG19**、**Inception v2**、**Inception v3** 等。

**跳跃连接**引领了下一阶段的发展。为了解决训练 CNN 时梯度衰减的问题，非连续层采用跳跃连接，以避免梯度较小导致的非连续层之间的信息消散。**ResNet** 就是一种拥有此项技术的常用网络类型，具有批量归一化等新特性。

**DenseNet** 是 ResNet 的逻辑扩展。DenseNet 各层之间紧密相连，每一层都从之前所有层的输出特征图中获取输入。此外，研究者还通过混合过去成功的架构（如 **Inception-ResNet** 和 **ResNeXt**）开发混合架构，混合架构块内的并行分支数量有所增加。

最近，**通道增强**技术在提高 CNN 性能方面作用显著。通道增强旨在通过迁移学习来学习新特征，并探索预先学习特征。自动设计新块和寻找最佳 CNN 架构已成为 CNN 研究的一个发展趋势。此类 CNN 的示例是 **MnasNet** 和 **EfficientNet**。这些模型背后的方法是执行神经架构搜索，以使用统一的模型缩放方法，推导出最佳 CNN 架构。

在下一节中，我们将学习最早的 CNN 模型之一，并仔细研究此后开发的各种 CNN 架构；使用 PyTorch 构建这些架构，在现实数据集上训练部分模型。我们还将探索 PyTorch 的预训练 CNN 模型仓库（通常称为**模型市场**），学习如何微调这些预训练模型，并对其进行预测。

## 3.4 从零开始开发 LeNet

LeNet，原名 **LeNet-5**，是最早的 CNN 模型之一，LeNet-5 开发于 1998 年，数字 5 表示该模型的总层数，即两个卷积层和三个全连接层。该模型共有大约 60 000 个参数。在 1998 年手写数字图像的识别任务中，LeNet-5 的性能最优越。正如 CNN 模型所预期的那样，LeNet 展示了旋转、位置、尺度不变性，以及对防止图片失真的鲁棒性。与当时的经典机器学习模型（例如，SVM 是分别处理图像的每个像素）相反，LeNet 利用了相邻像素之间的相关性。

请注意，虽然 LeNet 是为手写数字识别而开发的，但它也可以扩展到其他图像分类任务中，正如我们将在下一个练习中看到的那样。LeNet 模型的架构如图 3.6 所示。

如前所述，LeNet-5 由两个卷积层叠加三个全连接层（包括输出层）。这种将卷积层叠加到全连接层的方法成为了 CNN 未来的研究趋势之一，并且至今仍然应用于最新的 CNN 模型。除了这些层，CNN 中间还有池化层。这些基本上是子采样层，可以减少图像表示的空间大小，从而减少参数和计算的数量。LeNet 中使用的池化层是具有可训练权重的平均池化层。不久之后，最大池化成为了 CNN 中最常用的池化函数。

图中，每一层括号中的数字表示维度（输入、输出和全连接层）或窗口大小（卷积和池化层）。灰度图像的预期输入大小为 32×32 像素，然后通过 5×5 卷积核处理该图像，接着是 2×2 池化，依此类推。输出层大小为 10，代表 10 个类。

在本节中，我们将使用 PyTorch 从头开始构建 LeNet，并在图像数据集上对其进行训练和评估，以完成图像分类任务。我们将看到使用图 3.6 中的大纲在 PyTorch 中构建网络架构是多么容易和直观。

此外，我们将展示 LeNet 的有效性，即使在不同于最初开发的数据集（即

MNIST）上，LeNet 也是非常有效的。我们还将展示 PyTorch 如何通过几行代码轻松训练并测试模型。

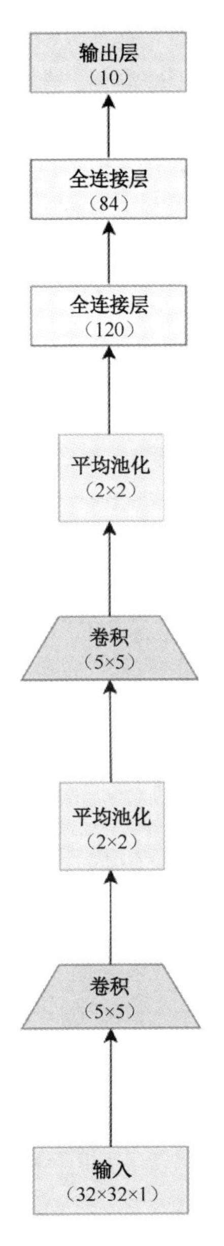


图 3.6　LeNet 模型的架构

### 3.4.1 使用 PyTorch 构建 LeNet

遵循以下步骤构建 LeNet 模型。

1. 本练习需要事先导入一些依赖项。执行以下 import 声明：

```
import numpy as np
import matplotlib.pyplot as plt
import torch
import torchvision
import torch.nn as nn
import torch.nn.functional as F
import torchvision.transforms as transforms
torch.manual_seed(55)
```

这里，我们导入了练习所需的所有 torch 模块。此外，还需导入 numpy 和 matplotlib，以在练习期间显示图像。除了导入，我们还设置了随机种子，以确保此练习的可重复性。

2. 根据图 3.6 中给出的大纲定义模型架构。

```
class LeNet(nn.Module):
    def __init__(self):
        super(LeNet, self).__init__()
        # 3 input image channel, 6 output feature maps
and 5x5 conv kernel
        self.cn1 = nn.Conv2d(3, 6, 5)
        # 6 input image channel, 16 output feature maps
and 5x5 conv kernel
        self.cn2 = nn.Conv2d(6, 16, 5)
        # fully connected layers of size 120, 84 and 10
        self.fc1 = nn.Linear(16 * 5 * 5, 120)  # 5*5 is
the spatial dimension at this layer
        self.fc2 = nn.Linear(120, 84)
        self.fc3 = nn.Linear(84, 10)
    def forward(self, x):
        # Convolution with 5x5 kernel
        x = F.relu(self.cn1(x))
```

```
        # Max pooling over a (2, 2) window
        x = F.max_pool2d(x, (2, 2))
        # Convolution with 5x5 kernel
        x = F.relu(self.cn2(x))
        # Max pooling over a (2, 2) window
        x = F.max_pool2d(x, (2, 2))
        # Flatten spatial and depth dimensions into a
single vector
        x = x.view(-1, self.flattened_features(x))
        # Fully connected operations
        x = F.relu(self.fc1(x))
        x = F.relu(self.fc2(x))
        x = self.fc3(x)
        return x
    def flattened_features(self, x):
        # all except the first (batch) dimension
        size = x.size()[1:]
        num_feats = 1
        for s in size:
            num_feats *= s
        return num_feats
lenet = LeNet()
print(lenet)
```

在最后两行中，我们实例化模型并打印网络架构。输出如图 3.7 所示。

```
LeNet(
  (cn1): Conv2d(3, 6, kernel_size=(5, 5), stride=(1, 1))
  (cn2): Conv2d(6, 16, kernel_size=(5, 5), stride=(1, 1))
  (fc1): Linear(in_features=400, out_features=120, bias=True)
  (fc2): Linear(in_features=120, out_features=84, bias=True)
  (fc3): Linear(in_features=84, out_features=10, bias=True)
)
```

图 3.7 LeNet PyTorch 模型对象

这里有分别用于架构定义和运行前向传递的常用_init_和 forward 方法。此外，flattened_features 方法旨在计算图像表示层（通常是卷积层或池化层的输出）的特征总数。flattened_features 方法有助于将特征的空间表示展平为单个数字向量，然后将其用作全连接层的输入。

除前面提到的架构细节之外，整个网络都使用 ReLU 作为激活函数。此外，与原始 LeNet 网络接受单通道图像相反，当前模型被修改为接受 RGB 图像，即三个输入通道。这样做是为了适用于本练习的数据集。

3．我们定义训练例程，即实际的反向传播步骤。

```
def train(net, trainloader, optim, epoch):
    # initialize loss
    loss_total = 0.0
     for i, data in enumerate(trainloader, 0):
        # get the inputs; data is a list of [inputs, 
labels]
        # ip refers to the input images, and ground_truth 
refers to the output classes the images belong to
        ip, ground_truth = data
        # zero the parameter gradients
        optim.zero_grad()
        # forward-pass + backward-pass + optimization
-step
        op = net(ip)
        loss = nn.CrossEntropyLoss()(op, ground_truth)
        loss.backward()
        optim.step()
        # update loss
        loss_total += loss.item()
         # print loss statistics
        if (i+1) % 1000 == 0:    # print at the interval 
of 1000 mini-batches
            print('[Epoch number : %d, Mini-batches: %5d] 
loss: %.3f' % (epoch + 1, i + 1, loss_total / 200))
            loss_total = 0.0
```

在每个迭代中，此函数遍历整个训练数据集，在网络中运行前向传递，并使用反向传播更新基于指定优化器的模型参数。在每 1 000 个小批量训练数据集进行迭代后，该方法还会记录计算出的损失。

4．与训练例程类似，我们将定义用于评估模型性能的测试例程。

```
def test(net, testloader):
    success = 0
    counter = 0
    with torch.no_grad():
        for data in testloader:
            im, ground_truth = data
            op = net(im)
            _, pred = torch.max(op.data, 1)
            counter += ground_truth.size(0)
            success += (pred == ground_truth).sum().item()
    print('LeNet accuracy on 10000 images from test
dataset: %d %%' % (100 * success / counter))
```

此函数为每个测试集图像运行模型的前向传递，计算正确的预测数，并打印测试集上正确预测的百分比。

5．在开始训练模型之前，我们需要加载数据集。在本练习中，我们将使用 CIFAR-10 数据集。

> **数据集引入**
>
> Learning Multiple Layers of Features from Tiny Images, Alex Krizhevsky, 2009

该数据集由 60 000 张 32×32 RGB 图像组成，标记为 10 个类别，每种类别有 6 000 张图片。60 000 张图像被分成 50 000 张训练图像和 10 000 张测试图像。更多详情请前往：https://www.cs.toronto.edu/～kriz/cifar.html。Torch 支持 torchvision.datasets 模块下的 CIFAR 数据集。我们将使用该模块直接加载数据，并实例化训练和测试数据加载器，代码如下所示：

```
# The mean and std are kept as 0.5 for normalizing pixel
values as the pixel values are originally in the range 0
to 1
```

```
train_transform = transforms.Compose([transforms.
RandomHorizontalFlip(),
transforms.RandomCrop(32, 4),
transforms.ToTensor(),
transforms.Normalize((0.5, 0.5, 0.5), (0.5, 0.5, 0.5))])
trainset = torchvision.datasets.CIFAR10(root='./data',
train=True, download=True, transform=train_transform)
trainloader = torch.utils.data.DataLoader(trainset,
batch_size=8, shuffle=True, num_workers=1)
test_transform = transforms.Compose([transforms.
ToTensor(), transforms.Normalize((0.5, 0.5, 0.5), (0.5,
0.5, 0.5))])
testset = torchvision.datasets.CIFAR10(root='./data',
train=False, download=True, transform=test_transform)
testloader = torch.utils.data.DataLoader(testset, batch_
size=10000, shuffle=False, num_workers=2)
# ordering is important
classes = ('plane', 'car', 'bird', 'cat', 'deer', 'dog',
'frog', 'horse', 'ship', 'truck')
```

**注意**

在上一章中，我们手动下载了数据集，并编写了一个自定义数据集类和一个 dataloader 函数。多亏有了 torchvision.datasets 模块，我们不需要在此进行复杂操作。

因为我们将 download 标志设置为 True，数据集将本地下载。我们将看到图 3.8 所示的对话框。

```
Downloading https://www.cs.toronto.edu/~kriz/cifar-10-python.tar.gz to ./data/cifar-10-python.tar.gz

170500096/? [02:40<00:00, 934685.86it/s]

Extracting ./data/cifar-10-python.tar.gz to ./data
Files already downloaded and verified
```

图 3.8　CIFAR-10 数据集下载

用于训练数据集和测试数据集的转换是不同的，因为我们将翻转和裁剪等数据增强手段应用到了训练数据集上，但这不适用于测试数据集。此外，在定义 trainloader 和 testloader 之后，我们使用预定义的顺序声明此数据集中的 10 个类。

6. 加载数据集后，让我们研究一下数据。

```
# define a function that displays an image
def imageshow(image):
    # un-normalize the image
    image = image/2 + 0.5
    npimage = image.numpy()
    plt.imshow(np.transpose(npimage, (1, 2, 0)))
    plt.show()
# sample images from training set
dataiter = iter(trainloader)
images, labels = dataiter.next()
# display images in a grid
num_images = 4
imageshow(torchvision.utils.make_grid(images[:num_
images]))
# print labels
print('    '+'  ||  '.join(classes[labels[j]] for j in
range(num_images)))
```

前面的代码向我们展示了来自训练数据集的四个带有各自标签的样本图像。输出如图 3.9 所示。

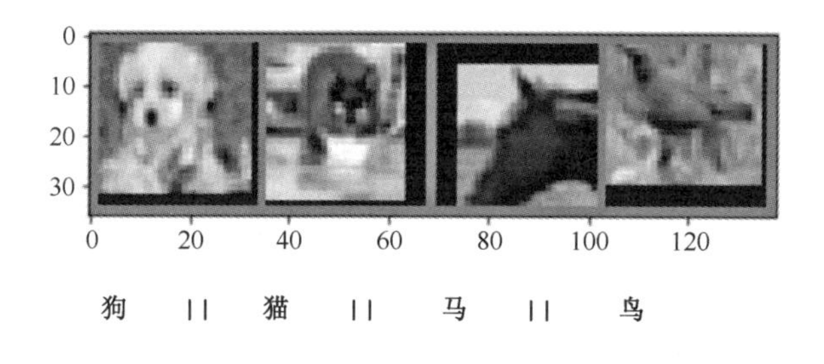


图 3.9 CIFAR-10 数据集样本

前面的输出向我们展示了四幅大小为 32×32 像素的彩色图像。这四幅图像属于四个不同的标签，如图像后面的文本所示。

下面，我们将训练 LeNet 模型。

### 3.4.2 训练 LeNet

现在我们准备训练模型。按照以下步骤完成训练。

1．定义 optimizer 并启动训练循环，如下所示：

```
# define optimizer
optim = torch.optim.Adam(lenet.parameters(), lr=0.001)
# training loop over the dataset multiple times
for epoch in range(50):
    train(lenet, trainloader, optim, epoch)
    print()
    test(lenet, testloader)
    print()
print('Finished Training')
```

输出如图 3.10 所示。

```
[Epoch number : 1, Mini-batches:  1000] loss: 9.901
[Epoch number : 1, Mini-batches:  2000] loss: 8.828
[Epoch number : 1, Mini-batches:  3000] loss: 8.350
[Epoch number : 1, Mini-batches:  4000] loss: 8.125
[Epoch number : 1, Mini-batches:  5000] loss: 7.935
[Epoch number : 1, Mini-batches:  6000] loss: 7.619

LeNet accuracy on 10000 images from test dataset: 48 %

[Epoch number : 50, Mini-batches:  1000] loss: 5.027
[Epoch number : 50, Mini-batches:  2000] loss: 5.143
[Epoch number : 50, Mini-batches:  3000] loss: 5.079
[Epoch number : 50, Mini-batches:  4000] loss: 5.159
[Epoch number : 50, Mini-batches:  5000] loss: 5.065
[Epoch number : 50, Mini-batches:  6000] loss: 4.977

LeNet accuracy on 10000 images from test dataset: 67 %

Finished Training
```

图 3.10 训练 LeNet

2．训练完成后，将模型文件保存在本地。

```
model_path = './cifar_model.pth'
torch.save(lenet.state_dict(), model_path)
```

LeNet 模型训练完成后，将在下一节中测试其在测试数据集上的性能。

### 3.4.3 测试 LeNet

按照以下步骤测试 LeNet 模型。

1. 加载保存的模型，并在测试数据集上运行，以此进行预测。

```
# load test dataset images
d_iter = iter(testloader)
im, ground_truth = d_iter.next()
# print images and ground truth
imageshow(torchvision.utils.make_grid(im[:4]))
print('Label:      ', ' '.join('%5s' % classes[ground_
truth[j]] for j in range(4)))
# load model
lenet_cached = LeNet()
lenet_cached.load_state_dict(torch.load(model_path))
# model inference
op = lenet_cached(im)
# print predictions
_, pred = torch.max(op, 1)
print('Prediction: ', ' '.join('%5s' % classes[pred[j]]
for j in range(4)))
```

输出如图 3.11 所示。

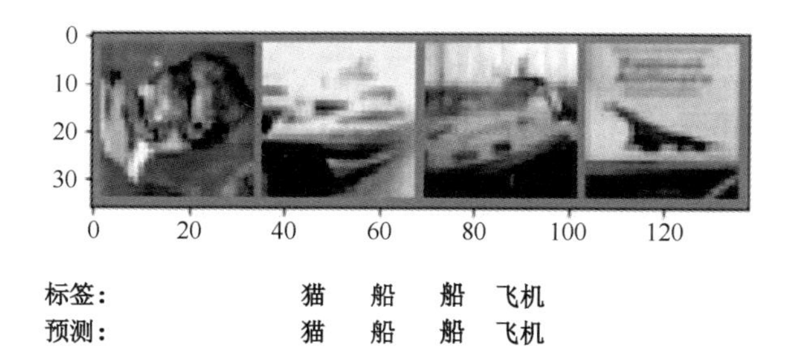


图 3.11　LeNet 预测

显然，四个预测都是正确的。

2. 检查该模型在测试数据集上的整体准确度，以及每个类别的准确度。

```
success = 0
counter = 0
with torch.no_grad():
    for data in testloader:
        im, ground_truth = data
        op = lenet_cached(im)
        _, pred = torch.max(op.data, 1)
        counter += ground_truth.size(0)
        success += (pred == ground_truth).sum().item()
print('Model accuracy on 10000 images from test dataset:
%d %%' % (
    100 * success / counter))
```

输出如图 3.12 所示。

```
Model accuracy on 10000 images from test dataset: 67 %
```

图 3.12　LeNet 整体准确率

3. 每类精度的代码如下：

```
class_sucess = list(0. for i in range(10))
class_counter = list(0. for i in range(10))
with torch.no_grad():
    for data in testloader:
        im, ground_truth = data
        op = lenet_cached(im)
        _, pred = torch.max(op, 1)
        c = (pred == ground_truth).squeeze()
        for i in range(10000):
            ground_truth_curr = ground_truth[i]
            class_sucess[ground_truth_curr] += c[i].item()
            class_counter[ground_truth_curr] += 1
for i in range(10):
    print('Model accuracy for class %5s : %2d %%' % (
```

```
        classes[i], 100 * class_sucess[i] / class_
counter[i]))
```

输出如图 3.13 所示。

```
Model accuracy for class plane : 68 %
Model accuracy for class   car : 87 %
Model accuracy for class  bird : 57 %
Model accuracy for class   cat : 56 %
Model accuracy for class  deer : 59 %
Model accuracy for class   dog : 39 %
Model accuracy for class  frog : 83 %
Model accuracy for class horse : 62 %
Model accuracy for class  ship : 82 %
Model accuracy for class truck : 75 %
```

图 3.13 LeNet 的每类精度

有些类的精度相比其他类更高。总体而言，该模型并非完美（即 100% 准确度），但比随机预测的模型要好得多，后者的准确度为 10%（由于是 10 个类别）。

从头开始构建 LeNet 模型，并使用 PyTorch 评估其性能后，我们现在将转向 LeNet 的后继者——AlexNet。对于 LeNet，我们从头开始构建模型，对其进行训练和测试。对于 AlexNet，我们将使用预训练模型，在较小的数据集上对其进行微调，然后进行测试。

## 3.5 微调 AlexNet 模型

在本节中，我们将首先快速浏览一下 AlexNet 架构，以及如何使用 PyTorch 构建一个架构；然后，探索 PyTorch 的预训练 CNN 模型库；最后，使用预训练的 AlexNet 模型对图像分类任务进行微调，并进行预测。

AlexNet 是 LeNet 的后继者，在架构上层数有所增加。AlexNet 具有 8 层（五个卷积层和三个全连接层），而不是 5 层；具有 6 000 万模型参数，而不是 60 000；使用 MaxPoolin，而不是 AvgPool。此外，AlexNet 在更大的数据集 ImageNet

上进行训练和测试。ImageNet 大小超过 100 GB，而 MNIST 数据集只有几 MB（LeNet 在其上训练）。AlexNet 真正做到了彻底改变 CNN，是比其他经典机器学习模型（如 SVM）更为强大的图像相关任务模型。图 3.14 所示为 AlexNet 架构。

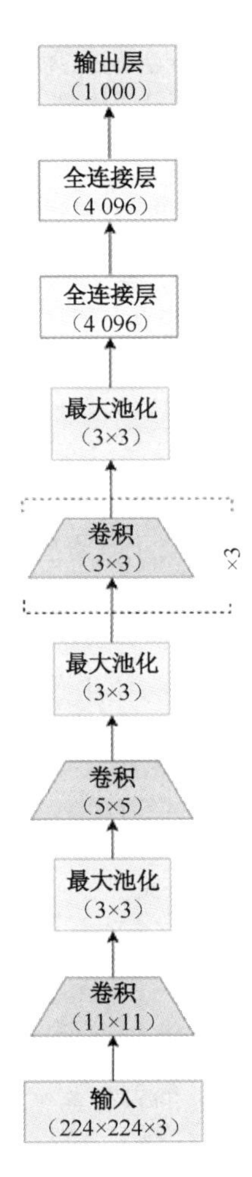


图 3.14　AlexNet 架构

可见，该架构遵循 LeNet 的一致风格，即依次堆叠卷积层，后接一系列朝向输出端的全连接层。PyTorch 可以轻松地将此类模型架构转换为实际代码。

这可以在以下与架构等效的 PyTorch 代码中看到。

```
class AlexNet(nn.Module):
    def __init__(self, number_of_classes):
        super(AlexNet, self).__init__()
        self.feats = nn.Sequential(
            nn.Conv2d(in_channels=3, out_channels=64, kernel_
size=11, stride=4, padding=5),
            nn.ReLU(),
            nn.MaxPool2d(kernel_size=2, stride=2),
            nn.Conv2d(in_channels=64, out_channels=192, kernel_
size=5, padding=2),
            nn.ReLU(),
            nn.MaxPool2d(kernel_size=2, stride=2),
            nn.Conv2d(in_channels=192, out_channels=384,
kernel_size=3, padding=1),
            nn.ReLU(),
            nn.Conv2d(in_channels=384, out_channels=256,
kernel_size=3, padding=1),
            nn.ReLU(),
            nn.Conv2d(in_channels=256, out_channels=256,
kernel_size=3, padding=1),
            nn.ReLU(),
            nn.MaxPool2d(kernel_size=2, stride=2),
        )
        self.clf = nn.Linear(in_features=256, out_
features=number_of_classes)
    def forward(self, inp):
        op = self.feats(inp)
        op = op.view(op.size(0), -1)
        op = self.clf(op)
        return op
```

代码一目了然，其中_init_函数包含整个分层结构的初始化，包括卷积、池化、全连接层和 ReLU 激活。forward 函数只是通过这个初始化的网络运行一个数据点 x。请注意，forward 方法的第二行已经执行了展平操作，因此我们不需要如同处理 LeNet 那样，单独定义该函数。

但除选择初始化模型架构并自行训练之外，PyTorch 及其 torchvision 包还提供了一个 models 子包，其中包含用于解决不同任务的 CNN 模型定义，如图像分类、语义分割、目标检测等。以下是用于图像分类任务的可用模型列表（来源：https://pytorch.org/docs/stable/torchvision/models.html）：

- AlexNet
- VGG
- ResNet
- SqueezeNet
- DenseNet
- Inception v3
- GoogLeNet
- ShuffleNet v2
- MobileNet v2
- ResNeXt
- Wide ResNet
- MNASNet

下面，我们将使用一个预训练的 AlexNet 模型作为示例，并以练习的形式，演示如何使用 PyTorch 对其进行微调。

首先，我们将加载一个预训练的 AlexNet 模型，并在不同于 ImageNet（其最初在 ImageNet 上面训练）的图像分类数据集上对其进行微调。然后，测试微调模型的性能，看看它是否可以从新数据集迁移学习。为了便于阅读，练习中的某些部分代码已被修剪，完整代码请访问：https://github.com/PacktPublishing/Mastering-PyTorch/blob/master/Chapter03/transfer_learning_alexnet.ipynb。

本练习需要导入一些依赖项。执行以下 import 声明：

```
import os
import time
import copy
import numpy as np
```

```
import matplotlib.pyplot as plt
import torch
import torchvision
import torch.nn as nn
import torch.optim as optim
from torch.optim import lr_scheduler
from torchvision import datasets, models, transforms
torch.manual_seed(0)
```

接下来，我们将下载并转换数据集。在这个微调练习中，我们将使用一个小规模的蜜蜂和蚂蚁图像数据集，在这两个类之间平均分配 240 张训练图像和 150 张验证图像（蜜蜂和蚂蚁）。

请在此链接下载数据集：https://www.kaggle.com/ajayrana/hymenoptera-data。将数据集存储在当前工作目录中。更多数据集信息详见：https://hymenoptera.elsiklab.missouri.edu/。

> **数据集引入：**
>
> Elsik CG, Tayal A, Diesh CM, Unni DR, Emery ML, Nguyen HN, Hagen DE. Hymenoptera Genome Database: integrating genome annotations in HymenopteraMine. Nucleic Acids Research 2016 Jan 4;44(D1):D793-800. doi: 10.1093/nar/gkv1208. Epub 2015 Nov 17. PubMed PMID: 26578564.

下载数据集前，需要登录 Kaggle。如果你还没有 Kaggle 账户，请先进行注册。

```
ddir = 'hymenoptera_data'
# Data normalization and augmentation transformations for train
dataset
# Only normalization transformation for validation dataset
# The mean and std for normalization are calculated as the mean
of all pixel values for all images in the training set per each
image channel - R, G and B
data_transformers = {
```

```
    'train': transforms.Compose([transforms.
RandomResizedCrop(224), transforms.RandomHorizontalFlip(),
                                    transforms.ToTensor(),
                                    transforms.
Normalize([0.490, 0.449, 0.411], [0.231, 0.221, 0.230])]),
    'val': transforms.Compose([transforms.Resize(256),
transforms.CenterCrop(224), transforms.ToTensor(), transforms.
Normalize([0.490, 0.449, 0.411], [0.231, 0.221, 0.230])])}
img_data = {k: datasets.ImageFolder(os.path.join(ddir, k),
data_transformers[k]) for k in ['train', 'val']}
dloaders = {k: torch.utils.data.DataLoader(img_data[k], batch_
size=8, shuffle=True, num_workers=0)
            for k in ['train', 'val']}
dset_sizes = {x: len(img_data[x]) for x in ['train', 'val']}
classes = img_data['train'].classes
dvc = torch.device("cuda:0" if torch.cuda.is_available() else
"cpu")
```

完成准备工作后，让我们开始下列步骤。

1. 将一些训练数据集图像示例可视化。

```
def imageshow(img, text=None):
    img = img.numpy().transpose((1, 2, 0))
    avg = np.array([0.490, 0.449, 0.411])
    stddev = np.array([0.231, 0.221, 0.230])
    img = stddev * img + avg
    img = np.clip(img, 0, 1)
    plt.imshow(img)
    if text is not None:
        plt.title(text)
# Generate one train dataset batch
imgs, cls = next(iter(dloaders['train']))
# Generate a grid from batch
grid = torchvision.utils.make_grid(imgs)
imageshow(grid, text=[classes[c] for c in cls])
```

输出如图 3.15 所示。

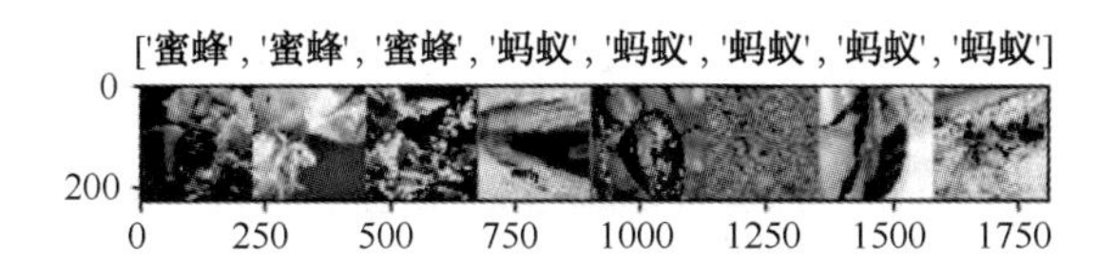


图 3.15 蜜蜂与蚂蚁数据集

2. 定义微调例程。微调例程本质上是在预训练模型上执行的训练例程。

```
def finetune_model(pretrained_model, loss_func, optim,
epochs=10):
    ...
    for e in range(epochs):
        for dset in ['train', 'val']:
            if dset == 'train':
                pretrained_model.train()  # set model to
train mode (i.e. trainbale weights)
            else:
                pretrained_model.eval()   # set model to
validation mode
            # iterate over the (training/validation)
data.
            for imgs, tgts in dloaders[dset]:
                ...
                optim.zero_grad()
                with torch.set_grad_enabled(dset ==
'train'):
                    ops = pretrained_model(imgs)
                    _, preds = torch.max(ops, 1)
                    loss_curr = loss_func(ops, tgts)
                    # backward pass only if in training
mode
                    if dset == 'train':
                        loss_curr.backward()
                        optim.step()
                loss += loss_curr.item() * imgs.size(0)
                successes += torch.sum(preds == tgts.
data)
```

```
                loss_epoch = loss / dset_sizes[dset]
                accuracy_epoch = successes.double() / dset_
sizes[dset]
                if dset == 'val' and accuracy_epoch >
accuracy:
                    accuracy = accuracy_epoch
                    model_weights = copy.deepcopy(pretrained_
model.state_dict())
    # load the best model version (weights)
    pretrained_model.load_state_dict(model_weights)
    return pretrained_model
```

在这个函数中，我们需要预先训练模型（即架构和权重），并输入损失函数、优化器和迭代数。基本上，我们不是从权重的随机初始化开始，而是从AlexNet的预训练权重开始。这个函数的其他部分与我们之前的练习非常相似。

3．在开始微调（训练）模型之前，先定义一个函数，将模型预测可视化。

```
def visualize_predictions(pretrained_model, max_num_
imgs=4):
    was_model_training = pretrained_model.training
    pretrained_model.eval()
    imgs_counter = 0
    fig = plt.figure()
    with torch.no_grad():
        for i, (imgs, tgts) in enumerate(dloaders['val']):
            imgs = imgs.to(dvc)
            tgts = tgts.to(dvc)
            ops = pretrained_model(imgs)
            _, preds = torch.max(ops, 1)
             for j in range(imgs.size()[0]):
                imgs_counter += 1
                ax = plt.subplot(max_num_imgs//2, 2,
imgs_counter)
                ax.axis('off')
                ax.set_title(f'Prediction: {class_
names[preds[j]]}, Ground Truth: {class_names[tgts[j]]}')
```

```
                imshow(inputs.cpu().data[j])
                if imgs_counter == max_num_imgs:
  pretrained_model.train(mode=was_training)
                    return
       model.train(mode=was_training)
```

4. 最后一部分相当有趣：使用 PyTorch 的 torchvision.models 子包加载预训练的 AlexNet 模型。

```
model_finetune = models.alexnet(pretrained=True)
```

该模型对象具有以下两个主要组件。

- features：特征提取组件，包含所有卷积层和池化层。
- classifier：分类器块，包含所有通向输出层的全连接层。

5. 将这些组件可视化。

```
print(model_finetune.features)
```

输出如图 3.16 所示。

```
Sequential(
  (0): Conv2d(3, 64, kernel_size=(11, 11), stride=(4, 4), padding=(2, 2))
  (1): ReLU(inplace=True)
  (2): MaxPool2d(kernel_size=3, stride=2, padding=0, dilation=1, ceil_mode=False)
  (3): Conv2d(64, 192, kernel_size=(5, 5), stride=(1, 1), padding=(2, 2))
  (4): ReLU(inplace=True)
  (5): MaxPool2d(kernel_size=3, stride=2, padding=0, dilation=1, ceil_mode=False)
  (6): Conv2d(192, 384, kernel_size=(3, 3), stride=(1, 1), padding=(1, 1))
  (7): ReLU(inplace=True)
  (8): Conv2d(384, 256, kernel_size=(3, 3), stride=(1, 1), padding=(1, 1))
  (9): ReLU(inplace=True)
  (10): Conv2d(256, 256, kernel_size=(3, 3), stride=(1, 1), padding=(1, 1))
  (11): ReLU(inplace=True)
  (12): MaxPool2d(kernel_size=3, stride=2, padding=0, dilation=1, ceil_mode=False)
)
```

图 3.16　AlexNet 特征提取器

6. 按以下方式运行 classifier 功能。

```
print(model_finetune.classifier)
```

输出如图 3.17 所示。

```
Sequential(
  (0): Dropout(p=0.5, inplace=False)
  (1): Linear(in_features=9216, out_features=4096, bias=True)
  (2): ReLU(inplace=True)
  (3): Dropout(p=0.5, inplace=False)
  (4): Linear(in_features=4096, out_features=4096, bias=True)
  (5): ReLU(inplace=True)
  (6): Linear(in_features=4096, out_features=1000, bias=True)
)
```

图 3.17　AlexNet 分类器

7. 你可能已经注意到，预训练模型的输出层大小为 1 000，但微调数据集中只有 2 个类。所以，我们应该做出调整，如下所示：

```
# change the last layer from 1000 classes to 2 classes
model_finetune.classifier[6] = nn.Linear(4096,
len(classes))
```

8. 现在，一切就绪，准备定义优化器和损失函数，然后按如下方式运行训练例程。

```
loss_func = nn.CrossEntropyLoss()
optim_finetune = optim.SGD(model_finetune.parameters(),
lr=0.0001)
# train (fine-tune) and validate the model
model_finetune = finetune_model(model_finetune, loss_
func, optim_finetune, epochs=10)
```

输出如图 3.18 所示。

```
Epoch number 0/9
====================
train loss in this epoch: 0.7761217306871884, accuracy in this epoch: 0.4959016393442623
val loss in this epoch: 0.6042805251732372, accuracy in this epoch: 0.6666666666666666

Epoch number 1/9
====================
train loss in this epoch: 0.5759895355975042, accuracy in this epoch: 0.6639344262295082
val loss in this epoch: 0.4689261562684003, accuracy in this epoch: 0.7908496732026143

Epoch number 2/9
====================
train loss in this epoch: 0.5033335646644967, accuracy in this epoch: 0.75
val loss in this epoch: 0.3966531710687026, accuracy in this epoch: 0.8431372549019608
```

图 3.18　AlexNet 微调循环

```
Epoch number 8/9
====================
train loss in this epoch: 0.3300624494669867, accuracy in this epoch: 0.860655737704918
val loss in this epoch: 0.27101927756764044, accuracy in this epoch: 0.934640522875817

Epoch number 9/9
====================
train loss in this epoch: 0.3026028309689193, accuracy in this epoch: 0.8729508196721312
val loss in this epoch: 0.2609025729710565, accuracy in this epoch: 0.9215686274509803

Training finished in 4.0mins 30.213629007339478secs
Best validation set accuracy: 0.934640522875817
```

图 3.18 AlexNet 微调循环（续）

9．将一些模型预测可视化，看看模型是否确实从这个小数据集中学习到相关特征。

```
visualize_predictions(model_finetune)
```

输出如图 3.19 所示。

预测：蜜蜂||目标：蜜蜂　预测：蚂蚁||目标：蚂蚁

预测：蚂蚁||目标：蚂蚁　预测：蚂蚁||目标：蚂蚁

图 3.19 AlexNet 预测

显然，预训练的 AlexNet 模型已经能够在这个相当小的图像分类数据集上进行迁移学习。这既展示了迁移学习的能力，也展示了使用 PyTorch 对知名模型进行微调是多么快捷和方便。

在下一节中，我们将讨论更深入、更复杂的 AlexNet 后继者——VGG 网络。我们已经详细展示了 LeNet 和 AlexNet 的模型定义、数据集加载、模型训练（或微调）和评估步骤。后续将主要关注模型架构定义，因为其他方面（如数据加载和评估）的 PyTorch 代码与之类似。

## 3.6 运行预训练的 VGG 模型

我们已经讨论了 LeNet 和 AlexNet 这两种基本的 CNN 架构。尽管构建模型架构的关键原则是相同的，在本章中，我们依然将继续探索更复杂的 CNN 模型。本节将学习一种模块化模型构建方法，先将卷积层、池化层和全连接层组合成块/模块，然后按顺序或以分支方式堆叠这些块。在本节中，我们将介绍 AlexNet 的后继者——VGGNet。

VGG 这个名字来源于这个模型的发明团队——**牛津大学视觉几何组**。与 AlexNet 的 8 层和 6 000 万个参数相比，VGG 由 13 层（10 个卷积层和 3 个全连接层）和 1.38 亿个参数组成。VGG 基本上使用较小尺寸的卷积核（2×2 或 3×3）将更多层堆叠到 AlexNet 架构上。因此，VGG 的新颖之处在于它的架构带来了前所未有的深度。图 3.20 所示为 VGG16 架构。

前文提到的 VGG 架构被称为 **VGG13**，因为它具有 13 层。其他变体是 VGG16 和 VGG19，分别由 16 层和 19 层组成。还有另一组变体——**VGG13_bn**、**VGG16_bn** 和 **VGG19_bn**，其中 bn 表明这些模型包含**批量归一化层**。

PyTorch 的 torchvision.model 子包提供了在 ImageNet 数据集上训练的预训练 VGG 模型（包括前面讨论的六个变体）。在接下来的练习中，我们将使用预训练的 VGG13 模型对小型蜜蜂和蚂蚁数据集（在之前的练习中使用过）进行预测。其代码的大部分会与前面的部分练习重叠，所以我们将重点注意关键代码段。完整代码参见：https://github.com/PacktPublishing/Mastering-PyTorch/blob/master/Chapter03/vgg13_pretrained_run_inference.ipynb。

1. 首先，需要导入依赖项，包括 torchvision.models。
2. 下载数据，设置蚂蚁和蜜蜂数据集和数据加载器，并进行转换。

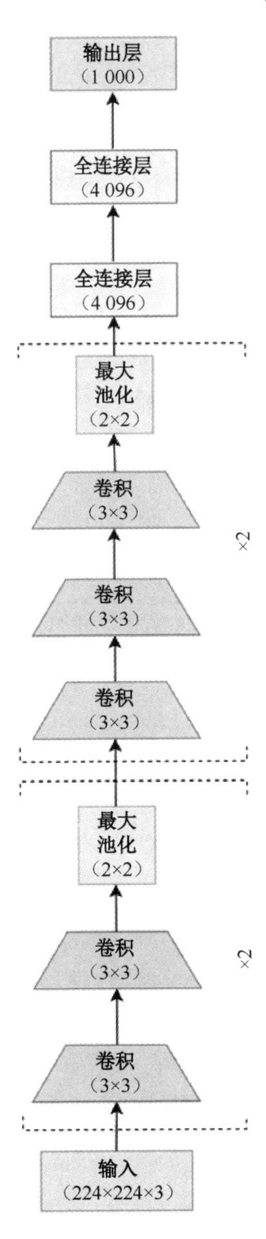


图 3.20　VGG16 架构

3．为了对这些图像进行预测，我们需要 ImageNet 数据集的 1 000 个标签，可在此处找到：https://gist.github.com/yrevar/942d3a0ac09ec9e5eb3a。

4．下载标签后，在类索引 0 到 999 和相应的类标签之间创建映射，如下所示：

```
import ast
with open('./imagenet1000_clsidx_to_labels.txt') as f:
    classes_data = f.read()
classes_dict = ast.literal_eval(classes_data)
print({k: classes_dict[k] for k in list(classes_dict)
[:5]})
```

此处应该输出前五个类映射，如图 3.21 所示。

```
{0: 'tench, Tinca tinca', 1: 'goldfish, Carassius auratus', 2: 'great white shark, white shark, man-eater, man-eating shark, Carcharodon carcharias', 3: 'tiger shark, Galeocerdo cuvieri', 4: 'hammerhead, hammerhead shark'}
```

图 3.21　ImageNet 类映射

5．定义模型预测可视化函数，该函数可接受预训练模型对象和运行预测的图像数量。该函数应该输出带有预测的图像。

6．加载经预训练的 VGG13 模型。

```
model_finetune = models.vgg13(pretrained=True)
```

此处输出如图 3.22 所示。

```
Downloading: "https://download.pytorch.org/models/vgg13-c768596a.pth" to /Users/ashish.jha/.cache/torch/checkpoints/vgg13-c768596a.pth
100%  508M/508M [21:36<00:00, 411kB/s]
```

图 3.22　加载 VGG13 模型

在此步骤中下载 508 MB VGG13 模型。

7. 使用经过预训练的模型对蚂蚁和蜜蜂数据集进行预测。

```
visualize_predictions(model_finetune)
```

此处输出如图 3.23 所示。

图 3.23　VGG13 预测

在完全不同的数据集上训练的 VGG13 模型，似乎可以正确预测蚂蚁和蜜蜂数据集中的所有测试样本。VGG13 模型基本上是从数据集中的 1 000 个类别中，抽取并在图像中找到两个最相似的动物。这个练习说明模型仍然能够从图像中提取相关的视觉特征，体现了 PyTorch 便捷的推理功能具有很强的实用性。

在下一节中，我们将研究一种不同的 CNN 架构，该架构涉及多个并行卷积层模块。这些模块称为 **Inception 模块**，所生成的网络称为 **Inception 网络**。我们将探索该网络的各个部分以及成功的原因，并使用 PyTorch 构建 Inception 模块和 Inception 网络架构。

# 3.7 探索 GoogLeNet 和 Inception v3

到目前为止，我们已经了解了 CNN 模型从 LeNet 到 VGG 的进展情况，并且观察到更多的卷积层和完全连接层的顺序堆叠，会形成需要训练大量参数的深度网络。GoogLeNet 是一种完全不同的 CNN 架构，它由 Inception 模块的并行卷积层模块组成。正因如此，GoogLeNet 也被称为 **Inception v1**（v1 标志着第一个版本，后来出现了更多版本）。

GoogLeNet 引入了下列全新元素：

- **inception 模块**——几个并行卷积层的模块；
- 使用 **1×1 卷积**减少模型参数数量；
- **全局平均池化**而非全连接层，以减少过拟合；
- 使用**辅助分类器**进行训练，实现正则化和确保梯度稳定性。

GoogLeNet 有 22 层，比任何 VGG 模型变体的层数都多。然而，由于使用了一些优化技巧，GoogLeNet 中的参数量仅为 500 万个，远少于 VGG 的 1.38 亿个。让我们认识一下这个模型的一些关键特性。

## 3.7.1 Inception 模块

这个模型最重要的贡献或许就是开发了一个卷积模块。这一模块具有多个并行运行的卷积层，将它们连接起来，最终产生单个输出向量。这些并行卷积层以不同大小的内核运行，范围从 1×1 到 3×3，再到 5×5。这意味着要从图像中提取所有级别的视觉信息。除这些卷积之外，一个 3×3 最大池化层增加了另一个级别的特征提取。图 3.24 所示为 Inception 框图以及 GoogLeNet 整体架构。

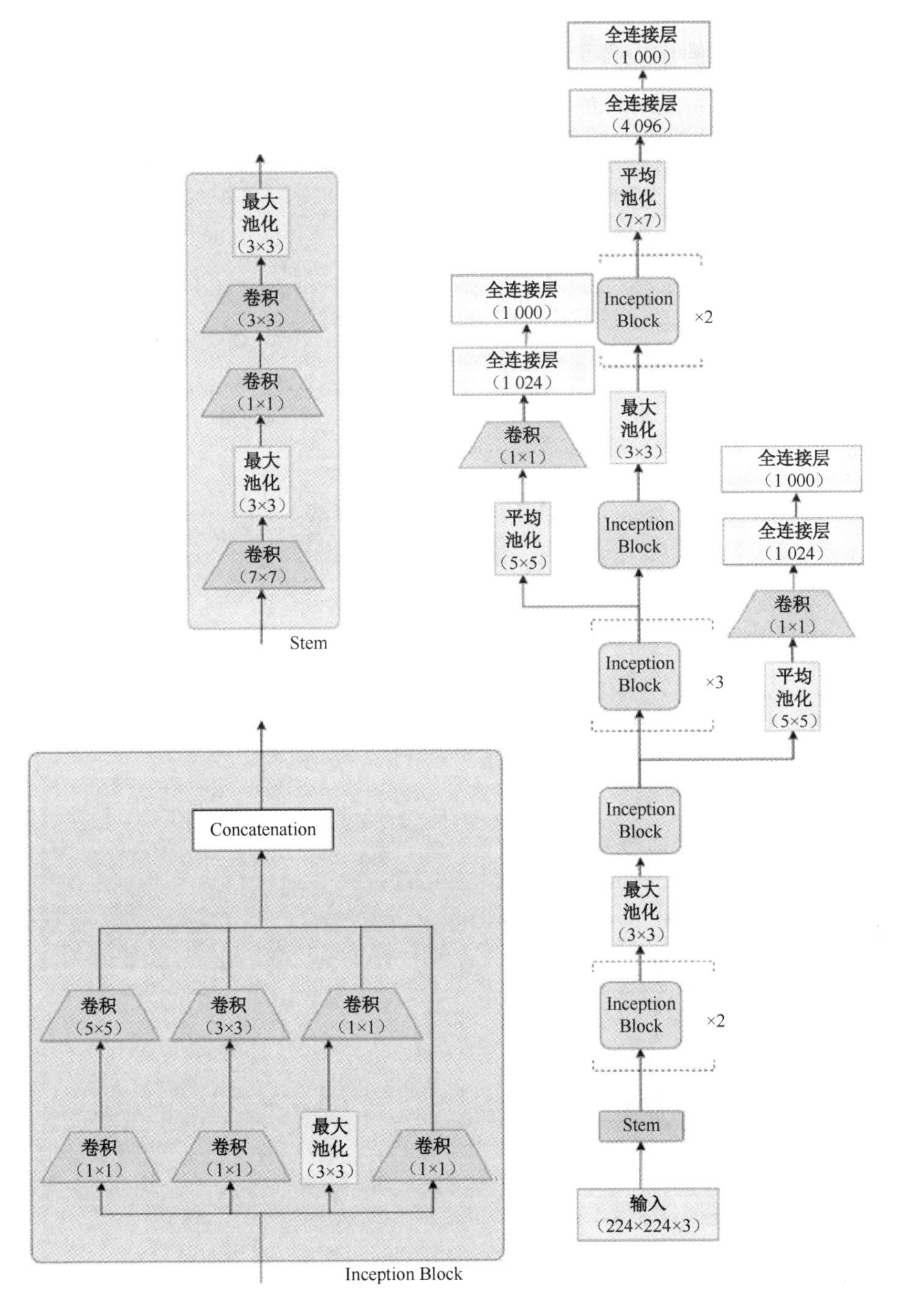


图 3.24 Inception 框图及 GoogLeNet 整体架构

使用此架构图，我们可以在 PyTorch 中构建 Inception 模块，代码如下：

```
class InceptionModule(nn.Module):
    def __init__(self, input_planes, n_channels1x1, n_
channels3x3red, n_channels3x3, n_channels5x5red, n_channels5x5,
pooling_planes):
        super(InceptionModule, self).__init__()
        # 1x1 convolution branch
        self.block1 = nn.Sequential(
            nn.Conv2d(input_planes, n_channels1x1, kernel_
size=1),nn.BatchNorm2d(n_channels1x1),nn.ReLU(True),)
        # 1x1 convolution -> 3x3 convolution branch
        self.block2 = nn.Sequential(
            nn.Conv2d(input_planes, n_channels3x3red, kernel_
size=1),nn.BatchNorm2d(n_channels3x3red),
            nn.ReLU(True),nn.Conv2d(n_channels3x3red, n_
channels3x3, kernel_size=3, padding=1),nn.BatchNorm2d(n_
channels3x3),nn.ReLU(True),)
        # 1x1 conv -> 5x5 conv branch
        self.block3 = nn.Sequential(
            nn.Conv2d(input_planes, n_channels5x5red, kernel_
size=1),nn.BatchNorm2d(n_channels5x5red),nn.ReLU(True),
            nn.Conv2d(n_channels5x5red, n_channels5x5, kernel_
size=3, padding=1),nn.BatchNorm2d(n_channels5x5),nn.ReLU(True),
            nn.Conv2d(n_channels5x5, n_channels5x5, kernel_
size=3, padding=1),nn.BatchNorm2d(n_channels5x5),
            nn.ReLU(True),)
        # 3x3 pool -> 1x1 conv branch
        self.block4 = nn.Sequential(
            nn.MaxPool2d(3, stride=1, padding=1),
            nn.Conv2d(input_planes, pooling_planes, kernel_
size=1),
            nn.BatchNorm2d(pooling_planes),
            nn.ReLU(True),)
    def forward(self, ip):
        op1 = self.block1(ip)
        op2 = self.block2(ip)
        op3 = self.block3(ip)
        op4 = self.block4(ip)
        return torch.cat([op1,op2,op3,op4], 1)
```

接下来，我们将看看 GoogLeNet 的另一个重要特性——1×1 卷积。

### 3.7.2 1×1 卷积

除了 inception 模块中的并行卷积层，每个并行层都有一个 preceding 的 **1×1 卷积层**，使用这些 1×1 卷积层是为了降维。1×1 卷积不会改变图像表示的宽度和高度，但可以改变深度。这个技巧用于并行执行 1×1、3×3 和 5×5 卷积之前减少输入视觉特征的深度。减少参数数量不仅有助于构建更轻量级的模型，还可以防止过度拟合。

### 3.7.3 全局平均池化

观察图 3.24 中的 GoogLeNet 整体架构，模型的倒数第二个输出层前面是 7×7 平均池化层。该层再次帮助减少模型的参数数量，从而减少过拟合。如果缺失这一层，该模型将因为全连接层的密集连接而具有数百万个附加参数。

### 3.7.4 辅助分类器

图 3.24 还显示了模型中的两个额外或辅助输出分支。这些辅助分类器通过在反向传播过程中增加梯度值，来解决梯度消失问题，特别是输入端的层。由于这些模型具有大量层，因此梯度消失可能会成为瓶颈。实践证明，辅助分类器对这个具有 22 层的深度模型非常有用。此外，辅助分支有助于正则化。请注意，这些辅助分支在进行预测时会被关闭/丢弃。

一旦使用 PyTorch 定义了 inception 模块，我们就可以轻松地实例化整个 Inception v1 模型，如下所示：

```
class GoogLeNet(nn.Module):
    def __init__(self):
        super(GoogLeNet, self).__init__()
        self.stem = nn.Sequential(
            nn.Conv2d(3, 192, kernel_size=3, padding=1),
            nn.BatchNorm2d(192),
            nn.ReLU(True),)
        self.im1 = InceptionModule(192,  64,  96, 128, 16, 32,
32)
        self.im2 = InceptionModule(256, 128, 128, 192, 32, 96,
64)
        self.max_pool = nn.MaxPool2d(3, stride=2, padding=1)
        self.im3 = InceptionModule(480, 192,  96, 208,
16,  48,  64)
        self.im4 = InceptionModule(512, 160, 112, 224,
24,  64,  64)
        self.im5 = InceptionModule(512, 128, 128, 256,
24,  64,  64)
        self.im6 = InceptionModule(512, 112, 144, 288,
32,  64,  64)
        self.im7 = InceptionModule(528, 256, 160, 320, 32, 128,
128)
        self.im8 = InceptionModule(832, 256, 160, 320, 32, 128,
128)
        self.im9 = InceptionModule(832, 384, 192, 384, 48, 128,
128)
        self.average_pool = nn.AvgPool2d(7, stride=1)
        self.fc = nn.Linear(4096, 1000)
    def forward(self, ip):
        op = self.stem(ip)
        out = self.im1(op)
        out = self.im2(op)
        op = self.maxpool(op)
        op = self.a4(op)
        op = self.b4(op)
        op = self.c4(op)
        op = self.d4(op)
        op = self.e4(op)
        op = self.max_pool(op)
        op = self.a5(op)
```

```
        op = self.b5(op)
        op = self.avgerage_pool(op)
        op = op.view(op.size(0), -1)
        op = self.fc(op)
        return op
```

除了实例化我们自己的模型，我们可以只用两行代码加载一个预训练的GoogLeNet：

```
import torchvision.models as models
model = models.googlenet(pretrained=True)
```

如前所述，Inception 模型后续演变出多个版本，其中最著名的一个是Inception v3，我们将在下面简要讨论。

### 3.7.5 Inception v3

Inception v1 的后继者 Inception v3 共有 2 400 万个参数，而 v1 只有 500 万个参数。除了添加更多层，该模型还引入了不同类型的 Inception 模块，这些模块按顺序堆叠。图 3.25 展示了不同的 inception 模块和完整的模型架构。

从架构上可以看出，该模型是 Inception v1 模型架构的扩展。另外，除了手动构建模型，我们还可以使用 PyTorch 仓库中的预训练模型，代码如下。

```
import torchvision.models as models
model = models.inception_v3(pretrained=True)
```

在下一节中，我们将介绍 CNN 模型的类别——**ResNet** 和 **DenseNet**，这两个模型能够在非常深度的 CNN 中有效解决梯度消失问题。我们将学习跳跃连接和密集连接的新技术，并使用 PyTorch 编写这些高级架构背后的基本模块。

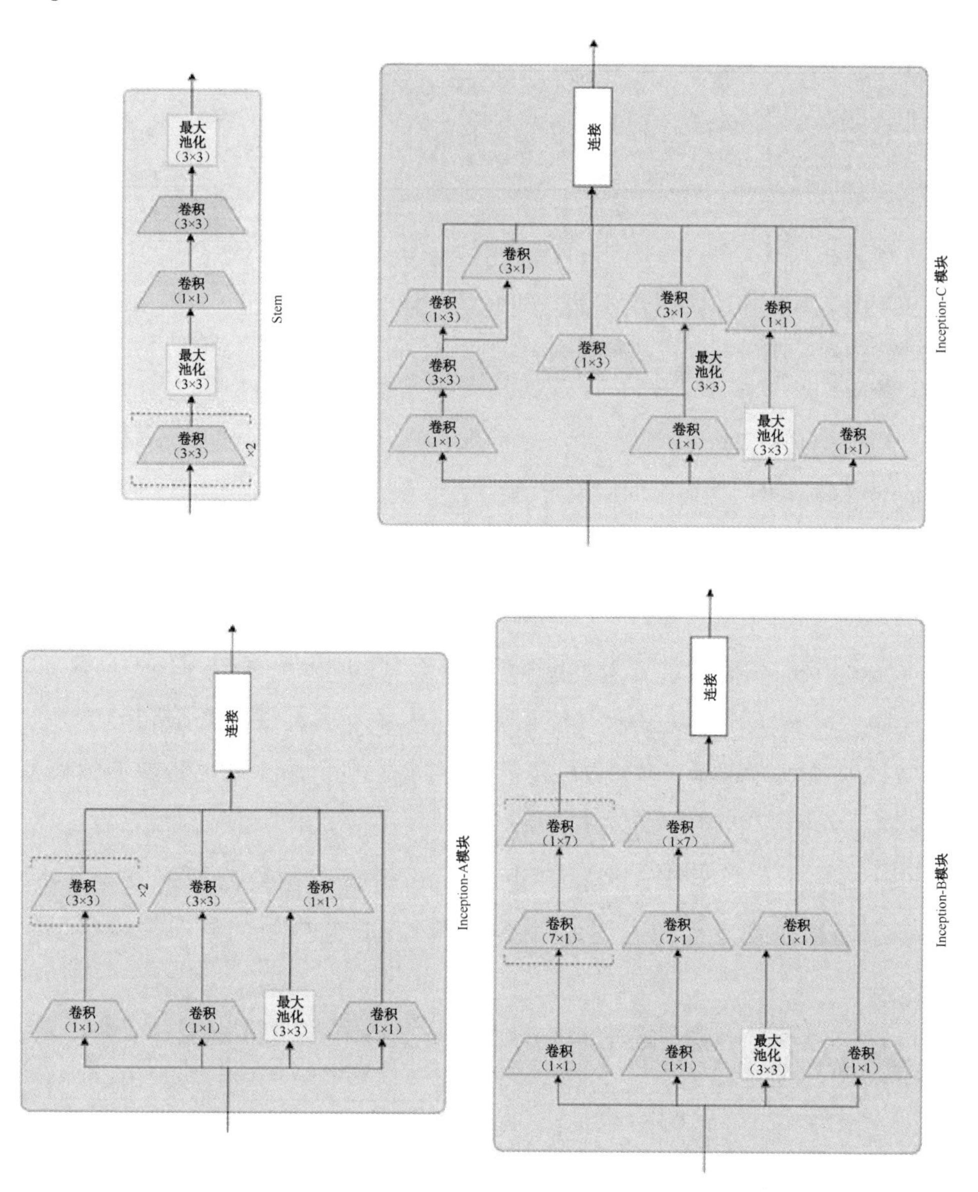


图 3.25　Inception v3 架构

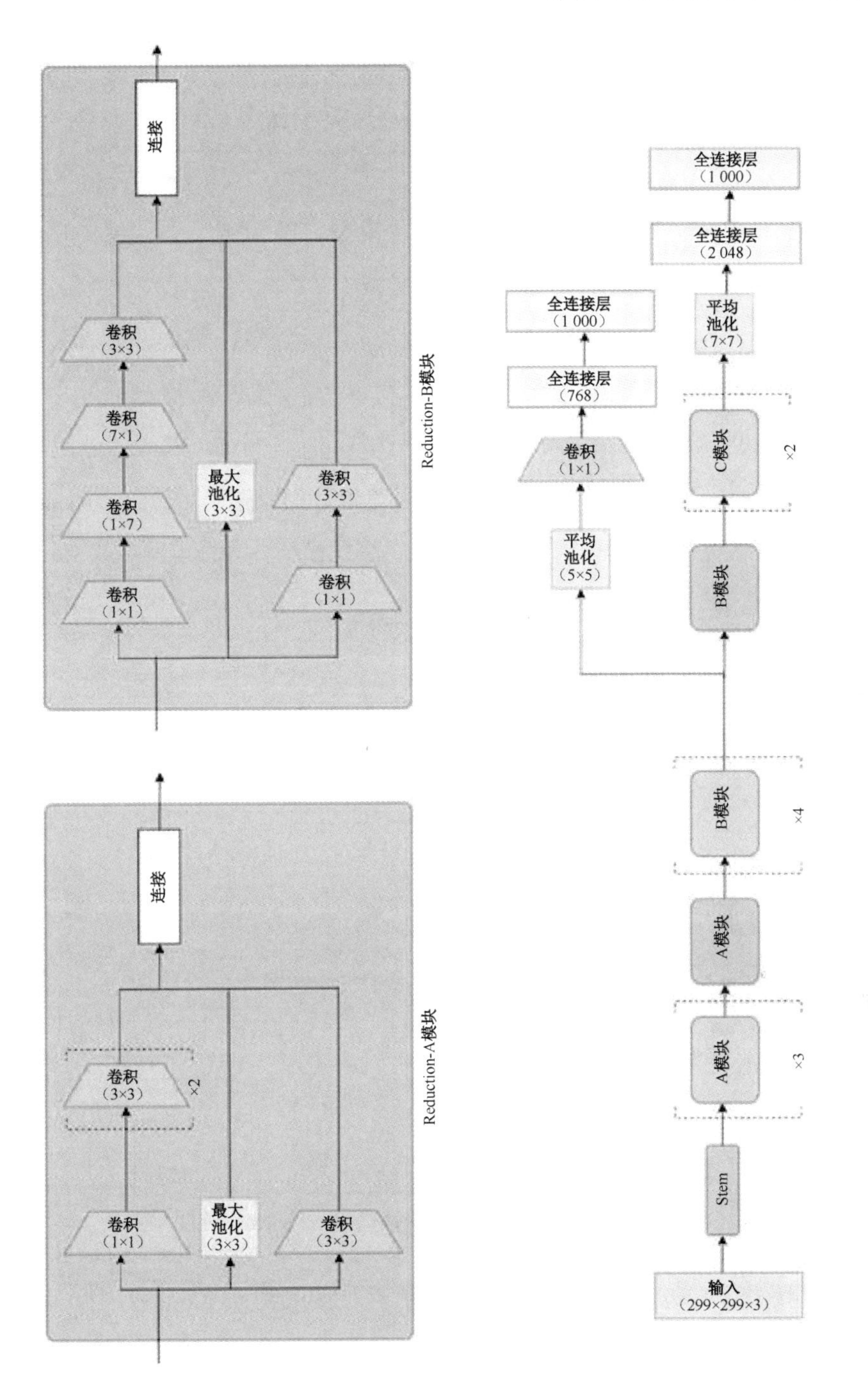


图 3.25　Inception v3 架构（续）

## 3.8 讨论 ResNet 和 DenseNet 架构

在上一节中，我们探索了 Inception 模型。得益于 1×1 卷积和全局平均池化，随着层数的增加，模型参数的数量减少了。此外，辅助分类器还可以解决梯度消失问题。

ResNet 引入了**跳跃连接**的概念。这个简单而有效的技巧克服了参数溢出和梯度消失的问题。如图 3.26 所示，这个想法非常简单。首先，将输入进行非线性变换（即卷积后再进行非线性激活），然后将这个变换的输出（称为残差）添加到原始输入中。这种计算的每个块称为**残差块**，因此模型称为**残差网络**或 **ResNet**。

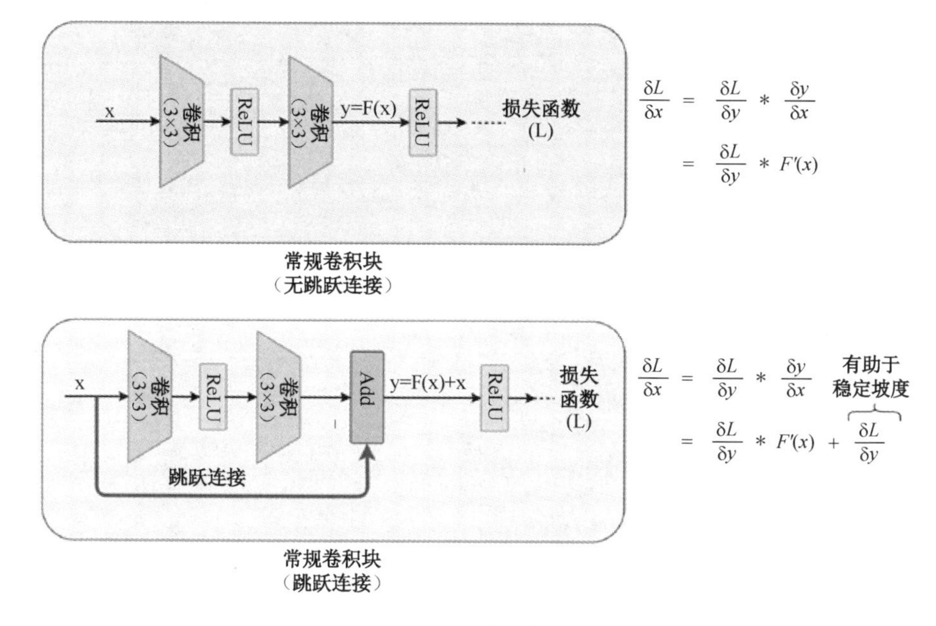


图 3.26 跳跃连接

使用跳跃（或快捷方式）连接，参数数量被限制为 2 600 万个，而总层数为 50 层（ResNet-50）。由于参数数量有限，即使层数增加到 152（ResNet-152），ResNet 也能够很好地泛化而不会过拟合。图 3.27 展示了 ResNet-50 架构。

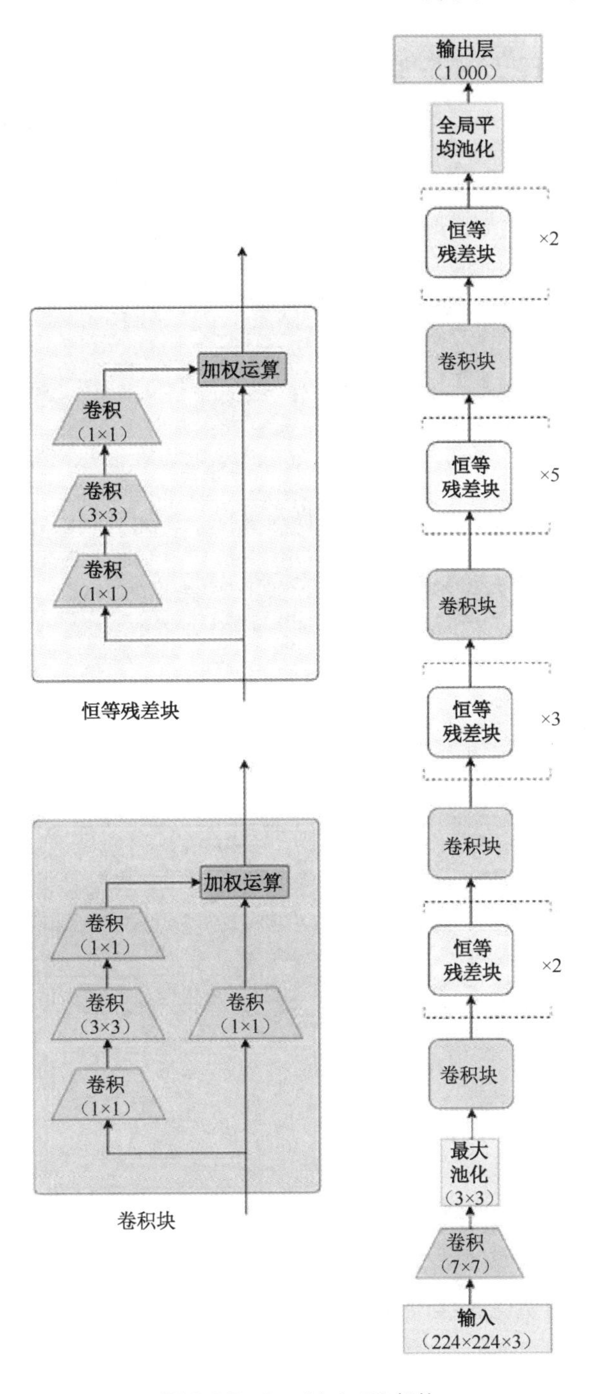


图 3.27　ResNet-50 架构

**卷积**和**恒等**两种残差块都采用了跳跃连接。卷积块里增加了一个 1×1 的卷积层，可以进一步降维。ResNet 的残差块可以在 PyTorch 中实现，如下所示：

```
class BasicBlock(nn.Module):
    multiplier=1
    def __init__(self, input_num_planes, num_planes, strd=1):
        super(BasicBlock, self).__init__()
        self.conv_layer1 = nn.Conv2d(in_channels=input_num_
planes, out_channels=num_planes, kernel_size=3, stride=stride,
padding=1, bias=False)
        self.batch_norm1 = nn.BatchNorm2d(num_planes)
        self.conv_layer2 = nn.Conv2d(in_channels=num_planes,
out_channels=num_planes, kernel_size=3, stride=1, padding=1,
bias=False)
        self.batch_norm2 = nn.BatchNorm2d(num_planes)
        self.res_connnection = nn.Sequential()
        if strd > 1 or input_num_planes != self.multiplier*num_
planes:
            self.res_connnection = nn.Sequential(
                nn.Conv2d(in_channels=input_num_planes,
out_channels=self.multiplier*num_planes, kernel_size=1,
stride=strd, bias=False),
                nn.BatchNorm2d(self.multiplier*num_planes))
    def forward(self, inp):
        op = F.relu(self.batch_norm1(self.conv_layer1(inp)))
        op = self.batch_norm2(self.conv_layer2(op))
        op += self.res_connnection(inp)
        op = F.relu(op)
        return op
```

若想立即使用 ResNet，我们可以使用 PyTorch 仓库中经过预先训练的 ResNet 模型。

```
import torchvision.models as models
model = models.resnet50(pretrained=True)
```

ResNet 使用恒等函数（通过将输入直接连接到输出的方式）在反向传播期间保留梯度（因为梯度将为 1）。然而，面对极深网络时，这个原则可能不足以保持从输出层到输入层的强梯度。

接下来，我们将讨论的 CNN 模型主要用来确保梯度流的强度，并进一步减少所需参数的数量。

ResNet 的跳跃连接将残差块的输入直接连接到其输出。但是，残差块间的连接仍然具有顺序性，即残差块 3 与块 2 直接连接，但与块 1 没有直接连接。

DenseNet 或密集网络让我们联想到将每个卷积层与所谓**稠密块**内的每个其他层相连接，并且将每个稠密块连接到整个 DenseNet 中的其他稠密块。稠密块只是由两个 3×3 密集连接的卷积层所组成的模块。

这些密集连接确保每一层都能从之前所有的网络层接收信息。这确保了从最后一层到第一层的梯度流的强度性。与常识相反，这种网络设置的参数数量也很少。由于每一层都接收来自先前所有层的特征图，因此所需的通道数（深度）可能会更少。在早期的模型中，增加的深度表示来自早期层信息的积累，但由于网络中到处都是密集的连接，我们就不再需要它了。

ResNet 和 DenseNet 之间的关键区别还在于：在 ResNet 中，我们使用跳跃连接将输入添加到输出中；在 DenseNet 中，前面层的输出与当前层的输出连接在一起，并且这种串联存在于深度维度。

随着网络的进一步扩张，可能会引发一个关于输出规模爆炸式增长的问题。为了消除这种复合效应，我们为该网络设计了一种称为**过渡块**的特殊类型块。过渡块由 1×1 卷积层和 2×2 池化层组成，它对深度维度的大小进行标准化或重置，以便该块的输出馈送到后续的稠密块。DenseNet 架构如图 3.28 所示。

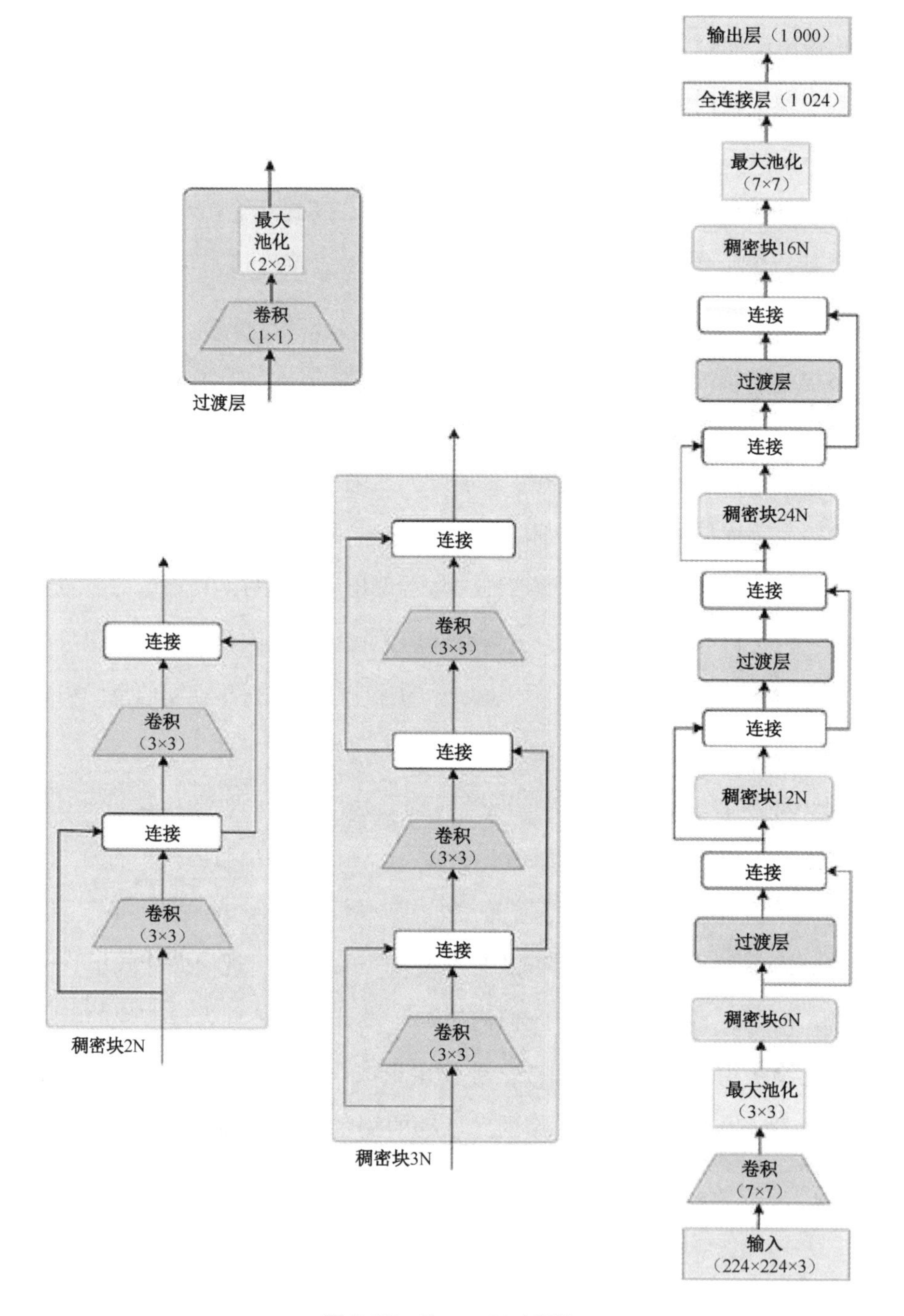


图 3.28　DenseNet 架构

如前所述，这里有两种类型的块——**稠密块**和**过渡块**。这些块可以在 PyTorch 中用几行代码编写为类，如下所示：

```
class DenseBlock(nn.Module):
    def __init__(self, input_num_planes, rate_inc):
        super(DenseBlock, self).__init__()
        self.batch_norm1 = nn.BatchNorm2d(input_num_planes)
        self.conv_layer1 = nn.Conv2d(in_channels=input_num_
planes, out_channels=4*rate_inc, kernel_size=1, bias=False)
        self.batch_norm2 = nn.BatchNorm2d(4*rate_inc)
        self.conv_layer2 = nn.Conv2d(in_channels=4*rate_inc,
out_channels=rate_inc, kernel_size=3, padding=1, bias=False)
    def forward(self, inp):
        op = self.conv_layer1(F.relu(self.batch_norm1(inp)))
        op = self.conv_layer2(F.relu(self.batch_norm2(op)))
        op = torch.cat([op,inp], 1)
        return op
class TransBlock(nn.Module):
    def __init__(self, input_num_planes, output_num_planes):
        super(TransBlock, self).__init__()
        self.batch_norm = nn.BatchNorm2d(input_num_planes)
        self.conv_layer = nn.Conv2d(in_channels=input_num_
planes, out_channels=output_num_planes, kernel_size=1,
bias=False)
    def forward(self, inp):
        op = self.conv_layer(F.relu(self.batch_norm(inp)))
        op = F.avg_pool2d(op, 2)
        return op
```

然后将这些块密集堆叠，以形成整体 DenseNet 架构。DenseNet 与 ResNet 一样，也有 **DenseNet121**、**DenseNet161**、**DenseNet169** 和 **DenseNet201**，其中数字代表总层数。如此多的层数是通过稠密块和过渡块的重复堆叠，再加上输入端固定的 7×7 卷积层和输出端固定的全连接层获得的。PyTorch 为所有这些变体提供经过预训练的模型。

```
import torchvision.models as models
densenet121 = models.densenet121(pretrained=True)
densenet161 = models.densenet161(pretrained=True)
densenet169 = models.densenet169(pretrained=True)
densenet201 = models.densenet201(pretrained=True)
```

DenseNet 优于迄今为止我们在 ImageNet 数据集上讨论的所有模型。通过混合和匹配我们前面提出的想法，相关学者已经开发出各种混合模型。Inception-ResNet 和 ResNeXt 模型就是这种混合网络的例子。ResNeXt 架构如图 3.29 所示。

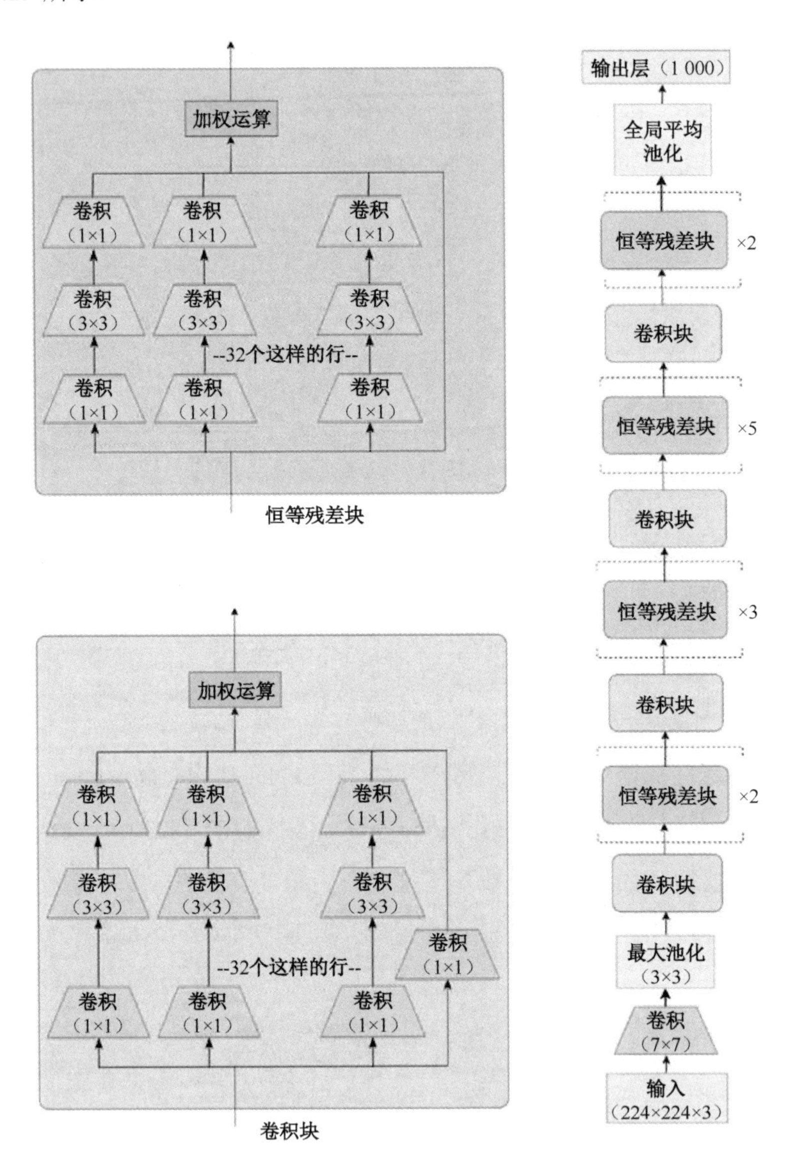


图 3.29　ResNeXt 架构

如你所见，它看起来像是 ResNet+Inception 混合体的更广泛变体，因为残差块中存在大量并行卷积分支——这个并行性的想法源自于 Inception 网络。

在本章的下一部分和最后一部分，我们将认识当前表现最好的 CNN 架构——EfficientNets。我们将讨论 CNN 架构发展的前景，同时探讨 CNN 架构在图像分类以外的任务中的应用。

## 3.9 了解 EfficientNets 和 CNN 架构的未来

到目前为止，在从 LeNet 到 DenseNet 的探索中，我们注意到了开发 CNN 架构的潜在主题。该主题通过以下方式来扩展或缩放 CNN 模型：

- 增加层数；
- 增加卷积层中特征图或通道数量；
- 增加空间维度，从 LeNet 中的 32×32 像素图像到 AlexNet 中的 224×224 像素图像等。

可以在深度、宽度和分辨率三个不同层面执行缩放。手动缩放通常会导致次优结果，因此 **EfficientNets** 不会手动缩放这些属性，而是使用神经架构搜索来计算每个属性的最佳缩放因子。

首先，人们普遍认为放大深度很重要，因为网络越深，模型就越复杂，从而可以学习高度复杂的特征。然而，放大深度是一种权衡，因为随着深度的增加，梯度消失问题会随着过度拟合问题的出现而升级。

同样，从理论上讲，扩大宽度应该会对模型性能提升有所帮助。因为通道数量越多，网络就能学习越细粒度的特征。然而，对于极宽的模型，精度往往很快饱和。

最后，从理论上讲，更高分辨率的图像应该会工作得更好，因为它们具有更细粒度的信息。然而，从经验来看，分辨率的增加不会导致模型性能呈现线性等效增加。

所有这一切都意味着在决定缩放因子时需要进行权衡，因此，神经架构搜索有助于找到最佳缩放因子。

EfficientNets 建议找到能够在深度、宽度和分辨率之间保持适当平衡的架构，并且这三个方面都使用全局缩放因子而缩放在一起。EfficientNets 架构分两步构建。首先，将缩放因子固定为 1，设计基本架构（称为**基础网络**）。在这个阶段，深度、宽度和分辨率的相对重要性取决于给定的任务和数据集。所获得的基础网络与我们熟知的 CNN 架构非常相似，即 **MnasNet**（**移动神经架构搜索网络**的缩写）。PyTorch 提供预训练的 MnasNet 模型，可以按如下所示加载：

```
import torchvision.models as models
model = models.mnasnet1_0()
```

一旦在第一步中获得了基础网络，就可以计算最优全局缩放因子，以最大化模型的准确性，并最小化计算（或触发器）的数量。基础网络被称为 **EfficientNet B0**，针对不同最优缩放因子而得出的后续网络被称为 **EfficientNet B1-B7**。

随着探索的深入，CNN 架构的有效扩展将成为一个突出的研究方向，同时，受初始、残差和稠密模块启发的更复杂模块也会有所发展。CNN 架构开发的另一个方面，是在保持性能的同时将模型规模最小化。**MobileNet**（https://pytorch.org/hub/pytorch_vision_mobilenet_v2/）就是一个很好的例子。此外，在这方面还正在开展很多研究工作。

除了自上而下地查看现有模型的架构修改方法外，我们还将采用自下而上的观点，从根本上重新思考 CNN 单元，如卷积核、池化机制、更有效的扁平化方法等。举一个具体的例子，**CapsuleNet**（https://en.wikipedia.org/wiki/Capsule_neural_network）改进了卷积单元，以迎合图像中的第三维度（深度）。CNN 本身就是一个巨大的研究课题。在本章中，我们已经了解了图像分类背景下的 CNN 架构发展。但是，这些 CNN 体系结构可用于各种应用程序。ResNet

以 **RCNN** 的形式应用于目标检测和分割就是一个著名的例子（https://en.wikipedia.org/wiki/Region_Based_Convolutional_Neural_Networks）。此外，RCNN 演变出了 **Faster R-CNN**、**Mask-RCNN** 和 **Keypoint-RCNN**。PyTorch 为这三种变体提供了预训练模型，如下所示。

```
faster_rcnn = models.detection.fasterrcnn_resnet50_fpn()
mask_rcnn = models.detection.maskrcnn_resnet50_fpn()
keypoint_rcnn = models.detection.keypointrcnn_resnet50_fpn()
```

PyTorch 还为 ResNet 提供预训练模型，这些模型应用于视频相关任务，如视频分类。**ResNet3D** 和 **ResNet Mixed Convolution** 都是基于 ResNet 的模型，用于视频分类。

```
resnet_3d = models.video.r3d_18()
resnet_mixed_conv = models.video.mc3_18()
```

虽然本章没有广泛涵盖这些不同的应用程序和相应的 CNN 模型，但我们鼓励读者阅读更多相关内容，就从 PyTorch 网站起步：https://pytorch.org/docs/stable/torchvision/models.html#object-detection-instance-segmentation-and-person-keypoint-detection。

## 3.10 总结

本章内容都是关于 CNN 架构的。首先，我们简要讨论了 CNN 的演进史，并深入学习了最早的 CNN 模型之一——LeNet。我们使用 PyTorch 从头开始构建模型，并在图像分类数据集上对其进行训练和测试。然后，我们探索了 LeNet 的继任者——AlexNet。我们没有从头构建 AlexNet，而是使用 PyTorch 的预训练模型库来加载一个经预训练的 AlexNet 模型，进而在不同的数据集上微调加载的模型，并评估其性能。

接下来，我们学习了 VGG 模型。VGG 模型是 AlexNet 模型更深入、更高级的继承者。我们使用 PyTorch 加载了一个预训练的 VGG 模型，并用它对不同图像分类数据集进行预测。此外，我们依次讨论了由数个 inception 模块组成的 GoogLeNet 和 Inception v3 模型。

接着，我们讨论了 ResNet 和 DenseNet。我们使用 PyTorch 实现了这些架构的构建块，即残差块和稠密块，还简要介绍了一种高级混合 CNN 架构——ResNeXt。

最后，我们总结了当前最先进的 CNN 模型——EfficientNet。我们讨论了 EfficientNet 隐含的想法以及 PyTorch 中可用的相关预训练模型，如 MnasNet。我们还为 CNN 架构的发展提供了合理的方向，并简要提到了其他特定用于目标检测（如 RCNN）和视频分类的 CNN 架构（如 ResNet3D）。

虽然本章没有涵盖 CNN 架构概念中所有可能的主题，但它仍然详细讲解了 CNN 从 LeNet 到 EfficientNet 及其他方面的进展。此外，本章重点介绍了 PyTorch 在我们讨论过的各种 CNN 架构中的有效应用。

在下一章中，我们将探索类似领域，但针对的是另一重要的神经网络类型——循环神经网络。我们将讨论各种循环网络架构，并使用 PyTorch 对其进行有效实现、训练和测试。

# 第 4 章

# 深度循环模型架构

**神经网络**作为强大的机器学习工具，用于帮助我们学习数据集输入（$X$）和输出（$y$）之间的复杂模式。在上一章中，我们讨论了卷积神经网络，学习 $X$ 和 $y$ 之间的一对一映射，即每个输入 $X$ 独立于其他输入，每个输出 $y$ 也独立于数据集的其他输出。

在本章中，我们将讨论一类可以对序列进行建模的神经网络，其中 $X$（或 $y$）不仅仅是单个独立数据点，还是数据点的时间序列 $[X_1,X_2,\cdots,X_t]$（或 $[y_1,y_2,\cdots,y_t]$）。请注意，$X_2$（时间步长 2 的数据点）依赖于 $X_1$，$X_3$ 依赖于 $X_2$ 和 $X_1$，依此类推。

这种网络被归类为**循环神经网络**（**RNN**）。这些网络能够通过在模型中加入额外权重的方式，对数据的时间方面进行建模，从而在网络中创建循环。这有助于保持状态，如图 4.1 所示。

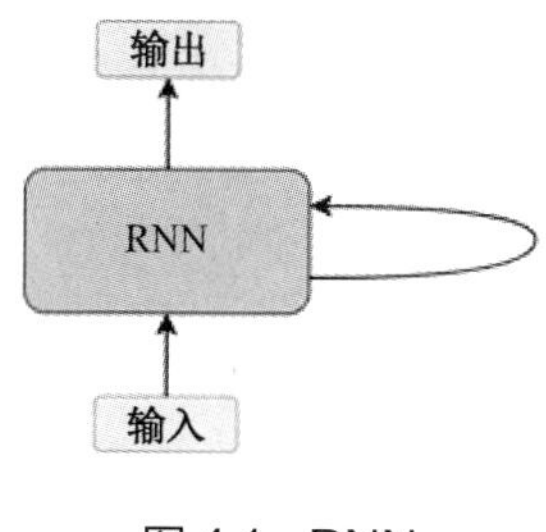


图 4.1　RNN

循环的概念解释了“循环”这一术语，这种循环有助于在网络中建立记忆的概念。本质上，这样的网络有助于将时间步 $t$ 的中间输出用作时间步 $t$+1 的输入，同时保持隐藏的内部状态。这些跨时间步的连接称为**循环连接**。

本章将重点介绍历经多年发展的各种循环神经网络架构，如不同类型的 RNN、**长短期记忆（LSTM）**和**门控循环单元（GRU）**。我们将使用 PyTorch 来实现其中一些架构，并在实际的顺序建模任务上训练并测试循环模型。除了模型训练和测试，我们还将学习如何高效地使用 PyTorch 加载并预处理序列数据。在本章结尾，读者将准备好在 PyTorch 中使用 RNN 来解决机器学习的序列数据集问题。

本章涵盖以下主题：

- 探索循环网络的演变；
- 训练 RNN 进行情感分析；
- 构建双向 LSTM；
- 讨论 GRU 和基于注意力的模型。

## 4.1 技术要求

我们将在所有练习中使用 Jupyter Notebook。以下是本章应使用 pip 安装的 Python 库列表，例如，在命令行中运行 pip install torch==1.4.0。

```
jupyter==1.0.0
torch==1.4.0
tqdm==4.43.0
matplotlib==3.1.2
torchtext==0.5.0
```

与本章相关的所有代码文件请访问：https://github.com/PacktPublishing/Mastering-PyTorch/blob/master/Chapter04。

# 4.2 探索循环网络的演变

循环网络自 20 世纪 80 年代就诞生了。在本节中，我们将探讨循环网络架构的演变。我们会结合演进过程中的关键里程碑（RNN）来讨论和推理架构的发展。在梳理时间线之前，我们将快速回顾不同类型的 RNN 以及它们与一般前馈神经网络相关联的方式。

## 4.2.1 循环神经网络的类型

虽然大多数监督机器学习模型是对一对一关系进行建模的，但是 RNN 可以对以下类型的输入—输出关系进行建模。

- **多对多（瞬时）**

例如，命名实体识别：给定一个句子/文本，用被命名的实体类别（如名称、组织、位置等）标记单词。

- **多对多（编码器-解码器）**

例如，机器翻译（例如，从英文文本到德文文本）：接收自然语言中的句子/文本片段，将其编码为统一固定大小的表示，然后对该表示进行解码，生成另一种语言的等效句子/文本片段。

- **多对一**

例如，情绪分析：给定一个句子/一段文本，将其分类为正面、负面、中性等。

- **一对多**

例如，图片字幕：给定一个图像，生成一段描述性的句子/文本。

- **一对一（并不实用）**

例如，图像分类（通过按顺序处理图像像素）。

图 4.2 直观地描绘了上述 RNN 类型与常规 NN。

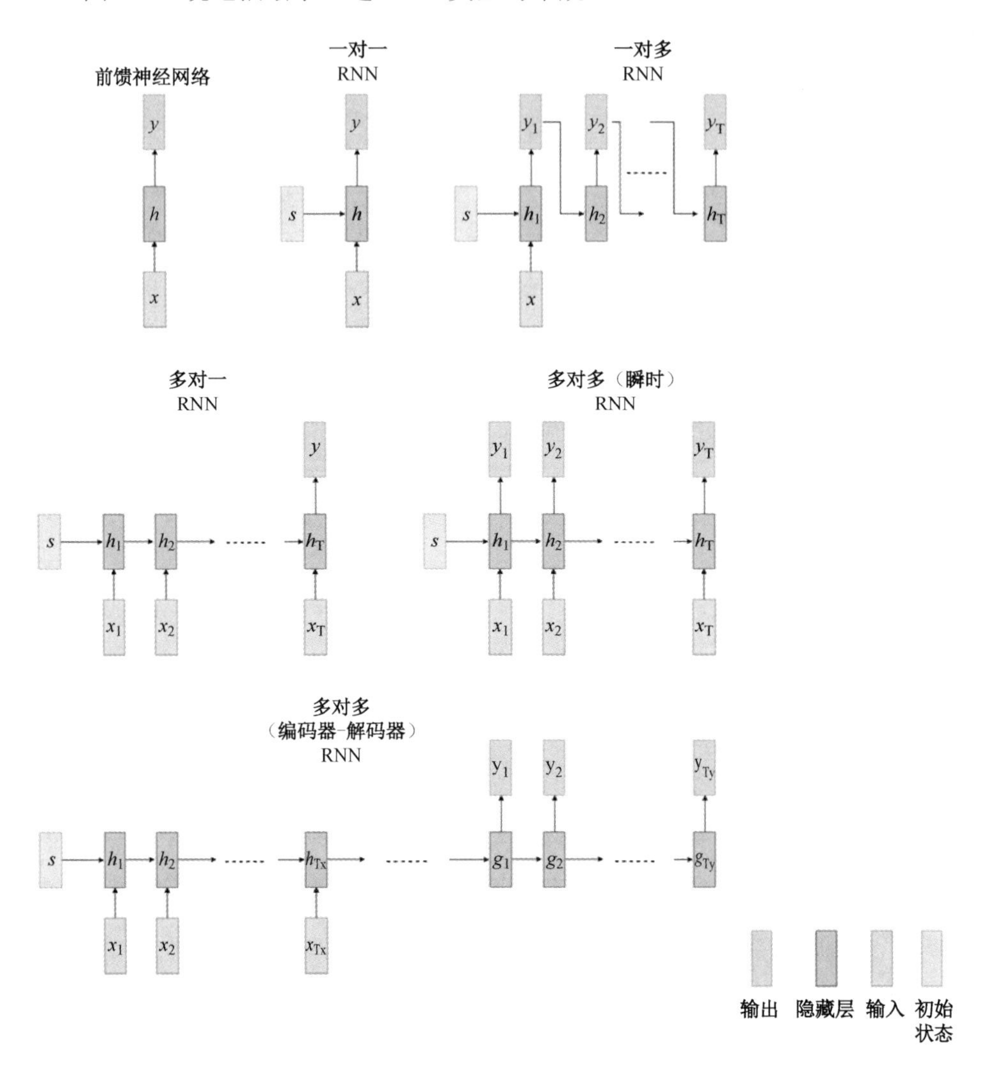


图 4.2　不同类型的 RNN 和常规 RNN

> **注意**
>
> 第 2 章的图像文字描述练习提供了一个结合 CNN 和 LSTM 的一对多循环神经网络的例子。

正如我们所见，循环神经架构具有常规神经网络中不具备的循环连接。这些循环连接在图 4.2 中沿时间维度展开。图 4.3 所示为**时间折叠**和**时间展开**两种形式的 RNN 结构。

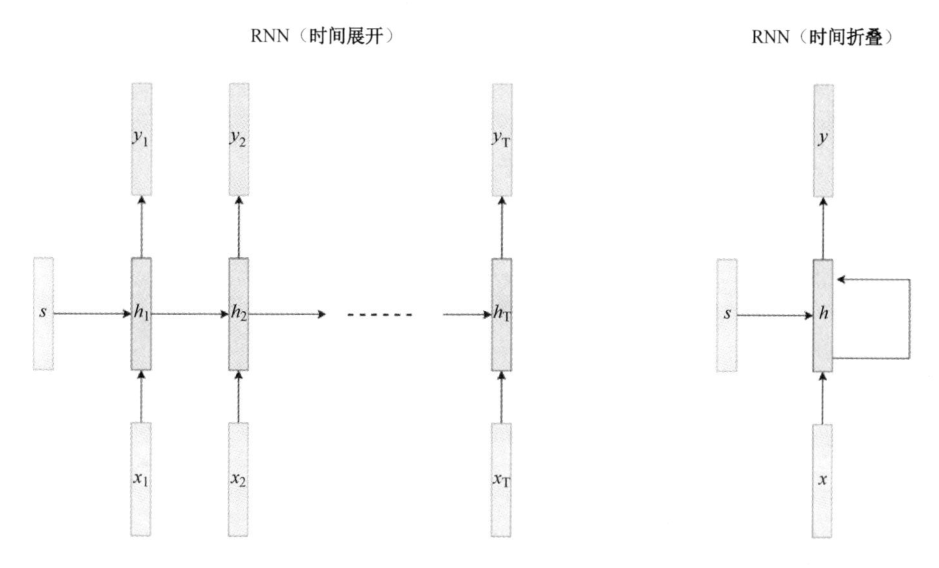


图 4.3　时间折叠和时间展开的 RNN

在以下部分中，我们将使用时间展开版本来演示 RNN 架构。在前面的图中，我们用灰色标记了 RNN 层作为神经网络的隐藏层。虽然网络可能只有一个隐藏层，但是一旦这个隐藏层沿着时间维度展开，我们就可以看到网络实际上有 $T$ 个隐藏层。这里，$T$ 是序列数据中时间步的总数。

RNN 的强大功能之一，在于它可以处理不同序列长度（$T$）的序列数据。处理这种长度可变性的一种方法是填充较短的序列，并截断较长的序列。我们将会在本章末尾提供的练习中看到这种处理方式。

接下来，我们从基本的 RNN 开始，深入研究循环架构的历史和演变。

### 4.2.2 RNN

RNN 理念伴随 1982 年 Hopfield 网络的出现应运而生。这是一种特殊类型的 RNN，试图模拟人类记忆的工作方式。1986 年，在 David Rumelhart 等人的著作的基础上，RNN 诞生了。这些 RNN 能够处理具有基本记忆概念的序列。此后，人们对其架构进行了一系列的改进，如图 4.4 所示。

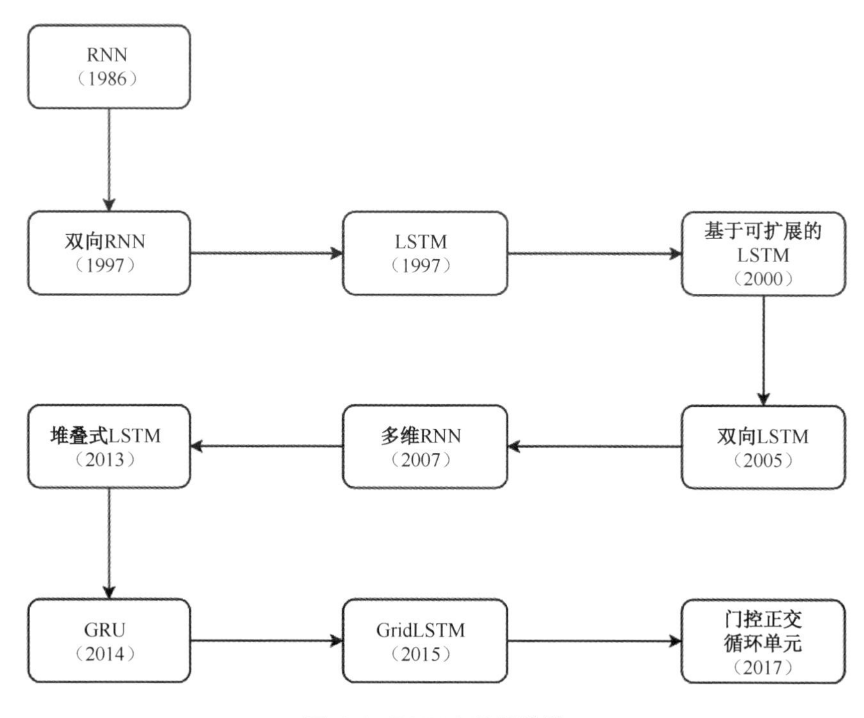


图 4.4　RNN 架构的演进

图 4.4 虽未涵盖 RNN 架构演进的整个历史，但是涵盖了重要的关键点。接下来，我们将从双向 RNN 开始，按时间顺序讨论 RNN 的后继者。

### 4.2.3　双向 RNN

尽管 RNN 在序列数据上表现良好，但后来人们意识到，通过查看过去和未来的信息，可以更有效地完成一些与序列相关的任务，如语言翻译。例如，英语的 I see you 会被翻译成法语的 Je te vois。在这里，te 表示 you，vois 表示 see。因此，为了正确地将英语翻译成法语，在用法语书写第二个和第三个单词之前，三个单词都需要用英语表示。

为了克服这个限制，人们在 1997 年发明了**双向 RNN**。它们与传统 RNN 非常相似，不同之处在于双向 RNN 有两个在内部工作的 RNN：一个从头到尾运行序列，另一个从尾到头反向运行序列，如图 4.5 所示。

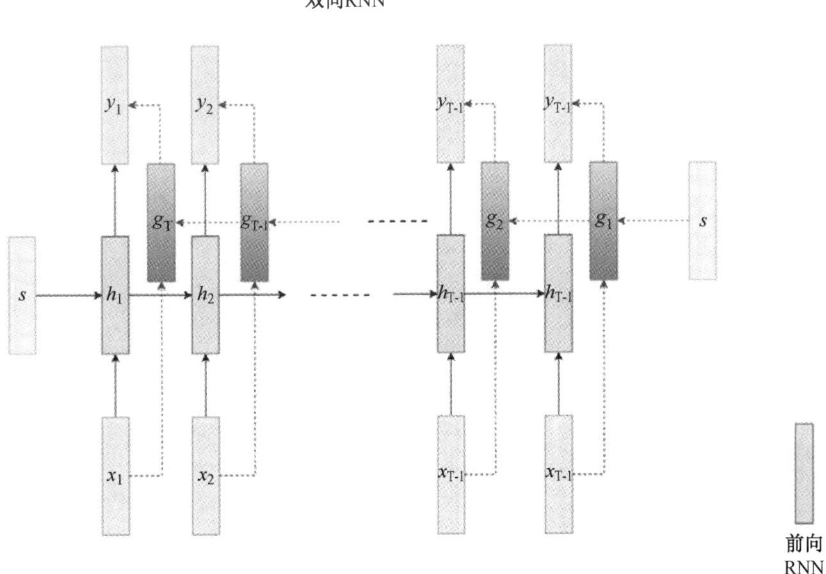


图 4.5　双向 RNN

接下来，我们将了解 LSTM。

### 4.2.4 LSTM

虽然 RNN 能够处理序列数据并记住信息，但却存在梯度爆炸和消失的问题。这是因为在时间维度上展开循环网络会形成非常深度的网络。

1997 年，人们设计了一种不同的方法。RNN 单元被更复杂的**长短期记忆（LSTM）**单元取代。RNN 单元通常具有 **Sigmoid** 或 **Tanh** 激活函数。选择这些函数是因为它们能够控制输出值保持在 0（无信息流）到 1（完整信息流），或者-1 到 1（在选择 Tanh 激活函数的情况下）。

Tanh 可以得到平均输出值零和更大的梯度，通常这两者有助于更快的学习（收敛）。这些激活函数应用于当前时间步的输入以及前一时间步的隐藏状态的串联，如图 4.6 所示。

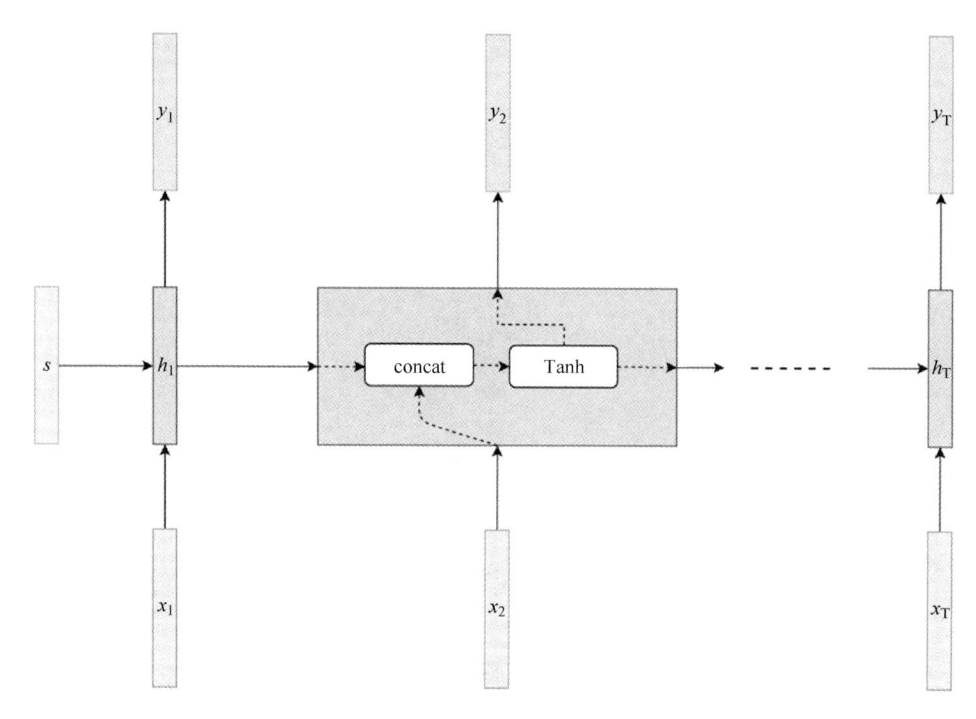


图 4.6　RNN 单元

在**反向传播**期间，由于梯度项跨越时间递增，展开 RNN 单元间，梯度要么在这几个 RNN 单元中不断减小，要么继续增加。因此，虽然 RNN 可以记住短序列中的序列信息，但由于增加次数较多，往往难以处理长序列。LSTM 通过使用门控制输入和输出来解决这个问题。

LSTM 层本质上由各种时间展开的 LSTM 单元组成。信息以单元状态的形式从一个单元传递到另一个单元。这些单元状态是通过门控机制的乘法和加法来控制或操纵的。如图 4.7 所示，这些门控制流向下一个单元的信息流，同时保留或忘记来自前一个单元的信息。

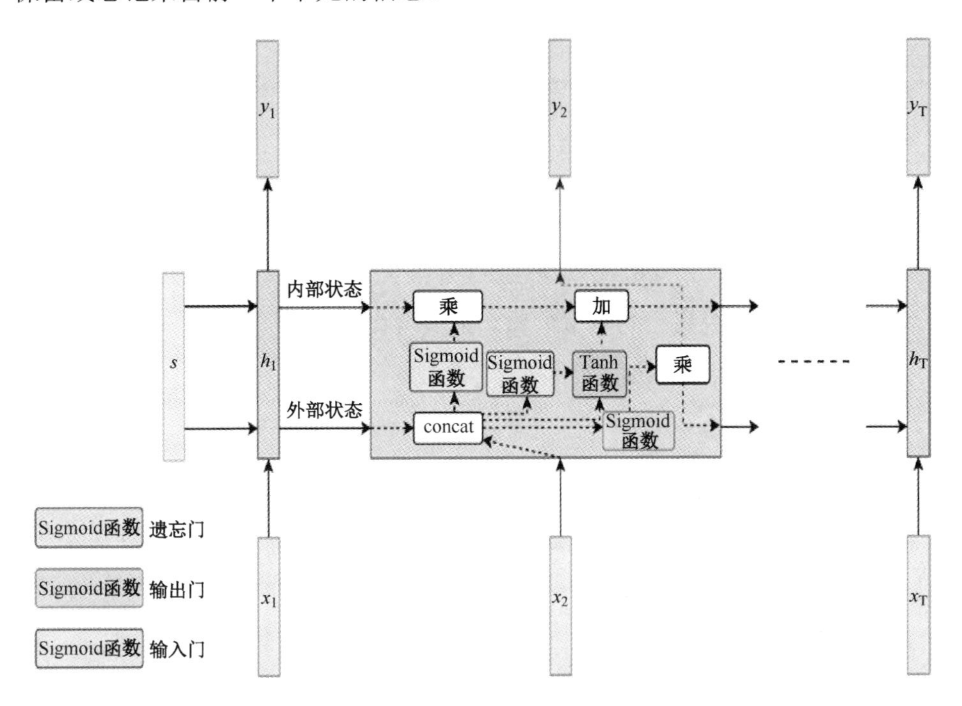


图 4.7　LSTM 网络

LSTM 可以有效地处理更长的序列，彻底改变了循环网络。接下来，我们将讨论 LSTM 更高级的变体。

### 4.2.5 扩展和双向 LSTM

1997 年，LSTM 问世，起初只有输入门和输出门。不久之后，研究者在 2000 年开发了带有遗忘门的扩展 LSTM，至今仍被广泛应用。2005 年，双向 LSTM 问世，在概念上类似于双向 RNN。

### 4.2.6 多维 RNN

2007 年，**多维 RNN**（**MDRNN**）问世。从此，RNN 单元之间的循环连接从单个变成了与数据中的维度一样多。这在视频处理中很有用，视频中的数据本质上是二维的图像序列。

### 4.2.7 堆叠 LSTM

尽管单层 LSTM 网络似乎确实克服了梯度消失和爆炸的问题，但事实证明，堆叠更多 LSTM 层，在跨顺序处理任务（如语音识别）及学习高度复杂的模式方面更有帮助。这些强大的模型被称为**堆叠 LSTM**。图 4.8 所示为具有两个 LSTM 层的堆叠 LSTM 模型。

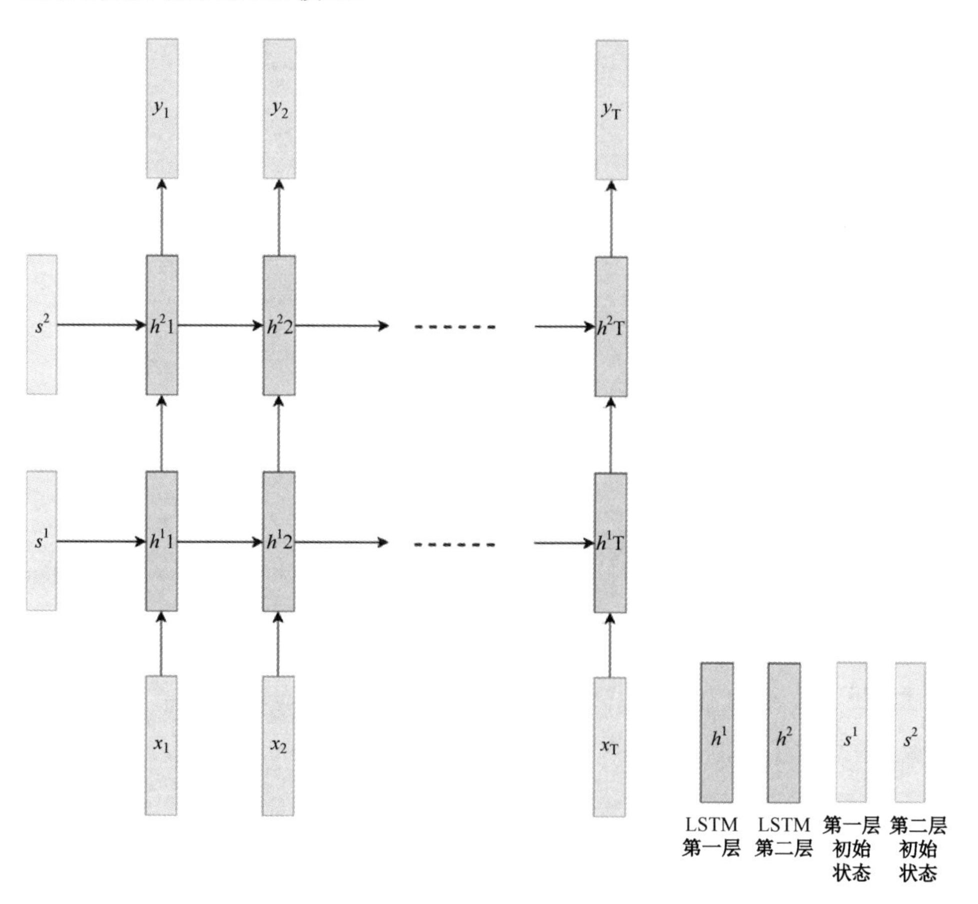


图 4.8 堆叠 LSTM

就其本质而言，LSTM 单元是在 LSTM 层的时间维度上堆叠的。在空间维度上堆叠几个这样的层，可以提供额外需要的空间深度。这些模型具有一定的缺点，由于具有额外的深度和额外的循环连接，它们的训练速度非常慢。此外，额外的 LSTM 层需要在每次训练迭代时展开（在时间维度上）。因此，训练堆叠循环模型通常是不可并行的。

### 4.2.8 GRU

LSTM 单元有两种状态——内部和外部，以及三个不同的门——**输入门**、**遗忘门**和**输出门**。2014 年，研究者开发了一种类似的单元，称为**门控循环单元**（GRU），目的是学习长期依赖关系，同时有效处理梯度爆炸和消失问题。GRU 只有一个状态和两个门——**重置门**（输入门和遗忘门的组合）和**更新门**。GRU 网络如图 4.9 所示。

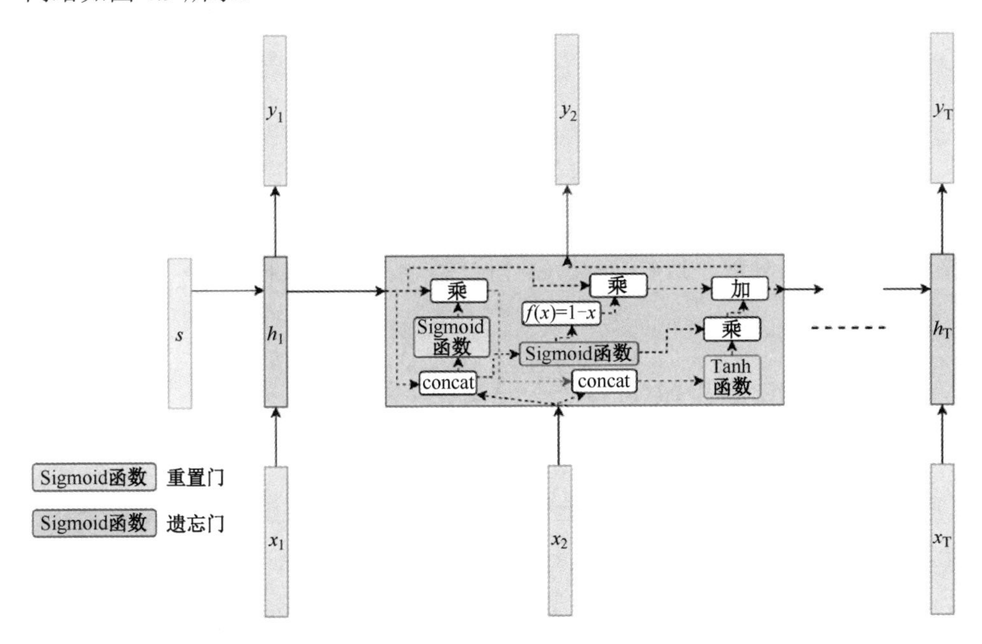


图 4.9 GRU 网络

接下来要学习的是 Grid LSTM。

### 4.2.9 Grid LSTM

一年后，也就是 2015 年，**Grid LSTM** 模型问世，成为 MDLSTM 模型的继承者，作为多维 RNN 的 LSTM 等效物。LSTM 单元排列在 Grid LSTM 模型中的多维网格里，这些单元沿着数据的时空维度连接，也在网络层之间连接。

### 4.2.10 门控正交循环单元

2017 年，研究者设计了**门控正交循环单元**，将 GRU 和 **unitary RNN** 的思想结合在一起。unitary RNN 将 **unitary** 矩阵（即**正交矩阵**）用作 RNN 的**隐藏状态循环矩阵，**以此处理梯度爆炸和消失问题。这种方式具有一定的可行性，因为梯度的偏离是由隐含权重矩阵的特征值偏离导致的。因此，这些矩阵已被替换为正交矩阵，以解决梯度问题。你可以在原始论文中阅读有关 unitary RNN 的更多信息：https://arxiv.org/pdf/1511.06464.pdf。

我们在本节中简要介绍了循环神经架构的演变。接下来，我们将使用基于文本分类任务的简单 RNN 模型架构进行练习，以此深入研究 RNN。我们还将探讨 PyTorch 在处理序列数据及构建评估循环模型方面发挥的重要作用。

## 4.3 训练 RNN 进行情感分析

在本节中，我们将使用 PyTorch 训练一个 RNN 模型，用于处理文本分类任务——情感分析。在这个任务中，该模型接收一段文本——一系列单词——作为输入，输出 1（表示积极情绪）或 0（消极情绪）。我们将使用**单向单层 RNN** 处理这个涉及序列数据的二元分类任务。

在训练模型之前，我们将手动处理文本数据，并将其转换为可用的数字形式。在训练模型后，我们将在一些示例文本上对其进行测试，并演示如何使用各种 PyTorch 功能来有效地执行此任务。本练习的代码请访问：https://github.com/PacktPublishing/Mastering-PyTorch/blob/master/Chapter04/rnn.ipynb。

### 4.3.1 加载和预处理文本数据集

1. 本练习需要导入一些依赖项。执行以下 import 声明：

```
import os
import time
import numpy as np
from tqdm import tqdm
from string import punctuation
from collections import Counter
import matplotlib.pyplot as plt
import torch
import torch.nn as nn
import torch.optim as optim
from torch.utils.data import DataLoader, TensorDataset
device = torch.device('cuda' if torch.cuda.is_available()
else 'cpu')
torch.manual_seed(123)
```

除了导入常规的 Torch 依赖项外，我们还导入了 punctuation 和 Counter 进行文本处理。此外，我们还导入了用于显示图像的 matplotlib，用于数组操作的 numpy，以及用于可视化进度条的 tqdm。除了这些导入之外，我们还设置了随机种子以确保此练习的可重复性，如代码段的最后一行所示。

2. 从文本文件中读取数据。在本练习中，我们将使用 IMDb 情绪分析数据集，可在此处找到：https://ai.stanford.edu/～amaas/data/sentiment/。IMDb 数据集由几个电影评论作为文本和相应的情感标签（正面的或消极的）。首先，下载数据集并运行以下代码行，读取并存储文本列表和相应的情感标签。

```
# read sentiments and reviews data from the text files
review_list = []
label_list = []
for label in ['pos', 'neg']:
    for fname in tqdm(os.listdir(f'./aclImdb/train/
{label}/')):
        if 'txt' not in fname:
            continue
        with open(os.path.join(f'./aclImdb/train/
{label}/', fname), encoding="utf8") as f:
            review_list += [f.read()]
            label_list += [label]
print ('Number of reviews :', len(review_list))
```

此处输出如图 4.10 所示。

```
100%|██████████| 12500/12500 [00:03<00:00, 3393.39it/s]
100%|██████████| 12500/12500 [00:03<00:00, 3707.12it/s]

Number of reviews : 25000
```

图 4.10　IMDb 数据集加载

我们可以看到，总共有 25 000 条影评，其中 12 500 条正面评论和 12 500 条负面评论。

**数据集引用**

Andrew L. Maas, Raymond E. Daly, Peter T. Pham, Dan Huang, Andrew Y. Ng, and Christopher Potts. (2011). Learning Word Vectors for Sentiment Analysis. The 49th Annual Meeting of the Association for Computational Linguistics (ACL 2011).

3. 在数据加载步骤之后，开始处理文本数据，如下所示。

```
# pre-processing review text
review_list = [review.lower() for review in review_list]
```

```
review_list = [''.join([letter for letter in review if letter not in punctuation]) for review in tqdm(review_list)]
# accumulate all review texts together
reviews_blob = ' '.join(review_list)
# generate list of all words of all reviews
review_words = reviews_blob.split()
# get the word counts
count_words = Counter(review_words)
# sort words as per counts (decreasing order)
total_review_words = len(review_words)
sorted_review_words = count_words.most_common(total_review_words)
print(sorted_review_words[:10])
```

此处输出如图 4.11 所示。

```
[('the', 334691), ('and', 162228), ('a', 161940), ('of', 145326), ('to',
135042), ('is', 106855), ('in', 93028), ('it', 77099), ('i', 75719), ('th
is', 75190)]
```

图 4.11　字数统计

如你所见，首先，我们将整个文本语料库用小写表示，并删除评论文本中的所有标点符号。接着，将所有评论中的所有单词累积在一起，获得单词数，并按词数降序对它们进行排序，以查看最常用单词。请注意，最常用单词都是**非名词**，如限定词、代词等，如图 4.11 所示。

理想情况下，这些非名词，也就是**停用词**，会从语料库中删除，因为它们没有太多意义。但是，我们会跳过那些高级文本处理步骤，将步骤简化。

4．将这些单独的单词转换为数字或标记，继续处理数据。这是关键的一步，因为机器学习模型只理解数字，而不理解单词。

```
# create word to integer (token) dictionary in order to encode text as numbers
vocab_to_token = {word:idx+1 for idx, (word, count) in enumerate(sorted_review_words)}
print(list(vocab_to_token.items())[:10])
```

此处输出如图 4.12 所示。

```
[('the', 1), ('and', 2), ('a', 3), ('of', 4), ('to', 5), ('is', 6),
('in', 7), ('it', 8), ('i', 9), ('this', 10)]
```

图 4.12　Word 标记生成

从最常用单词开始，数字从 1 开始向前分配给单词。

5．我们在上一步中获得了单词到整数的映射，也就是数据集的词汇表。在这一步中，我们将使用词汇表，将数据集中的电影评论转换为数字列表。

```
reviews_tokenized = []
for review in review_list:
    word_to_token = [vocab_to_token[word] for word in
review.split()]
    reviews_tokenized.append(word_to_token)
print(review_list[0])
print()
print (reviews_tokenized[0])
```

此处输出如图 4.13 所示。

```
for a movie that gets no respect there sure are a lot of memorable quotes listed for this gem
imagine a movie where joe piscopo is actually funny maureen stapleton is a scene stealer the
moroni character is an absolute scream watch for alan the skipper hale jr as a police sgt

[15, 3, 17, 11, 201, 56, 1165, 47, 242, 23, 3, 168, 4, 891, 4325, 3513, 15, 10, 1514, 822, 3,
17, 112, 884, 14623, 6, 155, 161, 7307, 15816, 6, 3, 134, 20049, 1, 32064, 108, 6, 33, 1492,
1943, 103, 15, 1550, 1, 18993, 9055, 1809, 14, 3, 549, 6906]
```

图 4.13　数字化文本

6．将情感目标——pos 和 neg，分别编码为数字 1 和 0。

```
# encode sentiments as 0 or 1
encoded_label_list = [1 if label =='pos' else 0 for label
in label_list]
reviews_len = [len(review) for review in reviews_
tokenized]
reviews_tokenized = [reviews_tokenized[i] for i, l in
enumerate(reviews_len) if l>0 ]
```

```
encoded_label_list = np.array([encoded_label_list[i]
for i, l in enumerate(reviews_len) if l> 0 ],
dtype='float32')
```

7. 在训练模型之前，我们需要一个最终的数据处理步骤。不同的评论会有不同的长度，但是，我们将定义固定序列长度的简单 RNN 模型。因此，需要对不同长度的评论进行标准化，使其长度相同。

为此，我们将定义一个序列长度 $L$（在本例中为 512），然后定义填充长度小于 $L$ 的序列，并截断长度大于 $L$ 的序列。

```
def pad_sequence(reviews_tokenized, sequence_length):
    ''' returns the tokenized review sequences padded
with 0's or truncated to the sequence_length.
    '''
    padded_reviews = np.zeros((len(reviews_tokenized),
sequence_length), dtype = int)
    for idx, review in enumerate(reviews_tokenized):
        review_len = len(review)
        if review_len <= sequence_length:
            zeroes = list(np.zeros(sequence_length-
review_len))
            new_sequence = zeroes+review
        elif review_len > sequence_length:
            new_sequence = review[0:sequence_length]
        padded_reviews[idx,:] = np.array(new_sequence)
    return padded_reviews
sequence_length = 512
padded_reviews = pad_sequence(reviews_tokenized=reviews_
tokenized, sequence_length=sequence_length)
plt.hist(reviews_len);
```

输出如图 4.14 所示。

如图所示，评论长度大多少于 500 个单词，因此我们选择了 512（2 的次方）作为模型的序列长度，并相应地修改了不足 512 个单词长度的序列。

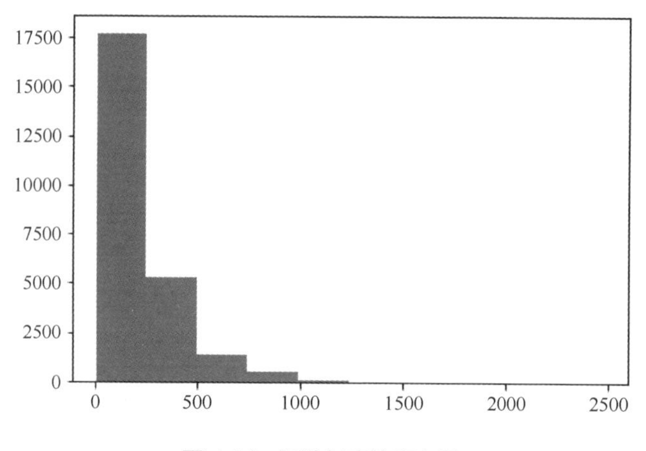


图 4.14 评论长度的直方图

8．训练模型。为此，我们必须以 75∶25 的比例，将数据集拆分为训练集和验证集。

```
train_val_split = 0.75
train_X = padded_reviews[:int(train_val_split*len(padded_
reviews))]
train_y = encoded_label_list[:int(train_val_
split*len(padded_reviews))]
validation_X = padded_reviews[int(train_val_
split*len(padded_reviews)):]
validation_y = encoded_label_list[int(train_val_
split*len(padded_reviews)):]
```

9．这个阶段可以开始使用 PyTorch 生成数据集和来自数据处理的 dataloader 对象。

```
# generate torch datasets
train_dataset = TensorDataset(torch.from_numpy(train_X).
to(device), torch.from_numpy(train_y).to(device))
validation_dataset = TensorDataset(torch.from_
numpy(validation_X).to(device), torch.from_
numpy(validation_y).to(device))
batch_size = 32
# torch dataloaders (shuffle data)
```

```
train_dataloader = DataLoader(train_dataset, batch_size=batch_size, shuffle=True)
validation_dataloader = DataLoader(validation_dataset, batch_size=batch_size, shuffle=True)
```

10．为了在将数据提供给模型之前了解数据的外观，让我们将一批评论（32 条）和相应的情绪标签可视化。

```
# get a batch of train data
train_data_iter = iter(train_dataloader)
X_example, y_example = train_data_iter.next()
print('Example Input size: ', X_example.size()) # batch_size, seq_length
print('Example Input:\n', X_example)
print()
print('Example Output size: ', y_example.size()) # batch_size
print('Example Output:\n', y_example)
```

输出如图 4.15 所示。

```
Example Input size:  torch.Size([32, 512])
Example Input:
 tensor([[    0,     0,     0,  ...,     1,   875,   520],
        [    0,     0,     0,  ...,   482,   800,  1794],
        [    0,     0,     0,  ...,     3,  1285, 70251],
        ...,
        [    0,     0,     0,  ...,     4,     1,  1374],
        [    0,     0,     0,  ...,     2,  8268, 17117],
        [    0,     0,     0,  ...,  6429,   271,   116]])

Example Output size:  torch.Size([32])
Example Output:
 tensor([1., 0., 1., 0., 0., 1., 0., 1., 1., 0., 1., 1., 0., 0., 0., 1., 1., 1.,
        1., 1., 1., 0., 1., 1., 1., 1., 1., 1., 0., 1., 1., 1.])
```

图 4.15　样本数据点

加载文本数据集并处理成数字标记序列后，接下来在 PyTorch 中创建 RNN 模型对象，并训练 RNN 模型。

## 4.3.2　实例化和训练模型

数据集已经准备好，可以实例化单向单层 RNN 模型。首先，PyTorch 通过

**nn.RNN** 模块实例化 RNN 层，使其非常紧凑。只需要输入/嵌入维度、隐藏到隐藏的状态维度和层数，就可以开始。

1. 定义我们自己的包装器 RNN 类。此步骤实例化了整个 RNN 模型，由嵌入层、RNN 层和最后的一个全连接层组成。

```
class RNN(nn.Module):
    def __init__(self, input_dimension, embedding_
dimension, hidden_dimension, output_dimension):
        super().__init__()
        self.embedding_layer = nn.Embedding(input_
dimension, embedding_dimension)
        self.rnn_layer = nn.RNN(embedding_dimension,
hidden_dimension, num_layers=1)
        self.fc_layer = nn.Linear(hidden_dimension,
output_dimension)
    def forward(self, sequence):
        # sequence shape = (sequence_length, batch_size)
        embedding = self.embedding_layer(sequence)
        # embedding shape = [sequence_length, batch_size,
embedding_dimension]
        output, hidden_state = self.rnn_layer(embedding)
        # output shape = [sequence_length, batch_size,
hidden_dimension]
        # hidden_state shape = [1, batch_size, hidden_
dimension]
        final_output = self.fc_layer(hidden_state[-
1,:,:].squeeze(0))
        return final_output
```

嵌入层功能由 nn.Embedding 模块提供，模块存储单词嵌入（以查找表的形式）并使用索引检索它们。在本练习中，我们将嵌入维度设置为 100。这意味着如果词汇表中共有 1 000 个单词，那么嵌入查找表的大小将是 1 000×100。

例如，单词 it 在词汇表中标记为数字 8，这一单词将作为大小为 100 的向量，存储在此查找表的第 8 行。你可以使用经过预训练的嵌入来初始化嵌入查找表，以获得更好的性能，但我们将在本练习中从头开始训练它。

2. 在以下代码中，我们将实例化 RNN 模型。

```
input_dimension = len(vocab_to_token)+1 # +1 to account
for padding
embedding_dimension = 100
hidden_dimension = 32
output_dimension = 1
rnn_model = RNN(input_dimension, embedding_dimension,
hidden_dimension, output_dimension)
optim = optim.Adam(rnn_model.parameters())
loss_func = nn.BCEWithLogitsLoss()
rnn_model = rnn_model.to(device)
loss_func = loss_func.to(device)
```

使用 nn.BCEWithLogitsLoss 模块计算损失。这个 PyTorch 模块提供了来自 **Sigmoid** 函数的数值稳定运算，以及一个二元交叉熵函数，这正是我们想要的用于二元分类问题的损失函数。32 的隐藏维度只是意味着每个 RNN 单元（隐藏）状态将是一个大小为 32 的向量。

3. 定义一个 accuracy metric，评估训练模型在验证集上的性能。我们将在本练习中使用简单的 0-1 准确度。

```
def accuracy_metric(predictions, ground_truth):
    """
    Returns 0-1 accuracy for the given set of predictions
and ground truth
    """
    # round predictions to either 0 or 1
    rounded_predictions = torch.round(torch.
sigmoid(predictions))
    success = (rounded_predictions == ground_truth).
float() #convert into float for division
    accuracy = success.sum() / len(success)
    return accuracy
```

4. 一旦完成了模型实例化和指标定义，我们就可以定义训练和验证例程。训练例程的代码如下：

```
def train(model, dataloader, optim, loss_func):
    loss = 0
    accuracy = 0
    model.train()
    for sequence, sentiment in dataloader:
        optim.zero_grad()
        preds = model(sequence.T).squeeze()
        loss_curr = loss_func(preds, sentiment)
        accuracy_curr = accuracy_metric(preds, sentiment)
        loss_curr.backward()
        optim.step()
        loss += loss_curr.item()
        accuracy += accuracy_curr.item()
    return loss/len(dataloader), accuracy/len(dataloader)
```

验证例程的代码如下：

```
def validate(model, dataloader, loss_func):
    loss = 0
    accuracy = 0
    model.eval()
    with torch.no_grad():
        for sequence, sentiment in dataloader:
            preds = model(sequence.T).squeeze()
            loss_curr = loss_func(preds, sentiment)
            accuracy_curr = accuracy_metric(preds, 
sentiment)
            loss += loss_curr.item()
            accuracy += accuracy_curr.item()
    return loss/len(dataloader), accuracy/len(dataloader)
```

5. 准备训练模型。

```
num_epochs = 10
best_validation_loss = float('inf')
for ep in range(num_epochs):
    time_start = time.time()
    training_loss, train_accuracy = train(rnn_model, 
train_dataloader, optim, loss_func)
```

```
    validation_loss, validation_accuracy = validate(rnn_
model, validation_dataloader, loss_func)
    time_end = time.time()
    time_delta = time_end - time_start
    if validation_loss < best_validation_loss:
        best_validation_loss = validation_loss
        torch.save(rnn_model.state_dict(), 'rnn_model.
pt')
    print(f'epoch number: {ep+1} | time elapsed: {time_
delta}s')
    print(f'training loss: {training_loss:.3f} | training
accuracy: {train_accuracy*100:.2f}%')
    print(f'\tvalidation loss: {validation_loss:.3f}
| validation accuracy: {validation_accuracy*100:.2f}%')
```

输出如图 4.16 所示。

```
epoch number: 1 | time elapsed: 136.13723397254944s
training loss: 0.627 | training accuracy: 66.23%
validation loss: 1.048 |  validation accuracy: 19.65%

epoch number: 2 | time elapsed: 150.36637210845947s
training loss: 0.533 | training accuracy: 73.80%
validation loss: 0.858 |  validation accuracy: 54.43%

epoch number: 3 | time elapsed: 186.54570603370667s
training loss: 0.438 | training accuracy: 80.39%
validation loss: 0.551 |  validation accuracy: 78.56%

                         ⋮

epoch number: 8 | time elapsed: 199.3309519290924s
training loss: 0.198 | training accuracy: 92.92%
validation loss: 0.971 |  validation accuracy: 66.19%

epoch number: 9 | time elapsed: 185.76586294174194s
training loss: 0.315 | training accuracy: 87.93%
validation loss: 0.950 |  validation accuracy: 62.34%

epoch number: 10 | time elapsed: 188.91670608520508s
training loss: 0.193 | training accuracy: 93.08%
validation loss: 1.042 |  validation accuracy: 62.71%
```

图 4.16 RNN 模型训练日志

这个模型通过过拟合在训练集上学习时的表现良好。该模型在时间维度上有 512 层，这就解释了为什么这个强大的模型可以很好地学习训练集。验证集的性能从低值开始上升波动。

6. 快速定义一个辅助函数，对训练后的模型进行实时推理。

```
def sentiment_inference(model, sentence):
    model.eval()
    # text transformations
    sentence = sentence.lower()
    sentence = ''.join([c for c in sentence if c not in
punctuation])
    tokenized = [vocab_to_token.get(token, 0) for token
in sentence.split()]
    tokenized = np.pad(tokenized, (512-len(tokenized),
0), 'constant')
    # model inference
    model_input = torch.LongTensor(tokenized).to(device)
    model_input = model_input.unsqueeze(1)
    pred = torch.sigmoid(model(model_input))
    return pred.item()
```

7. 作为本练习的最后一步，我们将在一些手动输入的评论文本上，测试该模型的性能。

```
print(sentiment_inference(rnn_model, "This film is
horrible"))
print(sentiment_inference(rnn_model, "Director tried too
hard but this film is bad"))
print(sentiment_inference(rnn_model, "Decent movie,
although could be shorter"))
print(sentiment_inference(rnn_model, "This film will be
houseful for weeks"))
print(sentiment_inference(rnn_model, "I loved the movie,
every part of it"))
```

输出如图 4.17 所示。

```
0.05216024070978165
0.17682921886444092
0.7510029077529907
0.9689022898674011
0.9829260110855103
```

图 4.17　RNN 推理输出

如图 4.17 所示，该模型确实采用了积极和消极的概念。此外，该模型能够处理可变长度的序列，即使这些序列都远少于 512 个单词。

在本练习中，我们训练了一个相当简单的 RNN 模型，但这个模型在架构和数据处理方面都具有局限性。在下一个练习中，我们将采用更先进的循环架构——双向 LSTM 模型——来处理相同的任务。我们将采用一些正则化方法来克服我们在本练习中观察到的过拟合问题。此外，我们还将使用 PyTorch 的 torchtext 模块来更高效、更简洁地处理数据加载和流水线。

## 4.4 构建双向 LSTM

到目前为止，我们已经在情感分析任务上训练并测试了一个简单的 RNN 模型，这是一个基于文本数据的二元分类任务。在本节中，我们将尝试使用更高级的循环架构——LSTM，提高我们在同一任务上的性能。

众所周知，LSTM 能够处理更长的序列，因为它们的记忆单元门有助于保留之前几个时间步的重要信息，并忘记不相关的信息，即使这些信息是最新信息。在梯度爆炸和问题消失后，LSTM 应该能够良好地处理长影评。

此外，我们还将采用双向模型，因为它可以在任何时间步中扩大上下文窗口，以便模型对电影评论的情绪做出更明智的判断。在上一个练习中，我们看到 RNN 模型在训练期间过拟合了数据集。为了解决这个问题，我们将在 LSTM 模型中使用 dropout 作为正则化机制。

### 4.4.1 加载和预处理文本数据集

在本练习中，我们将展示 PyTorch 中 torchtext 模块的强大功能。在之前的练习中，我们将几乎一半的练习用于加载和处理文本数据集。若使用 torchtext，我们能用不到 10 行代码完成相同的工作。

不同于手动下载数据集，我们将使用 torchtext.datasets 下预先存在的 IMDb 数据集来加载。此外，我们使用 torchtext.data 来标记单词，并生成词汇表。最后，我们不会手动填充序列，而是使用 nn.LSTM 模块直接填充。本练习的代码参见：https://github.com/PacktPublishing/Mastering-PyTorch/blob/master/Chapter04/lstm.ipynb。

1. 本练习需要导入一些依赖项。首先，执行与之前练习相同的 import 声明。不过，我们还需要导入以下内容：

```
import random
from torchtext import (data, datasets)
```

2. 使用 torchtext 模块中的 datasets 子模块，直接下载 IMDb 情感分析数据集。我们将评论文本和情感标签分成两个单独的字段，并将数据集拆分为训练集、验证集和测试集。

```
TEXT_FIELD = data.Field(tokenize = data.get_
tokenizer("basic_english"), include_lengths = True)
LABEL_FIELD = data.LabelField(dtype = torch.float)
train_dataset, test_dataset = datasets.IMDB.splits(TEXT_
FIELD, LABEL_FIELD)
train_dataset, valid_dataset = train_dataset.
split(random_state = random.seed(123))
```

3. 使用 torchtext.data.Field 和 torchtext.data.LabelField 中的 build_vocab 方法，分别为电影评论文本数据集和情感标签构建词汇表。

```
MAX_VOCABULARY_SIZE = 25000
TEXT_FIELD.build_vocab(train_dataset,
                 max_size = MAX_VOCABULARY_SIZE)
LABEL_FIELD.build_vocab(train_dataset)
```

正如我们所见，使用预定义函数构建词汇表只需要三行代码。

4. 在开始理解模型相关的细节之前，需要为训练集、验证集和测试集创建数据集迭代器。

既然已经加载处理了数据集，并导出了数据集迭代器，就要创建 LSTM 模型对象并训练 LSTM 模型。

### 4.4.2 实例化和训练 LSTM 模型

在本节中，我们首先将实例化 LSTM 模型对象，然后定义优化器、损失函数和模型训练性能指标。最后，我们将使用已经定义的模型训练和模型验证例程，运行模型训练循环。让我们开始吧！

1．必须使用 dropout 实例化双向 LSTM 模型。虽然大多数模型实例化看起来与上一个练习中的相同，但以下代码是其主要区别：

```
self.lstm_layer = nn.LSTM(embedding_dimension,
                          hidden_dimension,
                          num_layers=1,
                          bidirectional=True,
                          dropout=dropout)
```

2．我们将添加两种特殊类型的标记牌——unknown_token（用于词汇表中不存在的单词）和 padding_token（用于刚刚添加到填充序列的标记）——到词汇表里。因此，需要将这两个标记的嵌入全设置为零。

```
UNK_INDEX = TEXT_FIELD.vocab.stoi[TEXT_FIELD.unk_token]
lstm_model.embedding_layer.weight.data[UNK_INDEX] =
torch.zeros(EMBEDDING_DIMENSION)
lstm_model.embedding_layer.weight.data[PAD_INDEX] =
torch.zeros(EMBEDDING_DIMENSION)
```

3．定义优化器（Adam）和损失函数（Sigmoid 后跟二元交叉熵）；还需定义一个准确度度量计算函数，就像我们在前面的练习中所做的那样。

4．定义训练和验证例程。

5．运行 10 个迭代的训练循环。此处输出如下：

```
epoch number: 1 | time elapsed: 1212.3228149414062s
training loss: 0.686 | training accuracy: 54.57%
validation loss: 0.666 |  validation accuracy: 60.02%

epoch number: 2 | time elapsed: 1138.5317480564117s
training loss: 0.650 | training accuracy: 61.54%
validation loss: 0.607 |  validation accuracy: 68.02%

epoch number: 3 | time elapsed: 1141.8038160800934s
training loss: 0.579 | training accuracy: 69.60%
validation loss: 0.654 |  validation accuracy: 67.09%

⋮

epoch number: 8 | time elapsed: 1066.7158658504486s
training loss: 0.383 | training accuracy: 83.04%
validation loss: 0.653 |  validation accuracy: 74.60%

epoch number: 9 | time elapsed: 1046.7357511520386s
training loss: 0.389 | training accuracy: 83.21%
validation loss: 0.586 |  validation accuracy: 75.98%

epoch number: 10 | time elapsed: 1029.34814786911s
training loss: 0.351 | training accuracy: 84.87%
validation loss: 0.549 |  validation accuracy: 77.66%
```

图 4.18　LSTM 模型训练日志

正如我们所见，随着迭代的进行，该模型学习良好。此外，由于训练集和验证集的准确性都以类似的速度增加，Dropout 似乎可以控制过拟合。然而，与 RNN 相比，LSTM 的训练速度较慢。LSTM 的迭代时间是 RNN 的 9 到 10 倍，这与本练习使用双向网络有关。

6. 上一步中保存着性能最佳的模型。在这一步中，我们将加载性能最佳的模型，并在测试集上对其进行评估：

```
lstm_model.load_state_dict(torch.load('lstm_model.pt'))
test_loss, test_accuracy = validate(lstm_model, test_
data_iterator, loss_func)
print(f'test loss: {test_loss:.3f} | test accuracy:
{test_accuracy*100:.2f}%')
```

此处输出如图 4.19 所示。

```
test loss: 0.585 | test accuracy: 76.19%
```

图 4.19　LSTM 测试集精度

7. 定义一个情感推理函数，就像我们在前面的练习中所做的那样，并对训练好的模型手动输入一些电影评论。

```
print(sentiment_inference(rnn_model, "This film is
horrible"))
print(sentiment_inference(rnn_model, "Director tried too
hard but this film is bad"))
print(sentiment_inference(rnn_model, "Decent movie,
although could be shorter"))
print(sentiment_inference(rnn_model, "This film will be
houseful for weeks"))
print(sentiment_inference(rnn_model, "I loved the movie,
every part of it"))
```

此处输出如图 4.20 所示。

```
0.06318538635969162
0.015872443094849586
0.37745001912117004
0.8425034284591675
0.9304025769233704
```

图 4.20　LSTM 模型推理输出

显然，LSTM 模型在验证集的性能方面优于 RNN 模型。Dropout 有助于防止过拟合，且双向 LSTM 架构已经学习了电影评论文本句子中的序列模式。

前两个练习都是关于多对一类型的序列任务，其中输入是一个序列，输出是一个二进制标签。这两个练习，连同第 2 章“结合 CNN 和 LSTM”中的一对多练习，应该已经为你提供了足够的背景知识，你可以使用 PyTorch 来实践不同的循环架构。

下一节，我们将简要讨论 GRU 及其在 PyTorch 中的使用方法，介绍注意力的概念及其在循环架构中的使用方法。

## 4.5 讨论 GRU 和基于注意力的模型

在本节中，我们将简要介绍 GRU、GRU 与 LSTM 的相似之处和不同之处，以及如何使用 PyTorch 初始化 GRU 模型。我们还将研究基于注意力的 RNN，以及与循环神经模型系列相比，基于注意力（无循环或卷积）的模型在序列建模任务方面的优秀之处。

## 4.5.1 GRU 和 PyTorch

正如我们在“探索循环网络的演变”部分中所讨论的那样，GRU 是一种具有两个门的存储单元——一个重置门和一个更新门，还有一个隐藏状态向量。在配置方面，GRU 比 LSTM 更简单，但在处理梯度爆炸和消失问题方面，二者同样有效。研究者做了大量研究，比较 LSTM 和 GRU 的性能。虽然二者在各种与序列相关的任务上，都表现得比简单的 RNN 更加优秀，但在某些任务上，会有一个略好于另一个的现象，反之亦然。

GRU 训练得比 LSTM 更快，在语言建模等许多任务上也是如此。GRU 可以在训练较少数据的情况下，与 LSTM 表现相同。然而，从理论上讲，LSTM 应该比 GRU 更善于保留来自更长序列的信息。PyTorch 提供了 nn.GRU 模块，在一行代码中实例化 GRU 层。以下代码创建了一个具有两个双向 GRU 层的深度 GRU 网络，每层都存在 80%的循环丢失。

```
self.gru_layer = nn.GRU(input_size, hidden_size, num_layers=2,
dropout=0.8, bidirectional=True)
```

如上所示，开始使用 PyTorch GRU 模型只需要一行代码。我们鼓励读者将 GRU 层插入前面的练习中，而不使用 LSTM 层或 RNN 层，看看 GRU 层如何影响模型训练时间及模型性能。

## 4.5.2 基于注意力的模型

在解决与序列数据相关的问题方面，本章所讨论的模型具有开创性。然而，在 2017 年，一种新颖的仅基于注意力的方法被提出，随后这些循环网络便失去了光彩。注意力的概念源于人类，与我们如何在不同时间对序列的不同部分（如文本）给予不同程度的关注有关。

例如，如果我们要完成句子“Martha sings beautifully, I am hooked to——voice.”，我们会更加注意 Martha 一词，从而猜测缺少的单词可能是 her。另一方面，如果我们要完成句子“Martha sings beautiful, I am hooked to her___.”，那么我们会更关注单词 sings，从而猜测缺少的单词是 voice、songs、singing 等。

在我们所有的循环架构中，不存在一种聚焦于序列的特定部分预测当前时间步长的输出机制。相反，循环模型只能以压缩隐藏状态向量的形式，获得过去序列的总结。

2014—2015 年，首个注意力概念的网络——基于注意力的循环网络，进入人们的视野。这些模型在通常的循环层之上添加了一个额外的注意力层。该注意力层为序列中前面的每个单词学习注意力权重。

计算上下文向量，需要用到前面所有单词的隐藏状态向量的注意力加权平均值。除了在任何时间步长 $t$ 的常规隐藏状态向量外，该上下文向量还被馈送到输出层。图 4.21 所示为基于注意力的 RNN 的架构。

在这个架构中，在每个时间步计算一个全局上下文向量。然后，使用本地上下文向量设计这种架构的变体，这种变体不关注前面所有的单词，而只关注前面的 $k$ 个单词。在机器翻译等任务上，基于注意力的 RNN 表现优于最先进的循环模型。

几年后，也就是 2017 年，人们意识到，在处理序列数据方面，基于注意力的模型性能超越现有的各种循环模型。它不只是提高了任务的准确性，更重要的是，显著减少了模型训练（和推断）的时间。

循环网络需要及时展开，这使得它们是不可并行的。然而，我们将在下一章讨论一种新的 **Transformer** 模型。Transformer 模型没有循环（和卷积）层，因而既可并行，又可实现轻量化（在计算触发器方面）。

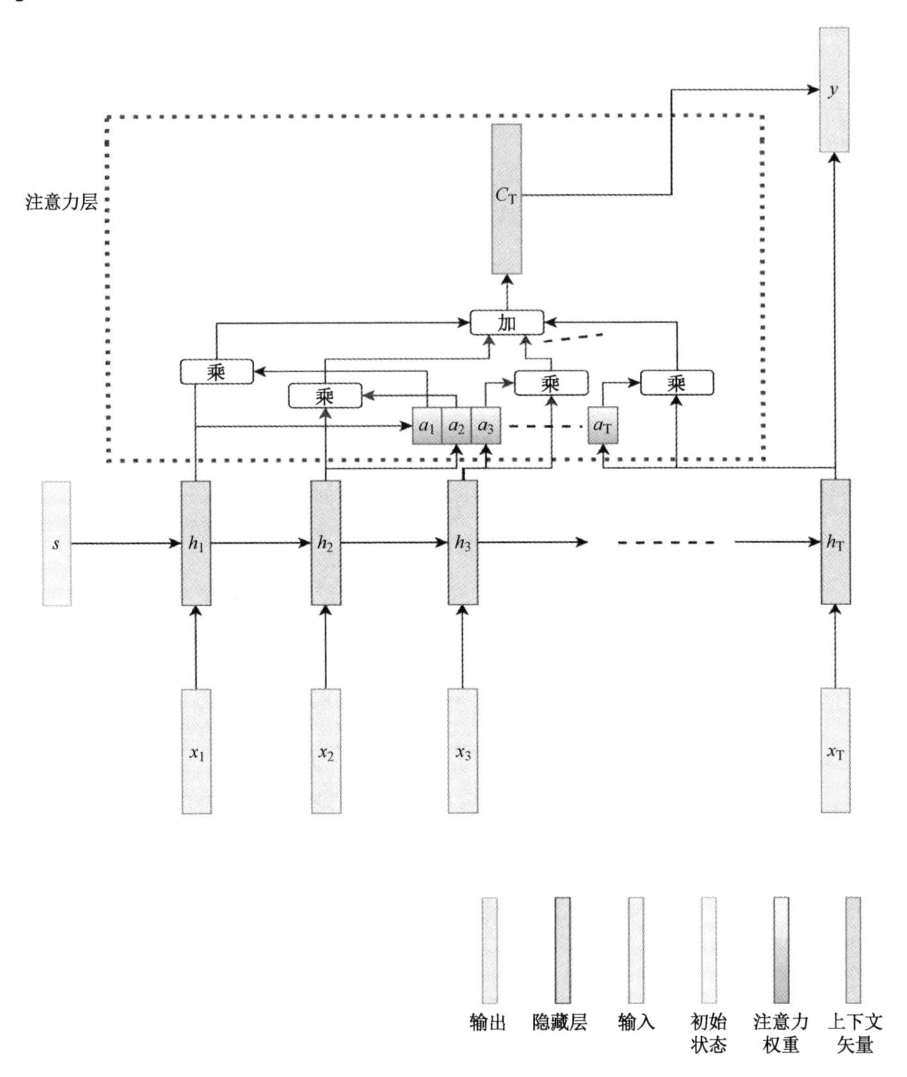


图 4.21　基于注意力的 RNN 的架构

## 4.6　总结

在本章中，我们广泛探索了循环神经架构。首先，我们了解了各种 RNN 类型，如一对多、多对多等；然后，我们深入研究了 RNN 架构的历史和演变。

从这里开始，我们从探究简单的 RNN、LSTM 和 GRU 转向探究双向、多维和堆叠模型。此外，我们还研究了每个架构的外观及它们的新颖之处。

接下来，我们对基于情感分析的多对一序列分类任务进行了两次动手练习。我们使用 PyTorch 训练了一个单向 RNN 模型，并在 IMDb 电影评论数据集上，训练了一个带有 Dropout 的双向 LSTM 模型。在第一个练习中，我们手动加载并处理数据。在第二个练习中，我们使用 PyTorch 的 torchtext 模块，演示了如何高效、简洁地加载数据集，并处理文本数据，包括生成词汇表。

在本章的最后一节，我们讨论了 GRU 及在 PyTorch 中使用 GRU 的方法，并将 GRU 与 LSTM 进行了比较；我们探索了循环模型中的注意力机制，并讨论了基于注意力的 RNN 模型架构；我们讨论了基于注意力的模型（也就是 Transformer），该模型没有循环层，并且在（训练）速度和准确性方面都优于循环模型。

在下一章中，我们将详细介绍 Transformer 和其他此类模型的架构。这类模型既不是纯循环的，也不是卷积的，但已经取得了先进的成果。

# 第 5 章

# 混合高级模型

在前面章节中，我们广泛了解了各种可用的卷积网络架构和循环网络架构，以及这些架构在 PyTorch 中的实现。本章，我们将学习其他的深度学习模型架构。本章要学习的模型架构，已在各种机器学习任务上得以证明是非常成功的，并且这些模型架构本质上既不是纯卷积的，也不是纯循环的。

首先，我们将探索 Transformer 模型架构。正如第 4 章“深度循环模型架构”结尾处所介绍的那样，Transformer 模型架构在各种序列任务上的表现都优于循环架构。然后，我们将从第 3 章“深度 CNN 架构”末尾的 **EfficientNet** 讨论中继续学习，并探索生成随机连线神经网络（也称为 **RandWireNN**）的想法。

本章旨在总结本书对不同类型神经网络架构的讨论。完成本章学习后，你将详细了解 Transformer 模型架构，以及如何使用 PyTorch 将这些强大的模型应用于序列任务。此外，通过构建你自己的 RandWireNN 模型，你将获得在 PyTorch 中执行神经架构搜索的实践经验。本章分为以下两部分内容：

- 构建用于语言建模的 Transformer 模型；
- 从头开始开发 RandWireNN 模型。

## 5.1 技术要求

我们将在所有练习中使用 Jupyter Notebook。以下是本章应使用 pip 安装的 Python 库列表。例如，在命令行中运行 pip install torch==1.4.0，然后运行以下命令：

```
jupyter==1.0.0
torch==1.4.0
tqdm==4.43.0
matplotlib==3.1.2
torchtext==0.5.0
torchvision==0.5.0
torchviz==0.0.1
networkx==2.4
```

与本章相关的所有代码文件请访问：https://github.com/PacktPublishing/Mastering-PyTorch/tree/master/Chapter05。

## 5.2 构建用于语言建模的 Transformer 模型

在本节中，我们将探索 Transformer 的定义，并使用 PyTorch 构建一个 Transformer，完成语言建模任务。我们还将通过 PyTorch 的预训练模型库（如 **BERT** 和 **GPT**）学习如何使用 Transformer 的一些后继模型。在我们开始构建 Transformer 模型之前，让我们快速回顾一下什么是语言建模。

### 5.2.1 回顾语言建模

**语言建模**的任务在于计算一个单词或一个序列单词出现的概率，序列中的单词应该遵循给定的单词序列。例如，如果给定的单词序列为“French is a beautiful______"，则下一个单词是 language 或 word 的概率是多少等。通过采用各种概率和统计技术对语言进行建模，依此来计算单词出现的概率。语言建模的想法在于观察文本语料库，并通过学习哪些单词一起出现或哪些单词从不一起出现来学习语法。这样，给定各种不同的序列后，语言模型围绕不同单词或序列的出现来建立概率规则。

循环模型一直是学习语言任务普遍采用的方式。然而，和许多与序列相关的任务一样，Transformer 模型在这个任务上的表现也优于循环模型。我们将通过在维基百科文本语料库上对 Transformer 模型进行训练，来实现一个基于 Transformer 的英语语言模型。

现在，让我们开始训练一个用于语言建模的 Transformer。在本练习中，我们仅演示代码中最重要的部分，完整代码请访问：https://github.com/PacktPublishing/Mastering-PyTorch/blob/master/Chapter05/transformer.ipynb。

我们将在练习中更深入地研究 Transformer 模型架构的各个组件。

本练习需要导入一些依赖项。其中一项重要的 import 声明如下：

```
from torch.nn import TransformerEncoder,
TransformerEncoderLayer
```

除了导入常规的 torch 依赖项外，我们还必须针对 Transformer 模型导入一些特定的模块。这些模块由 torch 库直接提供。我们还将导入 torchtext，以便直接从 torchtext.datasets 的可用数据集中下载文本数据集。

在下一节中，我们将定义 Transformer 模型架构，并查看模型组件的详细信息。

### 5.2.2 理解 Transforms 模型架构

这可能是本练习中最重要的一步，定义了 Transformer 模型架构。

首先，让我们来简要讨论模型架构，然后查看用于定义模型的 PyTorch 代码。Transformer 模型架构如图 5.1 所示。

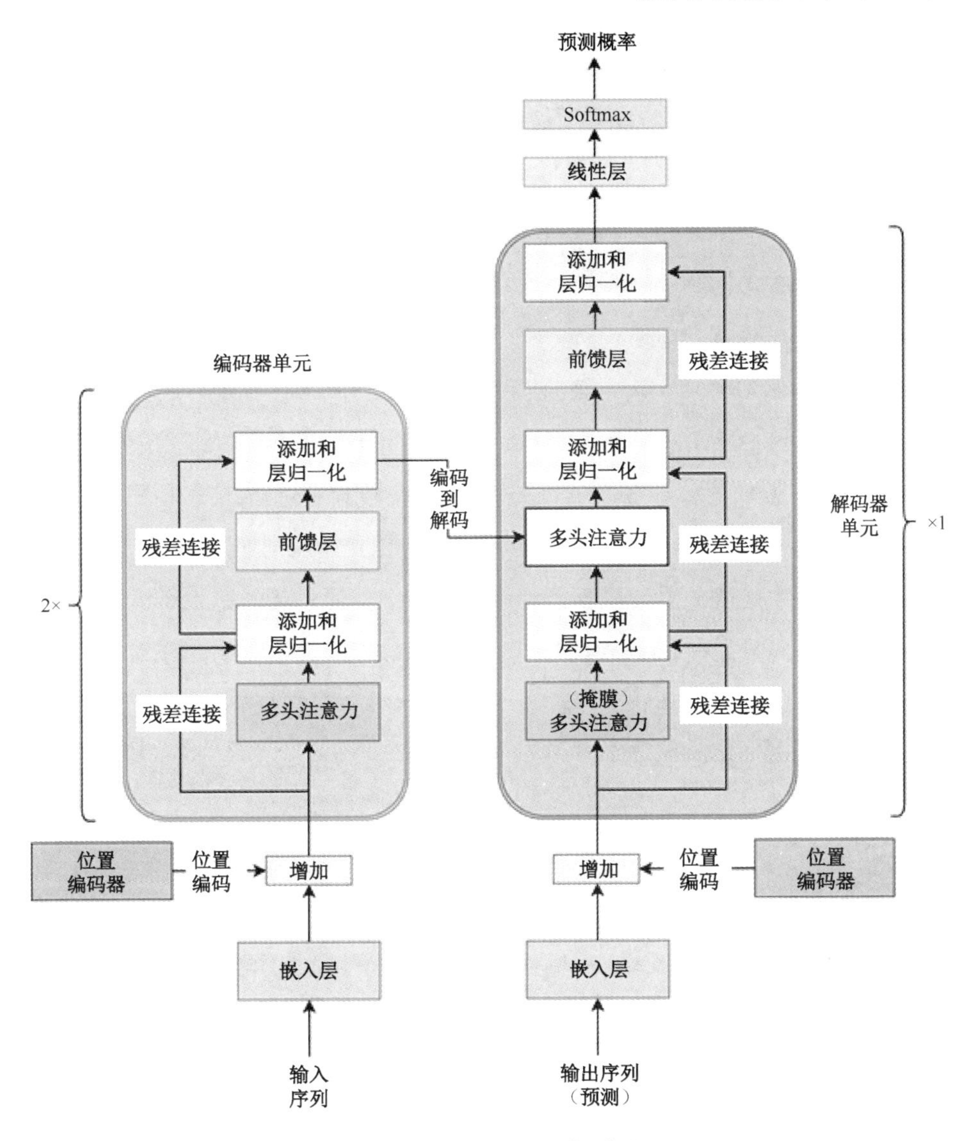


图 5.1 Transformer 模型架构

首先要注意的是，Transfomer 本质上是一个基于编码器—解码器的架构，左边是**编码器单元**（紫色），右边是**解码器单元**（橙色），编码器和解码器单元可以多次平铺，以实现更深层次的架构。在我们的示例中，有两个级联编码器单元和一个解码器单元。这种编码器—解码器设置，本质上意味着编码器将序列作为输入，并生成与输入序列中单词数量一样多的嵌入（即每个单词为一个嵌入），然后将这些嵌入与模型所做的所有预测一起馈送到解码器。

让我们浏览一下这个模型中的各个层。

- **嵌入层**：该层仅用于执行将序列的每个输入单词转换为数字向量的传统任务，也就是一个嵌入。与往常一样，我们使用 torch.nn.Embedding 模块对这一层进行编码。

- **位置编码器**：请注意，尽管 Transformer 在其架构中没有任何循环层，但在顺序任务上的性能依旧优于循环网络。Transformer 是怎么做到的？Transformer 模型使用一种名为位置编码的巧妙技巧，得到数据的顺序。通常情况下，Transformer 添加遵循特定顺序模式的向量到输入词嵌入中。

该方式下生成的向量使模型能够理解第一个单词之后的第二个单词，并依此类推。这些向量是使用 sinusoidal 和 cosinusoidal 函数生成的，分别表示后续单词之间的系统周期性和距离。练习中，本层的实现代码如下：

```
class PosEnc(nn.Module):
    def __init__(self, d_m, dropout=0.2, size_
limit=5000):
        # d_m is same as the dimension of the embeddings
        pos = torch.arange(0, size_limit, dtype=torch.
float).unsqueeze(1)
        divider = torch.exp(torch.arange(0, d_m,
2).float() * (-math.log(10000.0) / d_m))
        # divider is the list of radians, multiplied by
position indices of words, and fed to the sinusoidal and
cosinusoidal function.
        p_enc[:, 0::2] = torch.sin(pos * divider)
        p_enc[:, 1::2] = torch.cos(pos * divider)
    def forward(self, x):
        return self.dropout(x + self.p_enc[:x.size(0),
:])
```

如你所见，我们交替使用 sinusoidal 和 cosinusoidal 函数来产生序列模式。不过，还有很多方法可以实现位置编码。如果没有位置编码层，则模型将无法确定单词的顺序。

（a）**多头注意力**在研究多头注意力层之前，我们先来了解一下什么是**自注意力层**。在第 4 章“深度循环模型架构”中，我们介绍了循环网络注意力的概念。此处，注意力机制，顾名思义，被应用于自注意力层，也就是序列中的每个单词。序列中的每个单词嵌入都经过自注意力层，并产生与单词嵌入长度完全相同的单独输出。图 5.2 详细描述了这个过程。

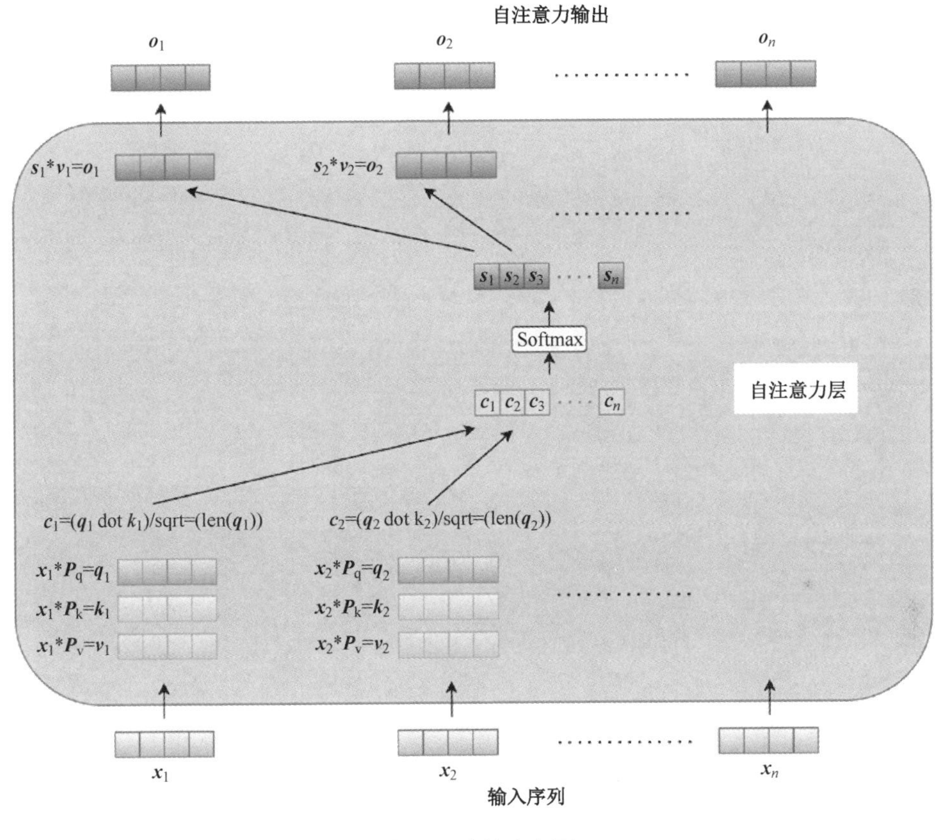


图 5.2　自注意力层

正如我们所见，每个单词通过三个可学习的参数矩阵（$\boldsymbol{P}_q$，$\boldsymbol{P}_k$ 和 $\boldsymbol{P}_v$）生成三个向量。这三个向量分别为查询、关键和数值向量。点乘查询向量和关键向量，生成每个单词对应的数字。这些数字通过除以每个单词关键向量长度的平方根来进行归一化。然后，同时回归所有单词的结果数字，产生的概率最终乘以每个单词的相应值向量。这导致序列中的每个单词都有一个输出向量，输出向量和输入单词嵌入的长度相同。

多头注意力层是自注意力层的扩展，其中多个自注意力模块计算每个单词的输出。连接这些单独的输出，并乘以另一个参数矩阵（$\boldsymbol{P}_m$），以生成最终的输出向量，其长度等于输入嵌入向量的长度。图 5.3 表示多头注意力层，以及将在本练习中使用的两个自注意力单元。

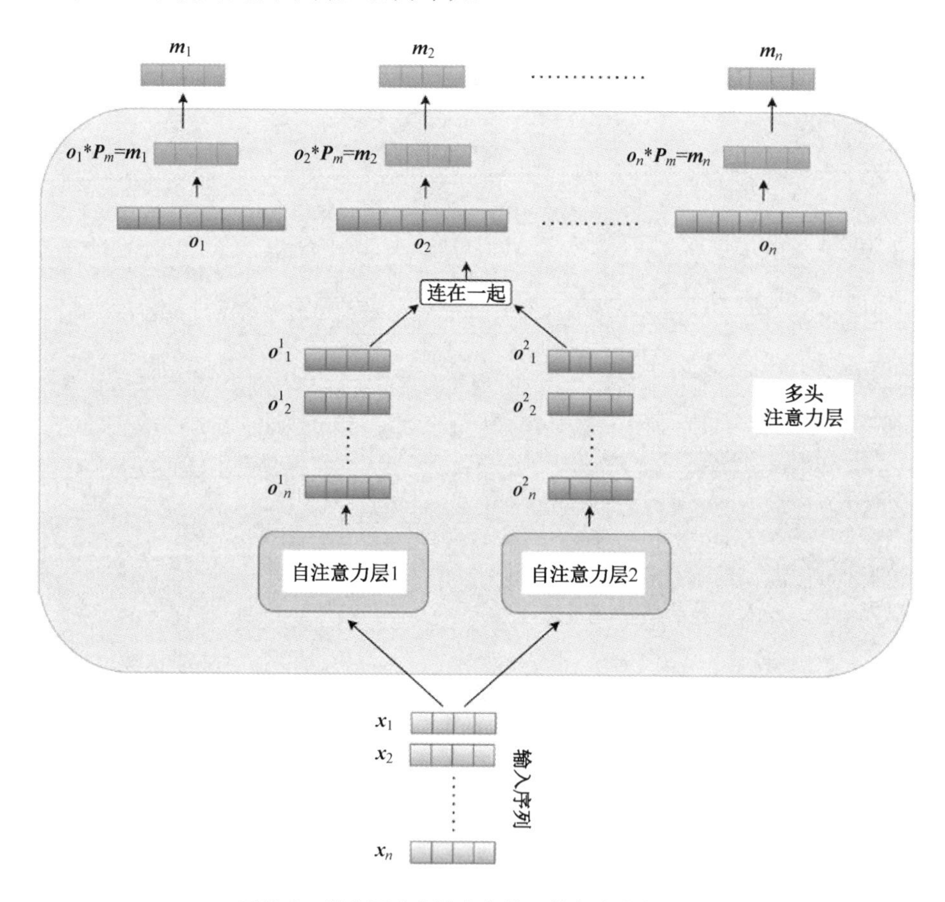


图 5.3　带有两个自注意力单元的多头注意力层

拥有多个自注意力头有助于不同的头专注于序列单词的不同方面，类似于不同的特征图在卷积神经网络中学习不同的模式。因此，多头注意力层比单个自注意力层表现更好，我们也将在练习中使用多头注意力层。

另外，请注意，解码器单元中的掩码多头注意力层与多头注意力层的工作方式完全相同，除了添加掩码；也就是说，给定处理序列的时间步长 $t$，从 $t$+1 到 $n$（序列长度）的所有单词都被掩码/隐藏。

在训练期间，解码器提供两种类型的输入。一方面，它从最终编码器接收查询向量和关键向量作为（未屏蔽的）多头注意力层的输入，查询向量和关键向量是最终编码器输出的矩阵变换。另一方面，解码器从先前的时间步长接收自己的预测，作为对掩码多头注意力层的连续输入。

（b）添加和层归一化

我们在第 3 章“深度 CNN 架构”中讨论了残差连接的概念，同时讨论了 ResNet。在图 5.1 中，我们可以看到，在添加层和层归一化层之间存在残差连接。在每个实例中，输入词嵌入向量被直接添加到多头注意力层的输出向量，建立残差连接。这有助于整个网络中的梯度流变得更加简单，避免梯度爆炸和消失的问题，还有助于有效地学习跨层身份函数。

此外，层归一化使用了归一化技巧。这一步中，我们独立地对每个特征进行归一化，以便所有的特征都具有统一的均值和标准差。请注意，这些添加和归一化分别应用于网络每个阶段序列中的每个词向量。

（c）前馈层

在编码器和解码器单元中，序列中所有单词的归一化残差输出向量通过一个公共前馈层进行传递。由于单词之间存在一组通用参数，因此该层有助于在整个序列中学习更广泛的模式。

（d）线性层和 Softmax 层

目前为止，每一层都在输出一个向量序列，每个向量序列对应每个单词。处理语言建模任务时，我们需要一个单一的最终输出。线性层将向量序列转换为单个向量，向量大小等于单词词汇表的长度。**Softmax** 层将此输出转换为概率总和为 1 的向量。这些概率是各个单词（在词汇表中）作为序列中下一个单词出现的概率。

我们已经详细说明了 Transformer 模型的各种元素，接下来，看一看用于实例化模型的 PyTorch 代码。

1. 在 PyTorch 中定义 Transformer 模型

使用上一节中所描述的架构细节，编写必要的 PyTorch 代码，定义 Transformer 模型，如下所示：

```
class Transformer(nn.Module):
    def __init__(self, num_token, num_inputs, num_heads, num_
hidden, num_layers, dropout=0.3):
        self.position_enc = PosEnc(num_inputs, dropout)
        layers_enc = TransformerEncoderLayer(num_inputs, num_
heads, num_hidden, dropout)
        self.enc_transformer = TransformerEncoder(layers_enc,
num_layers)
        self.enc = nn.Embedding(num_token, num_inputs)
        self.num_inputs = num_inputs
        self.dec = nn.Linear(num_inputs, num_token)
```

可以看到，在此类_init_方法中，得益于 PyTorch 的 TransformerEncode 和 TransformerEncoderLayer 函数，我们不需要自己实现这些。处理语言建模任务时，只需要输入单词序列的单个输出。因此，解码器只是一个线性层，它将来自于编码器的向量序列转换为单个输出向量。位置编码器使用我们之前讨论的定义进行初始化。

forward 方法根据位置编码输入，先后通过编码器和解码器传递输入：

```
    def forward(self, source):
        source = self.enc(source) * math.sqrt(self.num_inputs)
        source = self.position_enc(source)
        op = self.enc_transformer(source, self.mask_source)
        op = self.dec(op)
        return op
```

现在我们已经定义了 Transformer 模型架构，接下来，我们加载文本语料库，对其进行训练。

2. 加载和处理数据集

在本节中，我们将讨论与加载和处理用于任务的文本数据集。

a）在本练习中，我们将使用来自维基百科的文本，所有这些文本都可以作为 WikiText-2 数据集使用。

> **数据集引用**
>
> https://blog.einstein.ai/the-wikitext-long-term-dependency-language-modeling-dataset/

我们将使用 torchtext 函数下载数据集（在 torchtext 数据集中可用），标记词汇，并将数据集拆分为训练集、验证集和测试集。

```
TEXT = torchtext.data.Field(tokenize=get_
tokenizer("basic_english"), lower=True, eos_
token='<eos>', init_token='<sos>')
training_text, validation_text, testing_text = torchtext.
datasets.WikiText2.splits(TEXT)
TEXT.build_vocab(training_text)
device = torch.device("cuda" if torch.cuda.is_available()
else "cpu")
```

b）我们还将定义用于训练和评估的批量大小，并声明批量生成函数，如下所示：

```
def gen_batches(text_dataset, batch_size):
    text_dataset = TEXT.numericalize([text_dataset.
examples[0].text])
    # distribute dataset across batches evenly
    text_dataset = text_dataset.view(batch_size, -1).t().
contiguous()
    return text_dataset.to(device)
```

```
training_batch_size = 32
training_data = gen_batches(training_text, training_
batch_size)
```

c）接下来，我们必须定义最大序列长度，并编写一个函数，为每个批次相应地生成输入序列和输出目标。

```
max_seq_len = 64
def return_batch(src, k):
    sequence_length = min(max_seq_len, len(src) - 1 - k)
    sequence_data = src[k:k+sequence_length]
    sequence_label = src[k+1:k+1+sequence_length].view(-
1)
    return sequence_data, sequence_label
```

定义模型并准备好训练数据后，我们将训练 Transformer 模型。

3．训练 Transformer 模型

在本节中，我们将为模型训练定义必要的超参数，定义模型训练和评估例程，最后执行训练循环。让我们开始吧！

a）在这一步中，定义所有模型超参数，并实例化 Transformer 模型。以下代码一目了然：

```
num_tokens = len(TEXT.vocab.stoi) # vocabulary size
embedding_size = 256 # dimension of embedding layer
num_hidden_params = 256 # transformer encoder's hidden
(feed forward) layer dimension
num_layers = 2 # num of transformer encoder layers within
transformer encoder
num_heads = 2 # num of heads in (multi head) attention
models
dropout = 0.25 # value (fraction) of dropout
loss_func = nn.CrossEntropyLoss()
lrate = 4.0 # learning rate
transformer_model = Transformer(num_tokens, embedding_
size, num_heads, num_hidden_params, num_layers, dropout).
to(device)
```

b）在开始模型训练和评估循环前，需要定义训练和评估例程。

```
def train_model():
    num_tokens = len(TEXT.vocab.stoi)
    for b, i in enumerate(range(0, training_data.size(0)
- 1, max_seq_len)):
        train_data_batch, train_label_batch = return_
batch(training_data, i)
        optim_module.zero_grad()
        op = transformer_model(train_data_batch)
        loss_curr = loss_func(op.view(-1, num_tokens),
train_label_batch)
        loss_curr.backward()
torch.nn.utils.clip_grad_norm_(transformer_model.
parameters(), 0.6)
        optim_module.step()
        loss_total += loss_curr.item()
def eval_model(eval_model_obj, eval_data_source):
...
```

c）最后，我们必须运行模型训练循环。出于演示目的，我们将模型训练分为 5 个迭代，但我们鼓励读者能运行更长时间，以获得更好的性能。

```
min_validation_loss = float("inf")
eps = 5
best_model_so_far = None
for ep in range(1, eps + 1):
    ep_time_start = time.time()
    train_model()
    validation_loss = eval_model(transformer_model,
validation_data)
    if validation_loss < min_validation_loss:
        min_validation_loss = validation_loss
        best_model_so_far = transformer_model
```

此处输出如图 5.4 所示。

```
epoch 1, 100/1018 batches, training loss 8.50, training perplexity 4901.66
epoch 1, 200/1018 batches, training loss 7.16, training perplexity 1286.24
epoch 1, 300/1018 batches, training loss 6.76, training perplexity 865.43
epoch 1, 400/1018 batches, training loss 6.55, training perplexity 702.21
epoch 1, 500/1018 batches, training loss 6.45, training perplexity 631.90
epoch 1, 600/1018 batches, training loss 6.31, training perplexity 548.01
epoch 1, 700/1018 batches, training loss 6.25, training perplexity 516.28
epoch 1, 800/1018 batches, training loss 6.11, training perplexity 450.42
epoch 1, 900/1018 batches, training loss 6.09, training perplexity 441.72
epoch 1, 1000/1018 batches, training loss 6.08, training perplexity 436.78

epoch 1, validation loss 5.82, validation perplexity 336.19

epoch 2, 100/1018 batches, training loss 5.98, training perplexity 394.64
epoch 2, 200/1018 batches, training loss 5.90, training perplexity 364.08

epoch 5, 700/1018 batches, training loss 5.22, training perplexity 185.69
epoch 5, 800/1018 batches, training loss 5.07, training perplexity 158.79
epoch 5, 900/1018 batches, training loss 5.13, training perplexity 169.36
epoch 5, 1000/1018 batches, training loss 5.19, training perplexity 179.63

epoch 5, validation loss 5.23, validation perplexity 186.53
```

图 5.4 Transformer 训练日志

除了交叉熵损失，训练日志描述了复杂度。**复杂度**是自然语言处理中常用的指标，用于指示**概率分布**（在我们的例子中为语言模型）对样本拟合或预测程度。复杂度越低，模型预测样本的能力就越高。在数学角度上，复杂度只表明交叉熵损失的指数。

直观地说，复杂度这一指标用于表明模型在进行预测时的复杂程度。

d）模型训练完毕后，评估模型在测试集上的性能，总结本练习：

```
testing_loss = eval_model(best_model_so_far, testing_data)
print(f"testing loss {testing_loss:.2f}, testing perplexity {math.exp(testing_loss):.2f}")
```

此处输出如图 5.5 所示。

```
testing loss 5.14, testing perplexity 171.47
```

图 5.5 Transformer 评估结果

在本练习中，我们使用 PyTorch 构建了一个用于语言建模任务的 Transformer 模型。我们详细探讨了 Transformer 架构，以及 Transformer 在 PyTorch 中的实现方式。我们使用 WikiText-2 数据集和 torchtext 函数来加载并处理数据集。然后我们分 5 个迭代训练 Transformer 模型，并在单独的测试集上对其进行评估。这将为我们提供开始使用 Transformer 需要的所有信息。

除了 2017 年设计的原始 Transformer 模型外，多年来，研究者们还开发了许多后继模型，尤其在语言建模领域，例如：

- **来自 Transformer 的双向编码器表示（Bidirectional Encoder Representations From Transformers，BERT），2018；**
- **生成式预训练 Transformer（Generative Pretrained Transformer，GPT），2018 年；**
- **GPT-2, 2019；**
- **有条件的 Transformer 语言模型（Conditional Transformer Language Model，CTRL），2019；**
- **Transformer-XL, 2019；**
- **蒸馏 BERT（DistilBERT），2019；**
- **稳健优化的 BERT 预训练方法（Robustly optimized BERT pretraining Approach，RoBERTa），2019；**
- **2020 年 GPT-3。**

虽然我们不会在本章中详细介绍这些模型，但得益于 HuggingFace（https://github.com/huggingface/transformer）开发的 Transformer 库，你可以在 PyTorch 中开始使用这些模型。它为语言建模、文本分类、翻译、问答等各种任务提供预训练的 Transformer 类模型。

除了模型本身，它还为各个模型提供标记器。例如，如果我们想使用预训练的 BERT 模型进行语言建模，则需要在安装了 Transformer 库后，编写以下代码：

```
import torch
from transformers import BertForMaskedLM, BertTokenizer
bert_model = BertForMaskedLM.from_pretrained('bert-base-uncased')
token_gen = BertTokenizer.from_pretrained('bert-base-uncased')
ip_sequence = token_gen("I love PyTorch !", return_tensors="pt")["input_ids"]
op = bert_model(ip_sequence, labels=ip_sequence)
total_loss, raw_preds = op[:2]
```

正如我们所见，构建基于 BERT 的语言模型只需几行代码，这展示了 PyTorch 生态系统的力量。我们鼓励读者使用 Transformer 库探索更复杂的变体，例如 Distilled BERT 或 RoBERTa。更多详细信息，请参阅前面提到的 GitHub 页面。

对 Transformer 的探索到此结束。我们通过从头开始构建一个模型，并重新使用预先训练模型，实现 Transformer 的构建。自然语言处理领域中 Transformer 的发明，与计算机视觉领域中的 ImageNet 同时发生，因此这将成为一个活跃的研究领域。PyTorch 将在这些类型模型的研究和部署中发挥关键作用。

在本章的下一部分和最后一部分，我们将继续讨论第 3 章“深度 CNN 架构”末尾提及的神经架构搜索，在这一部分，我们简要讨论了生成最佳网络架构的思路。我们不会决定即将讨论的任一类型模型架构的外观，而是运行一个网络生成器，为给定的任务找到最佳架构。由此产生的网络称为**随机连线神经网络（Randomly Wired Neural Network，RandWireNN）**，我们将使用 PyTorch 从头开发这一网络。

## 5.3 从头开始开发 RandWireNN 模型

我们在第 3 章“深度 CNN 架构”中讨论了 EfficientNet，探索了寻找最佳模型架构的想法，而不是手动指定架构。

顾名思义，RandWireNN 或随机连线神经网络也建立在类似概念的基础上。在本节中，我们将使用 PyTorch 研究并构建我们自己的 RandWireNN 模型。

### 5.3.1 理解 RandWireNN

首先，使用随机图生成算法，以生成具有预定义节点数的随机图。通过对其施加一些定义，将随机图转换为神经网络，例如：

- **有向**：图被限制为有向图，边的方向被认为是等效神经网络中数据流的方向。
- **聚合**：一个节点（或神经元）的多个传入边通过加权和进行聚合，其中权重是可学习的。
- **转换**：在该图的每个节点内，应用了一个标准操作：ReLU 后接 3×3 可分离卷积（即常规 3×3 卷积后接 1×1 逐点卷积），然后进行批量归一化。此操作被称为 **ReLU-Conv-BN 三元组**。
- **分布**：最后，每个神经元的多个输出边携带上述三元组操作的副本。

拼图的最后一个部分是向该图中添加单个输入节点（源）和单个输出节点（汇），目的是将随机图完全转换为神经网络。若随机图成为神经网络，就可以针对各种机器学习任务进行训练。

由于在 **ReLU-Conv-BN 三元组单元**中存在可重复性，通道/特征的输出数量与通道/特征的输入数量相同。但是，根据手头的任务类型，你可以使用越来越多的下游通道（并减小数据/图像的空间大小）来暂存其中的几个图。最后，可以以顺序的方式，将一个图的接收器连接到另一个图的源上，相互连接这些分段图。

接下来，我们将以练习的形式，使用 PyTorch 从头开始构建 RandWireNN 模型。

## 5.3.2 使用 PyTorch 开发 RandWireNN

我们现在要为图像分类任务开发一个 RandWireNN 模型，在 CIFAR-10 数据集上执行。我们将从一个空的模型开始，生成一个随机图，然后将其转换为神经网络，在给定数据集上针对给定任务训练随机图，评估训练后的模型，最后探索生成的结果模型。出于演示目的，本练习只展示代码的重要部分。完整代码请访问：https://github.com/PacktPublishing/Mastering-PyTorch/blob/master/Chapter05/rand_wire_nn.ipynb。

### 5.3.2.1 定义训练例程并加载数据

在本练习的第一小节中，我们将定义由模型训练循环调用的训练函数，并定义数据集加载器，数据集加载器将为我们提供用于训练的批量数据。让我们开始吧！

1．首先，导入一些库。本练习中将使用的一些新库如下：

```
from torchviz import make_dot
import networkx as nx
```

2．然后，定义训练例程。训练例程会吸收一个训练模型，该模型可以产生给定 RGB 输入图像的预测概率。

```
def train(model, train_dataloader, optim, loss_func,
epoch_num, lrate):
    for training_data, training_label in train_
dataloader:
        pred_raw = model(training_data)
        curr_loss = loss_func(pred_raw, training_label)
        training_loss += curr_loss.data
    return training_loss / data_size, training_accuracy /
data_size
```

3．接下来，定义数据集加载器。我们将使用 CIFAR-10 数据集执行此图像分类任务。CIFAR-10 数据集非常有名，包含 60 000 张 32×32 RGB 图像，这些图像被标记为 10 个不同的类别，每个类别包含 6 000 张图像。我们将使用 torchvision.datasets 模块，直接从 Torch 数据集存储库中加载数据。

> **数据引用**
>
> Learning Multiple Layers of Features from Tiny Images, Alex Krizhevsky, 2009.

代码如下：

```
def load_dataset(batch_size):
    train_dataloader = torch.utils.data.DataLoader(
        datasets.CIFAR10('dataset', transform=transform_
train_dataset, train=True, download=True),
        batch_size=batch_size,  shuffle=True)
    return train_dataloader, test_dataloader
train_dataloader, test_dataloader = load_dataset(batch_
size)
```

此处输出如图 5.6 所示。

```
Downloading https://www.cs.toronto.edu/~kriz/cifar-10-python.tar.gz to dataset/cifar-10-python.tar.gz
170500096/? [03:10<00:00, 889623.81it/s]
Extracting dataset/cifar-10-python.tar.gz to dataset
```

图 5.6　RandWireNN 数据加载

继续设计神经网络模型，需要设计随机连线图。

#### 5.3.2.2　定义随机连线图

在本节中，我们将定义一个图生成器，生成一个随机图。稍后，这一随机图将被用作神经网络。

如以下代码所示，我们必须定义随机图生成器类。

```
class RndGraph(object):
    def __init__(self, num_nodes, graph_probability, nearest_
neighbour_k=4, num_edges_attach=5):
    def make_graph_obj(self):
        graph_obj = nx.random_graphs.connected_watts_strogatz_
graph(self.num_nodes, self.nearest_neighbour_k,
self.graph_probability)
        return graph_obj
```

在本练习中，我们将使用一种著名的随机图模型——**Watts Strogatz（WS）**模型。WS 模型是在关于 RandWireNNs 的原始研究论文中进行实验的三个模型之一。在这个模型中，有两个参数：

- 每个节点的邻域数（应为偶数），*K*；
- 重新布线的概率，*P*。

首先，以环方式组织图中的所有 *N* 个节点，每个节点连接到其左侧的 *K*/2 个节点和其右侧的 *K*/2 个节点处。然后，我们顺时针遍历每个节点 *K*/2 次。在第 *m* 次遍历（$0<m<K/2$）时，当前节点与其右侧的第 *m* 个邻节点之间的边以概率 *P* 重新连接。

在这一步骤中，重新布线意味着边被当前节点和另一个与自身不同的节点（第 *m* 个邻节点）之间的另一条边替换。在前面的代码中，随机图生成器类的 make_graph_obj 方法使用 networkx 库实例化了 WS 模型。

在前面的代码中，我们的随机图生成器类的 make_graph_obj 方法使用 networkx 库实例化了 WS 图模型。

此外，我们添加一个 get_graph_config 方法，返回图中节点和边的列表。当我们将抽象图转换为神经网络时，这个方法迟早会派上用场。出于可重复性和效率的原因，我们还将定义一些保存图和加载图的方法，缓存生成图。

```
    def get_graph_config(self, graph_obj):
        return node_list, incoming_edges
    def save_graph(self, graph_obj, path_to_write):
        nx.write_yaml(graph_obj, "./cached_graph_obj/" + path_
to_write)
```

```
    def load_graph(self, path_to_read):
        return nx.read_yaml("./cached_graph_obj/" + path_to_
read)
```

接下来，我们将创建实际的神经网络模型。

#### 5.3.2.3 定义 RandWireNN 模型模块

既然我们已经有了随机图生成器，那么就需要将其转换为神经网络。但在此之前，我们需要设计一些神经模块来促进这种转换。

1. 从神经网络的底层开始，首先，定义一个可分离的 2D 卷积层，如下：

```
class SepConv2d(nn.Module):
    def __init__(self, input_ch, output_ch, kernel_
length=3, dilation_size=1, padding_size=1, stride_
length=1, bias_flag=True):
        super(SepConv2d, self).__init__()
        self.conv_layer = nn.Conv2d(input_ch, input_ch,
kernel_length, stride_length, padding_size, dilation_
size, bias=bias_flag, groups=input_ch)
        self.pointwise_layer = nn.Conv2d(input_
ch, output_ch, kernel_size=1, stride=1, padding=0,
dilation=1, groups=1, bias=bias_flag)
    def forward(self, x):
        return self.pointwise_layer(self.conv_layer(x))
```

可分离的卷积层是一个级联的常规 3×3 2D 卷积层，后跟一个逐点 1×1 2D 卷积层。

定义了可分离的 2D 卷积层后，现在可以定义 ReLU-Conv-BN 三元组单元。

```
class UnitLayer(nn.Module):
    def __init__(self, input_ch, output_ch, stride_
length=1):
        self.unit_layer = nn.Sequential(
            nn.ReLU(),
            SepConv2d(input_ch, output_ch, stride_
length=stride_length),nn.BatchNorm2d(output_ch),nn.
Dropout(self.dropout)
        )
```

```
    def forward(self, x):
        return self.unit_layer(x)
```

正如我们之前所说的，三元组单元是一个 ReLU 层的级联，后接一个可分离的 2D 卷积层，再后是一个批量归一化层。我们还必须添加一个用于正则化的 dropout 层。

有了三元组单元，我们现在可以在图中定义一个节点，其中包含我们所需要的 aggregation、transformation 和 distribution 函数，如本练习开头所讨论的那样。

```
class GraphNode(nn.Module):
    def __init__(self, input_degree, input_ch, output_ch,
stride_length=1):
        self.unit_layer = UnitLayer(input_ch, output_ch,
stride_length=stride_length)
    def forward(self, *ip):
        if len(self.input_degree) > 1:
            op = (ip[0] * torch.sigmoid(self.params[0]))
            for idx in range(1, len(ip)):
                op += (ip[idx] * torch.sigmoid(self.
params[idx]))
            return self.unit_layer(op)
        else:
            return self.unit_layer(ip[0])
```

在 forward 方法中，我们可以看到，如果节点的传入边数大于 1，则计算加权平均值，并且这些权重是该节点的可学习参数。三元组单元应用于加权平均，并返回转换后的（ReLU-Conv-BN-ed）输出。

2．我们现在可以整合所有的图和图节点定义，以定义一个随机连接图类，如下所示：

```
class RandWireGraph(nn.Module):
    def __init__(self, num_nodes, graph_prob, input_ch,
output_ch, train_mode, graph_name):
        # get graph nodes and in edges
```

```
        rnd_graph_node = RndGraph(self.num_nodes, self.
graph_prob)
        if self.train_mode is True:
            rnd_graph = rnd_graph_node.make_graph_obj()
            self.node_list, self.incoming_edge_list =
rnd_graph_node.get_graph_config(rnd_graph)
        else:
        # define source Node
        self.list_of_modules =
nn.ModuleList([GraphNode(self.incoming_edge_list[0],
self.input_ch, self.output_ch,
stride_length=2)])
        # define the sink Node
self.list_of_modules.extend([GraphNode(self.incoming_
edge_list[n], self.output_ch, self.output_ch)
                                        for n in self.node_
list if n > 0])
```

在这一类的_init_方法中，首先生成的是一个抽象的随机图，导出节点和边列表。使用 GraphNode 类，将这个抽象随机图的每个抽象节点封装为所需神经网络的一个神经元。最后，在网络中加入源节点或输入节点和汇聚节点或输出节点，使神经网络为图像分类任务做好准备。

forward 方法也是非常规的，如下所示：

```
    def forward(self, x):
        # source vertex
        op = self.list_of_modules[0].forward(x)
        mem_dict[0] = op
        # the rest of the vertices
        for n in range(1, len(self.node_list) - 1):
            if len(self.incoming_edge_list[n]) > 1:
                op = self.list_of_modules[n].
forward(*[mem_dict[incoming_vtx]

for incoming_vtx in self.incoming_edge_list[n]])
            mem_dict[n] = op
        for incoming_vtx in range(1, len(self.incoming_
edge_list[self.num_nodes + 1])):
```

```
            op += mem_dict[self.incoming_edge_list[self.
num_nodes + 1][incoming_vtx]]
        return op / len(self.incoming_edge_list[self.num_
nodes + 1])
```

首先，为源神经元运行前向传递，然后基于图的 list_of_nodes 为后续神经元运行一系列前向传递。使用 list_of_modules 执行各个前向传递。最后，通过接收器神经元的前向传递，为我们提供该图的输出。

接下来，我们将使用这些已经定义的模块和随机连接的图类，来构建实际的 RandWireNN 模型类。

#### 5.3.2.4 将随机图转换为神经网络

在上一步中，我们定义了一个随机连线图。然而，正如我们在本练习开始时所说的那样，一个随机连接的神经网络由几个分段随机连线图组成。这背后的基本原理在于，当我们在图像分类任务中从输入神经元进展到输出神经元时，就会具有不同（增加）数量的通道/特征。仅使用一个随机连线图是不可能的，因为按照设计，通过一个这样的图的通道数是恒定的。

让我们开始吧！

1．在这一步中，我们定义了最终的随机连线神经网络。这一神经网络将有三个随机连接的图，并且彼此相邻。与前一个图相比，每个图的通道数都将增加一倍，帮助我们与图像分类任务中增加通道数（同时在空间上进行向下采样）的一般做法保持一致。

```
class RandWireNNModel(nn.Module):
    def __init__(self, num_nodes, graph_prob, input_ch,
output_ch, train_mode):
        self.conv_layer_1 = nn.Sequential(
            nn.Conv2d(in_channels=3, out_channels=self.
output_ch, kernel_size=3, padding=1),
            nn.BatchNorm2d(self.output_ch) )
        self.conv_layer_2 = …
        self.conv_layer_3 = …
```

```
        self.conv_layer_4 = …
        self.classifier_layer = nn.Sequential(
            nn.Conv2d(in_channels=self.input_ch*8, out_
channels=1280, kernel_size=1), nn.BatchNorm2d(1280))
        self.output_layer = nn.Sequential(nn.
Dropout(self.dropout), nn.Linear(1280, self.class_num))
```

_init_方法从一个常规的 3×3 卷积层开始，然后是三个阶段式随机连线图和翻倍的通道数量。接下来是一个全连接层，它将最后一个随机连线图的最后一个神经元的卷积输出展平为一个 1 280 大小的向量。

2. 另一个全连接层生成一个大小为 10 的向量，其中包含 10 个类别的概率，如下所示：

```
    def forward(self, x):
        x = self.conv_layer_1(x)
        x = self.conv_layer_2(x)
        x = self.conv_layer_3(x)
        x = self.conv_layer_4(x)
        x = self.classifier_layer(x)
        # global average pooling
        _, _, h, w = x.size()
        x = F.avg_pool2d(x, kernel_size=[h, w])
        x = torch.squeeze(x)
        x = self.output_layer(x)
        return x
```

除了在第一个完全连接层之后立即应用全局平均池化外，forward 方法不言而喻。这有助于降低维度和网络中的参数数量。

在这个阶段，我们已经成功定义了 RandWireNN 模型，加载了数据集，并定义了模型训练例程。现在，我们准备好运行模型训练循环了。

#### 5.3.2.5 训练 RandWireNN 模型

在本节中，我们将设置模型的超参数，并训练 RandWireNN 模型。让我们开始吧：

1. 我们已经为练习定义了所有的构建块，现在是时候执行了。首先，让我们声明必要的超参数。

```
num_epochs = 5
graph_probability = 0.7
node_channel_count = 64
num_nodes = 16
lrate = 0.1
batch_size = 64
train_mode = True
```

2. 声明超参数后，实例化 RandWireNN 模型、优化器和损失函数。

```
rand_wire_model = RandWireNNModel(num_nodes, graph_
probability, node_channel_count, node_channel_count,
train_mode).to(device)
optim_module = optim.SGD(rand_wire_model.parameters(),
lr=lrate, weight_decay=1e-4, momentum=0.8)
loss_func = nn.CrossEntropyLoss().to(device)
```

3. 开始训练模型。出于演示目的，此处，我们对模型进行了 5 个迭代的演练，但我们希望读者能训练更长时间，从而感受模型性能的提升。

```
for ep in range(1, num_epochs + 1):
    epochs.append(ep)
    training_loss, training_accuracy = train(rand_wire_
model, train_dataloader, optim_module, loss_func, ep,
lrate)
    test_accuracy = accuracy(rand_wire_model, test_
dataloader)
    test_accuracies.append(test_accuracy)
    training_losses.append(training_loss)
    training_accuracies.append(training_accuracy)
    if best_test_accuracy < test_accuracy:
        torch.save(model_state, './model_checkpoint/' +
model_filename + 'ckpt.t7')
    print("model train time: ", time.time() - start_time)
```

此处输出如图 5.7 所示。

```
epoch 1, loss: 1.8047572374343872, accuracy: 32.8125
epoch 1, loss: 1.8053011894226074, accuracy: 39.0625
epoch 1, loss: 1.5705406665802002, accuracy: 40.625
epoch 1, loss: 1.7380733489990234, accuracy: 29.6875
epoch 1, loss: 1.7764639854431152, accuracy: 32.8125
epoch 1, loss: 1.425702691078186, accuracy: 37.5
epoch 1, loss: 1.3414183855056763, accuracy: 51.5625
test acc: 43.24%, best test acc: 0.00%
model train time:  3522.6173169612885
epoch 2, loss: 1.5954769849777222, accuracy: 45.3125
epoch 2, loss: 1.3833452463150024, accuracy: 53.125
epoch 2, loss: 1.370549201965332, accuracy: 43.75
epoch 2, loss: 1.3685939311981201, accuracy: 54.6875
epoch 2, loss: 1.4633197784423828, accuracy: 48.4375
epoch 2, loss: 1.2918241024017334, accuracy: 50.0
epoch 2, loss: 1.317800521850586, accuracy: 50.0
test acc: 51.04%, best test acc: 43.24%
model train time:  6938.013380050659
epoch 3, loss: 1.0907424688339233, accuracy: 59.375
                        ⋮
epoch 5, loss: 1.2000718116760254, accuracy: 62.5
test acc: 67.45%, best test acc: 67.73%
```

图 5.7　RandWireNN 训练日志

这些日志显示，随着迭代的发展，模型正在逐步学习。验证集上的性能一直在提高，这表明模型具有通用性。

在此处，我们创建了一个没有特定架构的模型，可以合理地在 CIFAR-10 数据集上执行图像分类任务。

#### 5.3.2.6　评估并可视化 RandWireNN 模型

最后，在简要探索模型架构之前，我们将直观地查看该模型的测试集性能。让我们开始吧！

1. 模型经过训练后，可以在测试集上进行评估：

```
rand_wire_nn_model.load_state_dict(model_
checkpoint['model'])
for test_data, test_label in test_dataloader:
    success += pred.eq(test_label.data).sum()
    print(f"test accuracy: {float(success) * 100. /
len(test_dataloader.dataset)} %")
```

此处输出如图 5.8 所示。

```
best model accuracy: 67.73%, last epoch: 4
```

图 5.8 RandWireNN 评估结果

表现最好的模型出现在第四个迭代，准确率超过 67%。虽然模型还不完美，但我们可以训练更多的迭代次数，来获得更好的性能。此外，此任务随机模型的精度为 10%（因为具有 10 个等可能的类），因此 67.73%的精度很有可能可以取得成功，特别是考虑到我们实际使用的是随机生成的神经网络架构。

2. 在这个练习的末尾，我们来看看学到的模型架构。原始图像太大，无法在此处显示。图像的.svg 格式请访问：https://github.com/PacktPublishing/Mastering-PyTorch/blob/master/Chapter05/randwirenn.svg，.png 格式请访问 https://github.com/PacktPublishing/MasteringPyTorch/blob/master/Chapter05/randwirenn%5Brepresentational_purpose_only%5D.png。在图 5.9 中，我们垂直堆叠了原始神经网络的三个部分——输入部分、中间部分和输出部分。

从这张图中，我们可以观察到以下关键点。

- 在顶部，我们可以看到这个神经网络的开头。开头由一个 64 通道 3×3 2D 卷积层组成，后接 64 通道 1×1 逐点 2D 卷积层。
- 在中间部分，我们可以看到第三阶段和第四阶段随机图之间的过渡，从中可以看到第三阶段随机图的汇神经元 conv_layer_3 和第四阶段随机图的源神经元 conv_layer_4。
- 最后，图像最下面的部分表示最终输出层——先是第四阶段随机图的神经元（一个 512 通道可分离的 2D 卷积层），然后是一个完全连接的扁平化层，产生了一个 1 280 大小的特征向量，最后是产生 10 个类别概率的全连接 Softmax 层。

因此，我们已经构建、训练、测试并可视化了一个用于图像分类的神经网络模型，而无须指定任何特定的模型架构。我们明确了结构的一些重要约束，如倒数第二个特征向量长度（1 280）、可分离 2D 卷积层中的通道数（64）、

RandWireNN 模型中的阶段数（4）、每个神经元的定义（ReLU-Conv-BN 三元组），等等。

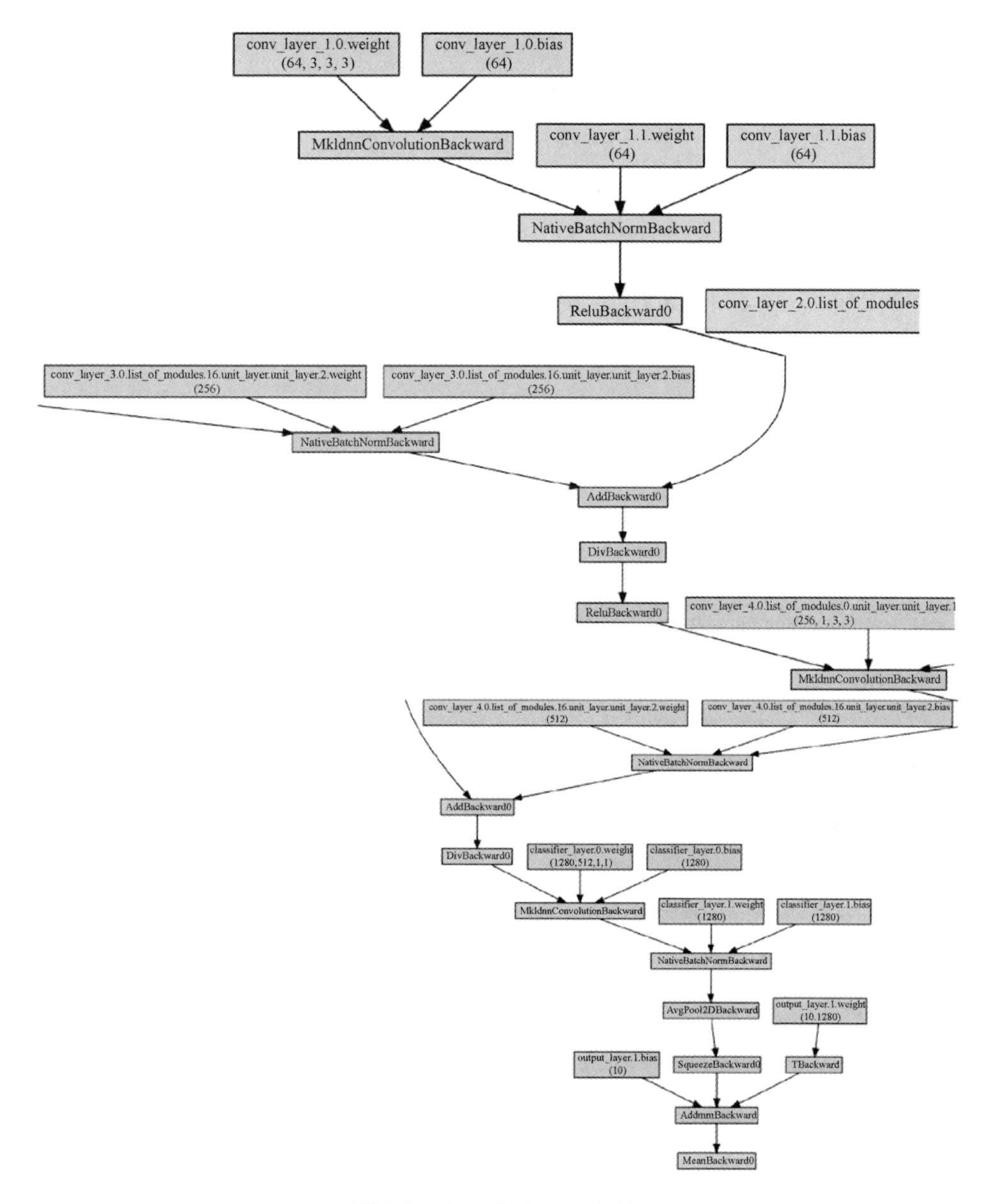


图 5.9　RandWireNN 架构

然而，我们没有具体说明这个神经网络架构的结构。我们使用了一个随机图生成器来为我们描述结构，这在寻找最佳神经网络架构方面开辟了几乎无限的可能性。

神经架构搜索是深度学习领域中一个正在进行且前景无限的研究领域。在很大程度上，这与为特定任务训练定制机器学习模型的领域（AutoML）非常契合。

**AutoML** 代表**自动化机器学习**，因为它不需要手动加载数据集，也不需要预定义特定的神经网络模型架构来解决给定的任务，更不需要手动将模型部署到生产系统中。在第 12 章“PyTorch 和 AutoML”中，我们将详细讨论 AutoML，并学习如何使用 PyTorch 构建此类系统。

## 5.4 总结

在本章中，我们研究了两种不同混合类型的神经网络。首先，我们查看了 Transformer 模型——该模型仅基于注意力，不具有重复连接，但在多个连续任务上，表现优于所有循环模型。我们在完成的练习中借助 WikiText-2 数据集，使用 PyTorch 在语言建模任务上构建、训练并评估了一个 Transformer 模型。在本练习中，我们通过可解释的架构图和相关的 PyTorch 代码，详细探索了 Transformer 架构。

最后，我们简要讨论了 Transformer 的后继者——BERT、GPT 等模型，演示了 PyTorch 如何帮助我们用不到 5 行代码加载大多数高级模型的预训练版本。

在本章的第二部分，也是最后一部分，我们沿着第 3 章“深度 CNN 架构”中的内容开始，讨论了优化模型架构的想法，而不是在修复架构时，仅优化模型参数。我们探索了其中一种方法，即随机连线神经网络（RandWireNN）。在这个方法中，我们生成了随机连线图，为这些图的节点和边赋予意义，并将这些图相互连接起来，形成一个神经网络。

我们为 CIFAR-10 数据集上的图像分类任务构建、训练 RandWireNN 模型。我们还直观地研究了生成的模型架构，并放大了其中的某些部分，了解模型为该任务生成了哪些网络结构。

在下一章中，我们将转换话题，暂时不谈模型架构，而是了解一些有趣的 PyTorch 应用程序。我们将学习借助生成式深度学习模型，使用 PyTorch 生成音乐和文本。

# 生成模型和深度强化学习

在本部分中，我们将深入研究生成式神经网络模型，包括深度生成式对抗网络。我们还将介绍使用 PyTorch 的深度强化学习。完成本部分学习后，你将能够训练自己的深度学习模型，以便在模型中可以生成音乐、文本、图像等，还将学会训练电子游戏的玩家（智能体）。

本部分包括以下章节：

- 第 6 章，使用 PyTorch 生成音乐和文本；
- 第 7 章，神经风格迁移；
- 第 8 章，深度卷积 GAN；
- 第 9 章，深度强化学习。

# 第6章 使用 PyTorch 生成音乐和文本

PyTorch 是研究深度学习模型和开发基于深度学习的应用程序的绝佳工具。在前面的章节中，我们研究了跨领域和模型类型的模型架构。我们使用 PyTorch 从头开始构建这些架构，并使用来自 PyTorch 模型 zoo 的预训练模型。从本章开始，我们将转变研究对象，深入研究生成式模型。

在前面的章节中，我们的大部分示例和练习都围绕开发分类模型展开，这是一项监督学习任务。然而，实践证明，深度学习模型在无监督学习任务方面也非常有效，深度生成模型就是这样的一个例子。这些模型使用大量未标记的数据进行训练。一旦经过训练，这些模型就可以通过学习输入数据中的底层结构和模式，生成类似的有意义的数据。

在本章中，我们将开发文本和音乐生成器。为了开发文本生成器，我们将使用第 5 章“混合高级模型”训练的基于 Transformer 的语言模型，使用 PyTorch 扩展 Transformer 模型，用作文本生成器。此外，我们将演示如何在 PyTorch 中使用高级的预训练 Transformer 模型，以便在几行代码中设置文本生成器。最后，我们将使用 PyTorch 从头构建一个在 MIDI 数据集上训练的音乐生成器模型。

完成本章学习后，你将能够在 PyTorch 中创建自己的文本和音乐生成模型。你还可以用不同的采样或生成策略，从这些模型中生成数据。本章涵盖以下主题：

- 使用 PyTorch 构建基于 Transformer 的文本生成器；
- 使用预训练的 GPT-2 模型作为文本生成器；
- 使用 PyTorch 的 LSTM 生成 MIDI 音乐。

## 6.1 技术要求

我们将在所有练习中使用 Jupyter Notebook。以下是本章应使用 pip 安装的 Python 库列表，例如，在命令行中运行 pip install torch==1.4.0。

```
jupyter==1.0.0
torch==1.4.0
tqdm==4.43.0
matplotlib==3.1.2
torchtext==0.5.0
transformers==3.0.2
scikit-image==0.14.2
```

与本章相关的所有代码文件参阅 https://github.com/PacktPublishing/Mastering-PyTorch/tree/master/Chapter06。

## 6.2 使用 PyTorch 构建基于 Transformer 的文本生成器

在上一章中，我们使用 PyTorch 构建了一个基于 Transformer 的语言模型。由于语言模型对特定单词在给定单词序列后的出现概率进行了建模，因此这对于我们构建自己的文本生成器而言，已经完成了一大半工作。在本节中，我们将学习如何用此类语言模型扩展为深度生成模型。如果以单词序列的形式给定初始的文本提示，那么该模型就可以生成任意但有意义的句子。

### 6.2.1 训练基于 Transformer 的语言模型

在上一章中，我们进行了语言模型的 5 次迭代训练。在本节中，我们将遵循完全相同的步骤，但将训练更长时间（即 50 次迭代）。我们的目标是获得性能更好的语言模型以生成逼真的句子。请注意，模型训练可能需要几个小时。因此，建议在夜间或其他时间，后台运行训练过程。为了跟上训练语言模型的步骤，请参考完整代码 https://github.com/PacktPublishing/Mastering-PyTorch/blob/master/Chapter06/text_generation.ipynb。

经过 50 次迭代训练，我们得到的输出结果如图 6.1 所示。

```
epoch 1, 100/1018 batches, training loss 8.63, training perplexity 5614.45
epoch 1, 200/1018 batches, training loss 7.23, training perplexity 1380.31
epoch 1, 300/1018 batches, training loss 6.79, training perplexity 892.50
epoch 1, 400/1018 batches, training loss 6.55, training perplexity 701.84
epoch 1, 500/1018 batches, training loss 6.45, training perplexity 634.57
epoch 1, 600/1018 batches, training loss 6.32, training perplexity 553.86
epoch 1, 700/1018 batches, training loss 6.24, training perplexity 513.65
epoch 1, 800/1018 batches, training loss 6.13, training perplexity 459.07
epoch 1, 900/1018 batches, training loss 6.11, training perplexity 450.48
epoch 1, 1000/1018 batches, training loss 6.07, training perplexity 433.88

epoch 1, validation loss 5.82, validation perplexity 337.70

epoch 2, 100/1018 batches, training loss 5.98, training perplexity 395.15
epoch 2, 200/1018 batches, training loss 5.90, training perplexity 363.99

epoch 50, 100/1018 batches, training loss 4.45, training perplexity 85.55
epoch 50, 200/1018 batches, training loss 4.38, training perplexity 79.68
epoch 50, 300/1018 batches, training loss 4.39, training perplexity 80.61
epoch 50, 400/1018 batches, training loss 4.39, training perplexity 80.27
epoch 50, 500/1018 batches, training loss 4.39, training perplexity 80.31
epoch 50, 600/1018 batches, training loss 4.38, training perplexity 80.17
epoch 50, 700/1018 batches, training loss 4.41, training perplexity 82.47
epoch 50, 800/1018 batches, training loss 4.26, training perplexity 71.00
epoch 50, 900/1018 batches, training loss 4.33, training perplexity 76.24
epoch 50, 1000/1018 batches, training loss 4.36, training perplexity 78.51

epoch 50, validation loss 4.98, validation perplexity 145.72
```

图 6.1 语言模型训练日志

我们已经成功进行了 Transformer 模型的 50 次迭代训练，现在可以继续进行实际练习，将这个训练好的语言模型扩展为文本生成模型。

### 6.2.2 保存和加载语言模型

在这一步中，一旦完成训练，我们将只需保存性能最佳的模型检查点。然后，单独加载这个预训练的模型。

1. 一旦模型经过训练，最好将其保存在本地，这样就不必从头开始训练模型。可以按如下方式保存：

```
mdl_pth = './transformer.pth'
torch.save(best_model_so_far.state_dict(), mdl_pth)
```

2. 加载已保存的模型，以便将此语言模型扩展为文本生成模型。

```
# load the best trained model
transformer_cached = Transformer(num_tokens, embedding_size, num_heads, num_hidden_params, num_layers, dropout).to(device)
transformer_cached.load_state_dict(torch.load(mdl_pth))
```

在本节中，我们重新实例化了一个 Transformer 模型对象，然后将预训练的模型权重加载到这个新模型对象中。接下来，我们将使用这个模型来生成文本。

### 6.2.3 使用语言模型生成文本

现在，我们已经保存并加载了模型，可以扩展训练好的语言模型，生成文本。

1. 首先，必须定义我们想要生成的目标词数，并提供一个初始词序列作为模型的提示：

```
ln = 10
sntc = 'It will _'
sntc_split = sntc.split()
```

2. 其次，我们可以一个接一个循环地生成单词。在每次迭代中，我们可以将该迭代中的预测词附加到输入序列中。这个扩展序列将在下一次迭代中成为模型的输入，依此类推。添加随机种子，确保一致性。通过改变种子，我们可以生成不同的文本，如下代码块所示：

```
torch.manual_seed(799)
with torch.no_grad():
    for i in range(ln):
        sntc = ' '.join(sntc_split)
        txt_ds = TEXT.numericalize([sntc_split])
        num_b = txt_ds.size(0)
        txt_ds = txt_ds.narrow(0, 0, num_b)
        txt_ds = txt_ds.view(1, -1).t().contiguous().
to(device)
        ev_X, _ = return_batch(txt_ds, i+1)
        op = transformer_cached(ev_X)
        op_flat = op.view(-1, num_tokens)
        res = TEXT.vocab.itos[op_flat.argmax(1)[0]]
        sntc_split.insert(-1, res)
print(sntc[:-2])
```

此处输出如图 6.2 所示。

**It will be used to the first season , and the**

图 6.2　Transformer 生成的文本

正如我们所见，我们可以使用 PyTorch 训练一个语言模型（在本例中是基于 Transformer 的模型），然后使用语言模型生成带有几行额外代码的文本。生成的文本似乎是合理的。这种文本生成器的输出结果受限于底层语言模型所训练的数据量，以及语言模型的强大程度。在本节中，我们基本上从头开始构建了一个文本生成器。

在下一节中，我们将加载预训练的语言模型，并将其用作文本生成器。我们会使用 Transformer 模型的高级继承者——**生成式预训练 Transformer**（**GPT-2**），演示如何在不到 10 行代码中，使用 PyTorch 构建打开即用的高级文本生成器。我们还将从语言模型中研究生成文本所涉及的一些策略。

# 6.3 使用预训练的 GPT-2 模型作为文本生成器

将 transformer 库与 PyTorch 结合使用，我们可以加载大多数最新的高级 Transformer 模型来执行各种任务，如语言建模、文本分类、机器翻译等。第 5 章“混合高级模型”演示了如何执行此操作。

在本节中，我们将加载经过预训练的基于 GPT-2 的语言模型，并扩展这个模型，以便将其用作文本生成器。然后，我们将探索从预训练的语言模型中生成文本可以遵循的各种策略，并使用 PyTorch 来演示这些策略。

## 6.3.1 使用 GPT-2 生成便捷的文本

我们将以练习的形式，使用 transformer 库加载预训练的 GPT-2 语言模型，并将此语言模型扩展为文本生成模型，以生成任意但有意义的文本。出于演示目的，本练习仅展示代码的重要部分。完整代码请访问 https://github.com/PacktPublishing/Mastering-PyTorch/blob/master/Chapter06/text_generation_out_of_the_box.ipynb。按以下步骤执行。

1. 首先，需要导入必要的库。

```
from transformers import GPT2LMHeadModel, GPT2Tokenizer
import torch
```

我们将导入 GPT-2 多头语言模型和相应的分词器来生成词汇表。

2. 接下来，实例化 GPT2Tokenizer 和语言模型。设置随机种子，确保能够生成可重复的结果。我们可以更改种子，每次生成不同的文本。此外，我们将提供一组初始单词，作为模型的提示，如下所示：

```
torch.manual_seed(799)
tkz = GPT2Tokenizer.from_pretrained("gpt2")
mdl = GPT2LMHeadModel.from_pretrained('gpt2')
ln = 10
cue = "It will"
gen = tkz.encode(cue)
ctx = torch.tensor([gen])
```

3. 最后，使用语言模型迭代，预测给定输入单词序列的下一个单词。在每次迭代中，预测的单词会附加到下一次迭代的输入单词序列中。

```
prv=None
for i in range(ln):
    op, prv = mdl(ctx, past=prv)
    tkn = torch.argmax(op[..., -1, :])
    gen += [tkn.tolist()]
    ctx = tkn.unsqueeze(0)
seq = tkz.decode(gen)
print(seq)
```

输出应如图 6.3 所示。

```
It will be interesting to see how the new system works
```

图 6.3 GPT-2 生成的文本

这种生成文本的方式被称为**贪婪搜索**。在下一节中，我们将更详细地研究贪婪搜索及其他一些文本生成策略。

### 6.3.2 使用 PyTorch 的文本生成策略

当我们使用已经训练的文本生成模型来生成文本时，通常会逐字进行预测，然后将得到的预测词序列合并为预测文本。当我们在循环迭代单词预测时，给定前 $k$ 个预测，则需要指定一种方法来查找/预测下一个单词。这些方法也称为文本生成策略，我们将在本节中讨论一些著名的策略。

#### 6.3.2.1 贪婪搜索

所谓“贪婪”，就是模型在当前迭代中选择概率最高的单词，而不管它们提前多少时间步。采用这种策略，模型可能会错过隐藏在低概率单词后面的高概率单词（更远的时间步），仅仅是因为模型没有选取低概率词。图 6.4 通过说明上一个练习的第 3 步中可能发生的假设场景来演示贪婪搜索策略。在每个时间步中，文本生成模型输出可能的单词及其概率。

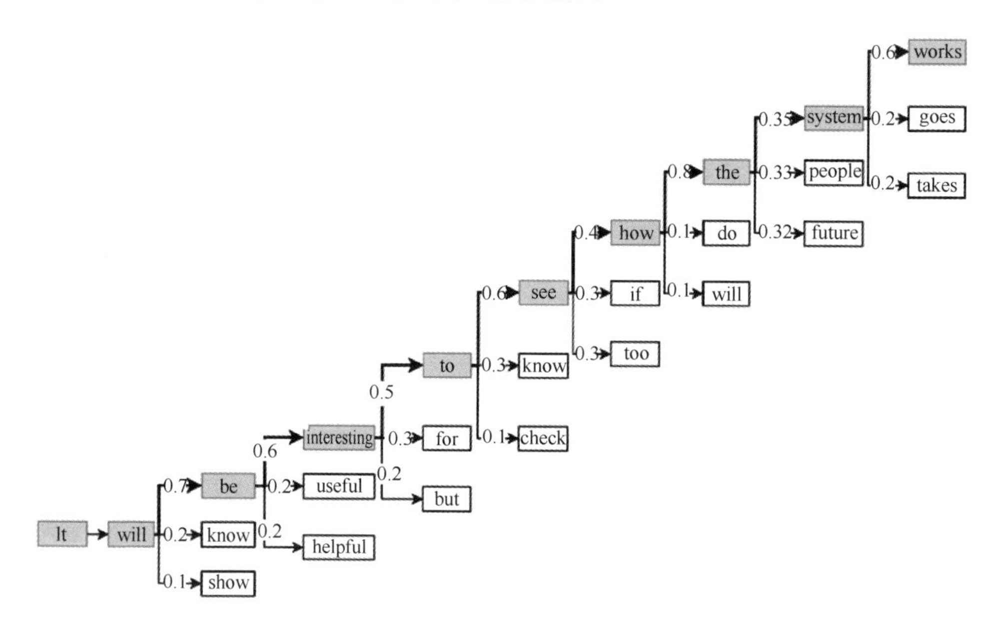


图 6.4　贪婪搜索

正如我们所见，由于文本生成中的贪婪搜索策略，模型在每一步挑选出概率最高的单词。请注意，在倒数第二个步骤中，模型以大致相等的概率预测单词 **system**、**people** 和 **future**。在贪婪搜索中，**system** 被选为下一个单词，因为它比其他单词的概率略高。但是，你可能会争辩说，**people** 或 **future** 也许会成为更好或更有意义的文本。

这是贪婪搜索方法的核心限制所在。此外，由于缺乏随机性，贪婪搜索会导致重复的结果。如果有人想巧妙地使用这类文本生成器，仅凭其单调性，贪婪搜索就不是最好的方法。

在上一节中，我们手动编写了文本生成循环。得益于 transformers 库，我们可以用 3 行代码编写文本生成步骤。

```
ip_ids = tkz.encode(cue, return_tensors='pt')
op_greedy = mdl.generate(ip_ids, max_length=ln)
seq = tkz.decode(op_greedy[0], skip_special_tokens=True)
print(seq)
```

此处输出如图 6.5 所示。

**It will be interesting to see how the new system**

图 6.5　GPT-2 生成的文本（简洁表示）

请注意，图 6.5 中生成的句子比图 6.3 中生成的句子少一个词。这种差异是因为在后者的代码中，max_length 参数包含提示词。因此，如果我们有一个提示词，就可以预测九个新词。如果我们有两个提示词，则可以预测八个新词（就像这里的情况一样），依此类推。

#### 6.3.2.2　Beam 搜索

贪婪搜索并不是生成文本的唯一方法。**Beam 搜索**是由贪婪搜索方法发展而来的，其根据整体预测序列概率（而不仅仅是根据下一个单词概率），维持潜在候选序列列表。所追踪的候选序列数量等于沿着单词预测树的光束数量。

图 6.6 演示了如何使用 beam 大小为 3 的 Beam 搜索生成三个候选序列（按总序列概率排序），每个序列有五个单词。

此 Beam 搜索示例中的每次迭代都会保留三个最有可能的候选序列。随着序列操作的进行，候选序列的数量可能呈指数增长，但我们只对前三个序列感兴趣。这样，我们就不会像贪婪搜索那样错过可能更好的序列。

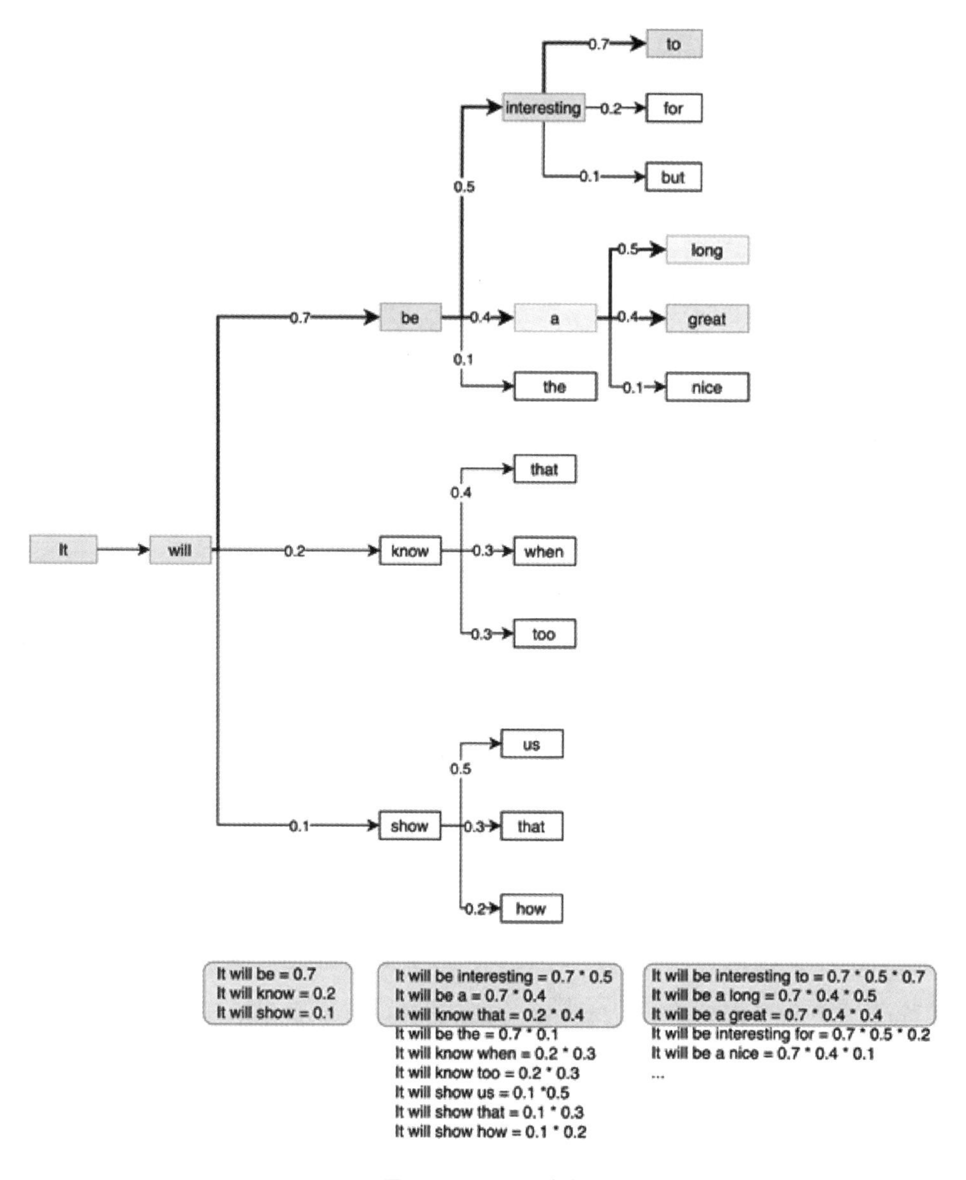


图 6.6　Beam 搜索

在 PyTorch 中，我们可以在一行代码中开箱即用地使用 Beam 搜索。以下代码演示了基于 Beam 搜索的文本生成，其中三个 beam 生成三个最有可能的句子，每个句子包含五个单词。

```
op_beam = mdl.generate(
    ip_ids,
    max_length=5,
    num_beams=3,
    num_return_sequences=3,
)
for op_beam_cur in op_beam:
    print(tkz.decode(op_beam_cur, skip_special_tokens=True))
```

输出如图 6.7 所示。

```
It will be interesting to
It will be a long
It will be a great
```

图 6.7 Beam 搜索结果

Beam 搜索仍然存在重复性或单调性的问题。Beam 精确地寻找具有最大总体概率的序列，因此不同的运行会产生相同的结果集。在下一节中，我们将研究一些使生成的文本更加不可预测或更具创造性的方法。

#### 6.3.2.3 top-*k* 和 top-*p* 采样

我们可以根据下一个单词集的相对概率，从可能的下一个单词集中随机采样下一个单词，而非总是选择概率最高的下一个单词。例如，在图 6.6 中，单词 **be**、**know** 和 **show** 的概率分别为 **0.7**、**0.2** 和 **0.1**。我们可以根据概率随机抽取这三个词中的任何一个，而不是总是选择 **be**，而不选 **know** 和 **show**。如果我们重复这个练习 10 次，生成 10 个单独的文本，**be** 大约将被抽取 7 次，而 **know** 和 **show** 将分别被抽取 2 次和 1 次。这给我们带来了很多不同的单词组合可能性，而 beam 或贪婪搜索永远不会产生这种组合。

两种最常用的应用采样技术生成文本的方法是 **top-*k*** 采样和 **top-*p*** 采样。应用 top-*k* 采样时，我们先定义一个参数 *k*，作为采样下一个词时应该考虑的候选词数量。我们舍弃所有其他单词，并对前 *k* 个单词中的概率进行归一化。在前面的例子中，如果 *k* 是 2，那么单词 **show** 将被丢弃，将单词 **be** 和 **know** 的概率（**0.7** 和 **0.2**）分别归一化为 **0.78** 和 **0.22**。

以下代码演示了 top-*k* 文本生成的方法：

```
for i in range(3):
    torch.manual_seed(i)
    op = mdl.generate(
        ip_ids,
        do_sample=True,
        max_length=5,
        top_k=2
    )
    seq = tkz.decode(op[0], skip_special_tokens=True)
    print(seq)
```

此处输出如图 6.8 所示。

```
It will also be a
It will be a long
It will also be interesting
```

图 6.8　top-*k* 搜索结果

为了从所有可能的单词而不仅仅是前 *k* 个单词中采样，我们在代码中将 top-*k* 参数设置为 0。如图 6.8 所示，top-*k* 搜索与贪婪搜索相反，不同的运行会产生不同的结果，而贪婪搜索会使每次运行的结果完全相同，如图 6.9 所示。

```
for i in range(3):
    torch.manual_seed(i)
    op_greedy = mdl.generate(ip_ids, max_length=5)
    seq = tkz.decode(op_greedy[0], skip_special_tokens=True)
    print(seq)
```

```
It will be interesting to
It will be interesting to
It will be interesting to
```

图 6.9　重复贪婪搜索结果

使用 top-*p* 采样策略，我们并不是定义查看前 *k* 个单词，而是定义累积概率阈值（*p*），然后保留概率加起来为 *p* 的单词。在例子中，如果 *p* 介于 **0.7** 和 **0.9** 之间，那么我们丢弃 **know** 和 **show**；如果 *p* 介于 **0.9** 和 **1.0** 之间，那么我们

丢弃 **show**；如果 $p$ 为 **1.0**，那么我们保留所有的单词，也就是保留 **be**、**know** 和 **show**。

在概率分布平坦的情况下，由于 top-*k* 策略剪掉了几乎与保留单词可能性一致的单词，因此有时可能并不公平。在这些情况下，top-*p* 策略将保留更大的词库进行采样，并在概率分布相当陡峭的情况下保留较小的词库。

以下代码演示了 top-*p* 采样方法：

```
for i in range(3):
    torch.manual_seed(i)
    op = mdl.generate(
        ip_ids,
        do_sample=True,
        max_length=5,
        top_p=0.75,
        top_k=0
    )
    seq = tkz.decode(op[0], skip_special_tokens=True)
    print(seq)
```

此处输出如图 6.10 所示。

```
It will require work in
It will be an interesting
It will likely be important
```

图 6.10　top-*p* 搜索结果

可以同时设置 top-*k* 和 top-*p* 策略。在此示例中，我们将 top-*k* 设置为 0，从而在实质上禁用 top-*k* 策略，并将 $p$ 设置为 0.75。再次运行，就会得到不同的句子，并且可能生成更具创造性的文本，这一点与贪婪或 beam 搜索相反。还有很多可用的文本生成策略，该领域也正在进行大量的相关研究。我们鼓励读者进一步跟进这些研究。

最好从 transformer 库中可用的文本生成策略着手。你可以通过访问 transformer 库的制造商提供的说明性博客文章，阅读更多相关信息：https://huggingface.co/blog/how-to-generate。

对使用 PyTorch 生成文本的探索到此结束。在下一节中，我们将进行类似的练习，但是针对的是音乐，而不是文本。其思想是在音乐数据集上训练一个无监督模型，并使用训练后的模型生成与训练数据集中相似的旋律。

## 6.4 使用 PyTorch 与 LSTM 生成 MIDI 音乐

本节我们将使用 PyTorch 创建一个机器学习模型，该模型可以创作类似古典音乐的音乐。在上一节中，我们使用 Transformer 模型来生成文本。本节，我们将使用 LSTM 模型处理连续的音乐数据。我们将用莫扎特的古典音乐作品来训练模型。

我们将每首乐曲都基本上分解成一系列钢琴音符，以**乐器数字接口（MIDI）**文件的形式读取音乐数据。MIDI 是一种著名且常用的格式，可以方便地跨设备和环境读取与写入音乐数据。

MIDI 文件在被转换为钢琴音符序列（我们称之为钢琴卷帘）后，将被用于训练下一个钢琴音符检测系统。在这个系统中，我们将构建一个基于 LSTM 的分类器。这一分类器将为先前给定的前一个钢琴音符序列预测下一个钢琴音符，给定的前钢琴音符总共有 88 个（88 个标准的钢琴键）。

现在，我们将以练习的形式展示构建 AI 音乐作曲家的整个过程。我们将把重点放在用于数据加载、模型训练和生成音乐样本的 PyTorch 代码上。请注意，模型训练可能需要几个小时，因此，建议在夜间或其他时间，后台运行训练过程。为了保持文本简短，已缩减此处提供的代码。

记载处理 MIDI 音乐文件的详细信息超出了本书的写作范围，不过我们还是鼓励读者学习完整代码。完整代码请访问：https://github.com/PacktPublishing/Mastering-PyTorch/blob/master/Chapter06/music_generation.ipynb。

### 6.4.1 加载 MIDI 音乐数据

首先，我们将演示如何加载 MIDI 格式可用的音乐数据。我们将简要提及处理 MIDI 数据的代码，然后说明如何使用 MIDI 制作 PyTorch 数据加载器。

1. 与往常一样，我们首先导入重要的库。本练习将使用的一些新方法如下：

```
import skimage.io as io
from struct import pack, unpack
from io import StringIO, BytesIO
```

skimage 可以把模型生成的音乐样本序列可视化。struct 和 io 可以将 MIDI 音乐数据转换为钢琴卷帘。

2. 编写辅助类和函数，加载 MIDI 文件，并将辅助类和函数转换为可以输入 LSTM 模型的钢琴音符（矩阵）序列。首先，定义一些 MIDI 常量，配置各种音乐控件，如音高、通道、开始序列、结束序列等。

```
NOTE_MIDI_OFF = 0x80
NOTE_MIDI_ON = 0x90
CHNL_PRESS = 0xD0
MIDI_PITCH_BND = 0xE0
...
```

3. 定义一系列处理 MIDI 数据输入和输出流、MIDI 数据解析器等的类，如下所示：

```
class MOStrm:
# MIDI Output Stream
...
class MIFl:
# MIDI Input File Reader
...
class MOFl(MOStrm):
# MIDI Output File Writer
```

```
...
class RIStrFl:
# Raw Input Stream File Reader
...
class ROStrFl:
# Raw Output Stream File Writer
...
class MFlPrsr:
# MIDI File Parser
...
class EvtDspch:
# Event Dispatcher
...
class MidiDataRead(MOStrm):
# MIDI Data Reader
...
```

4. 处理完所有与 MIDI 数据和 I/O 相关的代码后，准备实例化我们自己的 PyTorch 数据集类。在开始之前，必须定义两个关键的函数，一个用于将读取的 MIDI 文件转换为钢琴卷帘，另一个用于用空音符填充钢琴卷帘。这将标准化整个数据集中音乐作品的长度。

```
def md_fl_to_pio_rl(md_fl):
    md_d = MidiDataRead(md_fl, dtm=0.3)
    pio_rl = md_d.pio_rl.transpose()
    pio_rl[pio_rl > 0] = 1
    return pio_rl
def pd_pio_rl(pio_rl, mx_l=132333, pd_v=0):
    orig_rol_len = pio_rl.shape[1]
    pdd_rol = np.zeros((88, mx_l))
    pdd_rol[:] = pd_v
    pdd_rol[:, - orig_rol_len:] = pio_rl
    return pdd_rol
```

5. 定义 PyTorch 数据集类，如下所示：

```
class NtGenDataset(data.Dataset):
    def __init__(self, md_pth, mx_seq_ln=1491):
        ...
    def mx_len_upd(self):
        ...
    def __len__(self):
        return len(self.md_fnames_ful)
    def __getitem__(self, index):
        md_fname_ful = self.md_fnames_ful[index]
        pio_rl = md_fl_to_pio_rl(md_fname_ful)
        seq_len = pio_rl.shape[1] - 1
        ip_seq = pio_rl[:, :-1]
        gt_seq = pio_rl[:, 1:]
        ...
        return (torch.FloatTensor(ip_seq_pad),
                torch.LongTensor(gt_seq_pad), torch.
LongTensor([seq_len]))
```

6．除了数据集类外，还需要添加另一个辅助函数，将一批训练数据中的音乐序列进行后处理，分为三个单独的列表，分别是输入序列、输出序列和序列长度，按序列长度降序排列。

```
def pos_proc_seq(btch):
    ip_seqs, op_seqs, lens = btch
    ...
    ord_tr_data_tups = sorted(tr_data_tups,
                                         key=lambda c:
int(c[2]),
                                         reverse=True)
    ip_seq_splt_btch, op_seq_splt_btch, btch_splt_lens =
zip(*ord_tr_data_tups)
    ...
    return tps_ip_seq_btch, ord_op_seq_btch, list(ord_
btch_lens_l)
```

7．在本练习中，我们将使用一组莫扎特的作品。你可以在链接中下载数据集：http://www.piano-midi.de/mozart.htm。下载的文件夹包含 21 个 MIDI 文件，我们将其分成 18 个训练集和 3 个验证集文件。下载的数据存储在./mozart/train 和./mozart/valid 中。下载后，我们可以读取数据，并实例化我们自己的训练和验证数据集加载器。

```
training_dataset = NtGenDataset('./mozart/train', mx_seq_
ln=None)
training_datasetloader = data.DataLoader(training_
dataset, batch_size=5,shuffle=True, drop_last=True)
validation_dataset = NtGenDataset('./mozart/valid/', mx_
seq_ln=None)
validation_datasetloader = data.DataLoader(validation_
dataset, batch_size=3, shuffle=False, drop_last=False)
X_validation = next(iter(validation_datasetloader))
X_validation[0].shape
```

此处输出如图 6.11 所示。

```
torch.Size([3, 1587, 88])
```

图 6.11　样本音乐数据维度

如我们所见，第一个验证批次由三个长度为 1 587（音符）的序列组成，其中每个序列都被编码为一个 88 大小的向量，钢琴键的总数为 88。对于那些受过训练的音乐家，图 6.12 所示的乐谱相当于验证集音乐文件的前几个音符。

图 6.12　莫扎特作品的乐谱

或者，我们可以将音符序列可视化为一个有 88 行的矩阵，对应每个钢琴键。以下是前面旋律的视觉矩阵表示（1 587 个音符中的前 300 个音符）：

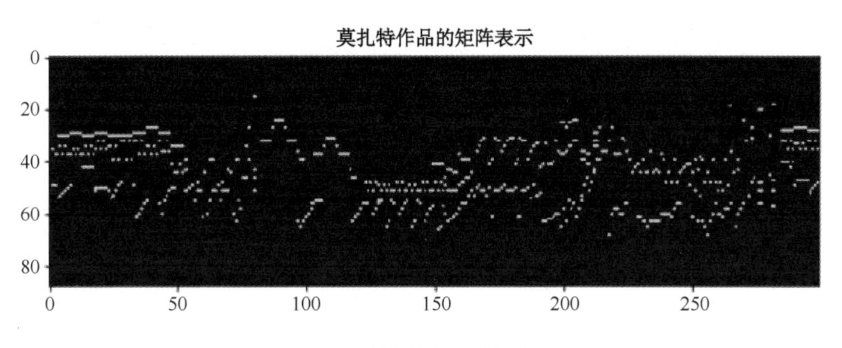


图 6.13　莫扎特作品的矩阵表示

**数据集引用**

Bernd Krueger 的 MIDI、音频（MP3、OGG）和视频文件根据 CC BY-SA 德国许可证获得许可。

姓名：伯恩德克鲁格

资料来源：http://www.piano-midi.de

只有在相同的许可条件下才允许分发或公开播放这些文件。

分数是开源的。

现在，我们将定义 LSTM 模型和训练例程。

## 6.4.2 定义 LSTM 模型和训练例程

到目前为止，我们已经成功加载了一个 MIDI 数据集，创建了我们自己的训练和验证数据加载器。在本节中，我们将定义 LSTM 模型架构，以及将在模型训练循环期间运行的训练和评估例程。让我们开始吧！

1. 定义模型架构。正如前面所说，我们将使用一个 LSTM 模型。该模型由一个编码器层组成，编码器层在序列的每个时间步中，将输入数据的 88 维表示编码为一个 512 维隐藏层表示。编码器层后接两个 LSTM 层，然后接一个完全连接层，最后将 softmax 扩展到 88 个类。

参照我们在第 4 章“深度循环模型架构”中讨论的不同类型的**循环神经网络**（**RNN**），这是一个多对一的序列分类任务，其中输入是从时间步 0 到时间步 *t* 的整个序列，输出是时间步 *t*+1 中 88 个类之一，如下所示：

```
class MusicLSTM(nn.Module):
    def __init__(self, ip_sz, hd_sz, n_cls, lyrs=2):
        ...
        self.nts_enc = nn.Linear(in_features=ip_sz, out_
features=hd_sz)
        self.bn_layer = nn.BatchNorm1d(hd_sz)
        self.lstm_layer = nn.LSTM(hd_sz, hd_sz, lyrs)
        self.fc_layer = nn.Linear(hd_sz, n_cls)

    def forward(self, ip_seqs, ip_seqs_len, hd=None):
        ...
        pkd = torch.nn.utils.rnn.pack_padded_
sequence(nts_enc_ful, ip_seqs_len)
        op, hd = self.lstm_layer(pkd, hd)
        ...
        lgts = self.fc_layer(op_nrm_drp.permute(2,0,1))
        ...
        zero_one_lgts = torch.stack((lgts, rev_lgts),
dim=3).contiguous()
        flt_lgts = zero_one_lgts.view(-1, 2)
        return flt_lgts, hd
```

2. 一旦定义了模型架构，我们就可以指定模型训练例程。我们将使用带有梯度裁剪的 Adam 优化器，避免过拟合。另一个防止过拟合的可行措施是使用 dropout 层，如上一步所述。

```
def lstm_model_training(lstm_model, lr, ep=10, val_loss_
best=float("inf")):
    ...
```

```
    for curr_ep in range(ep):
        ...
        for batch in training_datasetloader:
            ...
            lgts, _ = lstm_model(ip_seq_b_v, seq_l)
            loss = loss_func(lgts, op_seq_b_v)
            ...
        if vl_ep_cur < val_loss_best:
            torch.save(lstm_model.state_dict(), 'best_
model.pth')
            val_loss_best = vl_ep_cur
    return val_loss_best, lstm_model
```

3. 同样，我们还需要定义模型评估例程，模型上运行前向传递，而参数保持不变。

```
def evaluate_model(lstm_model):
    ...
    for batch in validation_datasetloader:
        ...
        lgts, _ = lstm_model(ip_seq_b_v, seq_l)
        loss = loss_func(lgts, op_seq_b_v)
        vl_loss_full += loss.item()
        seq_len += sum(seq_l)
    return vl_loss_full/(seq_len*88)
```

现在，开始训练和测试音乐生成模型。

### 6.4.3 训练和测试音乐生成模型

在最后一节中，我们将训练 LSTM 模型，并使用已经训练的音乐生成模型生成可以收听和分析的音乐样本。

让我们开始吧！

1. 准备实例化模型，开始训练。使用分类交叉熵作为这个分类任务的损失函数。以 0.01 的学习率，分 10 次迭代训练模型。

```
loss_func = nn.CrossEntropyLoss().cpu()
lstm_model = MusicLSTM(ip_sz=88, hd_sz=512, n_cls=88).
cpu()
val_loss_best, lstm_model = lstm_model_training(lstm_
model, lr=0.01, ep=10)
```

此处输出如图 6.14 所示。

```
ep 0 , train loss = 1.2445591886838276
ep 0 , val loss = 1.3352128363692468e-06

ep 1 , train loss = 2.1156165103117623
ep 1 , val loss = 1.6539533744088603e-06

ep 2 , train loss = 1.6429476936658223
ep 2 , val loss = 6.44313576921296e-07

ep 3 , train loss = 1.3036367297172546
ep 3 , val loss = 7.910344729101428e-07

ep 4 , train loss = 0.6105860968430837
ep 4 , val loss = 1.2166870756004527e-06

ep 5 , train loss = 0.582861324151357
ep 5 , val loss = 5.687958283017817e-07

ep 6 , train loss = 0.28131235639254254
ep 6 , val loss = 4.83049781240143e-07

ep 7 , train loss = 0.1561812162399292
ep 7 , val loss = 5.472248898085979e-07

ep 8 , train loss = 0.14845856527487436
ep 8 , val loss = 4.1753687837465244e-07

ep 9 , train loss = 0.1285532539089521
ep 9 , val loss = 3.899009367655375e-07
```

图 6.14　音乐 LSTM 训练日志

2. 这一部分非常有趣。一旦我们拥有下一个音乐音符预测器，就可以将其用作音乐生成器。我们需要做的只是提供初始音符作为提示，启动预测过程。然后，该模型可以在每个时间步，递归地对下一个音符进行预测，时间步 $t$ 的预测附加到时间 $t+1$ 的输入序列。

我们将编写一个音乐生成函数。该函数接收已经训练的模型对象、将要生成的音乐预期长度、序列的开始音符及温度。温度是分类层中 softmax 函数的标准数学运算，用于通过扩大或缩小 softmax 概率分布，操纵 softmax 概率的分布。代码如下：

```
def generate_music(lstm_model, ln=100, tmp=1, seq_
st=None):
    ...
    for i in range(ln):
        op, hd = lstm_model(seq_ip_cur, [1], hd)
        probs = nn.functional.softmax(op.div(tmp), dim=1)
        ...
    gen_seq = torch.cat(op_seq, dim=0).cpu().numpy()
    return gen_seq
```

最后，使用这个函数来创建一个全新的音乐作品。

```
seq = generate_music(lstm_model, ln=100, tmp=1, seq_
st=None)
midiwrite('generated_music.mid', seq, dtm=0.2)
```

这一步应该创建音乐作品，并将其保存为当前目录中的 MIDI 文件。我们可以打开文件并播放，听听模型生成效果，还可以查看所做音乐的视觉矩阵表示。

```
io.imshow(seq)
```

此处输出如图 6.15 所示。

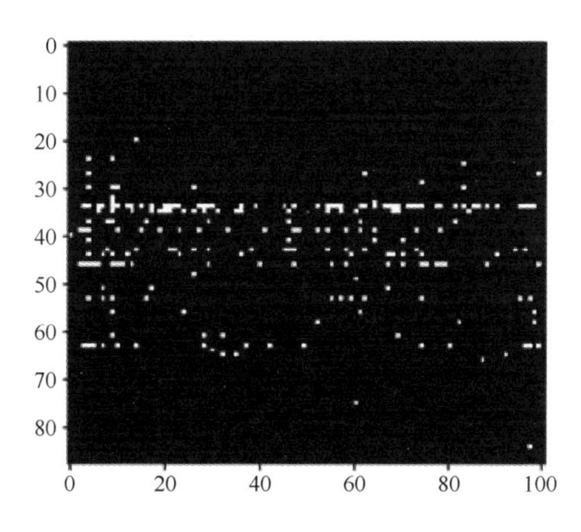


图 6.15　AI 生成的音乐样本的矩阵表示

图 6.16 是生成的音乐样本的乐谱。

图 6.16　AI 生成的音乐样本的乐谱

此处，我们可以看到，生成的旋律似乎不像莫扎特的原作那样悠扬，但模型学习到了一些关键组合中的一致性。此外，可以通过在更多数据上训练模型及进行更多迭代训练，来提高生成音乐的质量。

使用机器学习生成音乐的练习到此结束。在本节中，我们演示了如何使用现有音乐数据，从头开始训练音符预测器模型，并使用训练后的模型来生成音乐。其实，你可以扩展使用生成模型来生成任何类型的数据样本。对于这类应用，PyTorch 是一个非常有效的工具，尤其是 PyTorch 拥有简单的 API，可以提供数据加载、模型构建/训练/测试，以及使用已经训练的模型作为数据生成器。我们鼓励读者针对不同的用例和数据类型尝试更多此类任务。

## 6.5 总结

在本章中，我们使用 PyTorch 探索了生成模型。从文本生成开始，我们利用上一章所构建的基于 Transformer 的语言模型，开发文本生成器，演示了如何在无监督的情况下，使用 PyTorch 将训练的模型（在本例中为语言模型）转换为数据生成器。之后，我们探索了预先训练的高级转换器模型，这一模型可在 transformer 库中使用，并用作文本生成器。我们讨论了各种文本生成策略，如贪婪搜索、beam 搜索、top-*k* 采样和 top-*p* 采样。

接下来，我们从头开始构建了一个 AI 音乐作曲家。我们使用莫扎特的钢琴作品，训练了一个 LSTM 模型，预测由前面的钢琴音符序列给出的下一个钢琴音符。之后，我们使用在无监督的情况下训练的分类器作为数据生成器来创作音乐。文本和音乐生成器的输出结果很可观，显示出作为开发艺术 AI，PyTorch 生成模型的资源是多么强大。

在下一章中，我们将以同样巧妙的思路，学习使用机器学习将一个图像的风格转移到另一个图像。我们将使用 PyTorch 和 CNN，从各种图像中学习艺术风格，并将这些风格施加给不同的图像——这项任务被称为神经风格迁移。

# · 第 7 章 ·

# 神经风格转移

在上一章中，我们开始使用 PyTorch 探索生成模型。构建机器学习模型，可以通过训练模型，分别生成文本和音乐，而无须对文本和音乐数据进行监督。在本章中，我们将对图像数据应用类似的方法，继续探索生成式模型。

我们将混合两个不同图像 A 和 B 的不同方面，生成包含图像 A 内容和图像 B 风格的合成图像 C。这项任务通常被称为**神经风格迁移**，因为，在某种程度上，我们是将图像 B 的风格转移到图像 A，以实现图像 C，如图 7.1 所示。

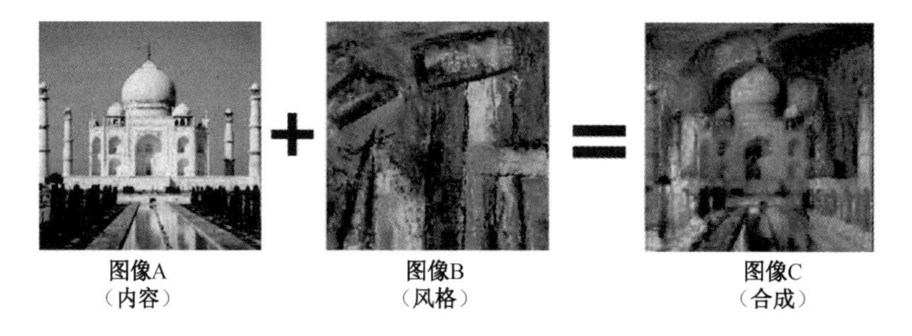


图 7.1　神经风格迁移示例

首先，我们将简要讨论如何解决这个问题，并理解实现风格迁移背后的思路。我们使用 PyTorch 实现自己的神经风格迁移系统，并将其应用于一对图像。通过这个实现练习，我们还将尝试了解不同参数在神经风格转移机制中的作用。

在本章结束时，你将了解神经风格迁移背后的概念，并能够使用 PyTorch

构建和测试你自己的神经风格迁移模型。

本章涵盖以下主题：

- 了解如何在图像之间传递风格；
- 使用 PyTorch 实现神经风格迁移。

## 7.1 技术要求

我们将在所有练习中使用 Jupyter Notebook。

以下是本章应使用 pip 安装的 Python 库列表，例如，在命令行中运行 pipinstall torch==1.4.0。

```
jupyter==1.0.0
torch==1.4.0
torchvision==0.5.0
matplotlib==3.1.2
Pillow==8.0.1
```

与本章相关的所有代码文件参阅 https://github.com/PacktPublishing/Mastering-PyTorch/tree/master/Chapter07。

## 7.2 理解如何在图像之间传递风格

在第 3 章“深度 CNN 架构”中，我们详细讨论了**卷积神经网络**（**CNN**）。CNN 是处理图像数据最成功的一类模型。我们已经了解了基于 CNN 的架构为何能够在诸如图像分类、目标检测等任务上表现最佳。成功背后的关键因素之一，在于卷积层学习空间表示的能力。

例如，在狗与猫分类器中，CNN 模型本质上能够在更高级别的特征中捕获图像的内容，这有助于它根据猫的特定特征来检测狗的特定特征。我们将利用图像分类器 CNN 的这种能力来掌握图像内容。

如第 3 章“深度 CNN 架构”所述，VGG 是一个强大的图像分类模型。我们将使用 VGG 模型的卷积部分（不包括线性层），从图像中提取与内容相关的特征。

我们知道，每个卷积层都会产生 *N* 个维度为 *X***Y* 的特征图。例如，假设我们有一个大小为（3,3）的单通道（灰度）输入图像和一个卷积层，其中输出通道数（*N*）为 3，内核大小为（2,2）、步长为（1,1），并且没有填充。这个卷积层将产生 3(*N*)个特征映射，每个大小为 2×2，因此在这种情况下 *X*=2、*Y*=2。

我们可以将卷积层产生的这 *N* 个特征图表示为大小为 *N***M* 的二维矩阵，其中 *M*=*X***Y*。通过将每个卷积层的输出定义为 2D 矩阵，我们可以定义一个附加到每个卷积层的损失函数。这个损失函数称为**内容损失**，是卷积层的预期输出和预测输出之间的平方损失，如图 7.2 所示，其中 *N*=3、*X*=2、*Y*=2。

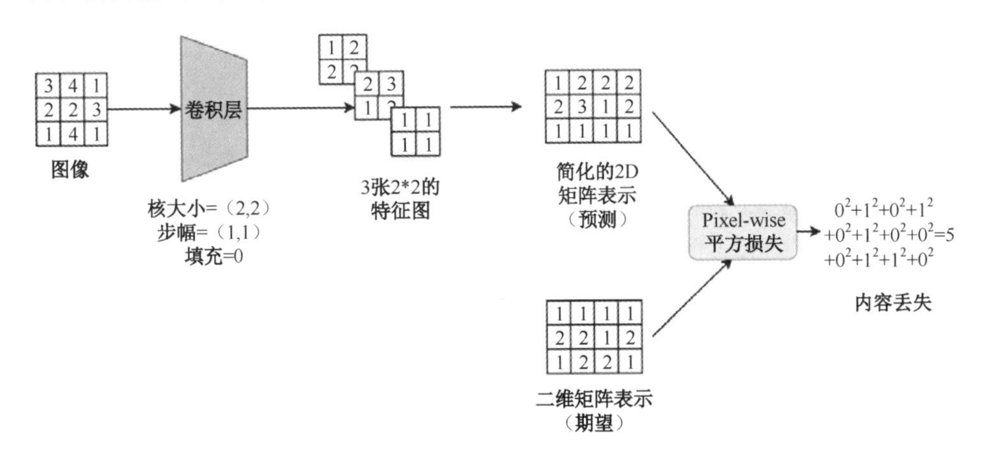


图 7.2　内容丢失示意

正如我们所见，这个例子中的输入图像（图像 C，如图 7.1 所示）被**卷积层**转换为**三张特征图**。这三张大小都为 2×2 的特征图被格式化为一个 3×4 矩阵。比较该矩阵与预期输出，将图像 A（内容图像）通过同一流，获得该输出。然后计算像素平方和损失，即**内容损失**。

现在，我们将使用 Gram 矩阵从图像中提取风格，该 Gram 矩阵由简化的 2D 矩阵表示行之间的内积运算派生而出，如图 7.3 所示。

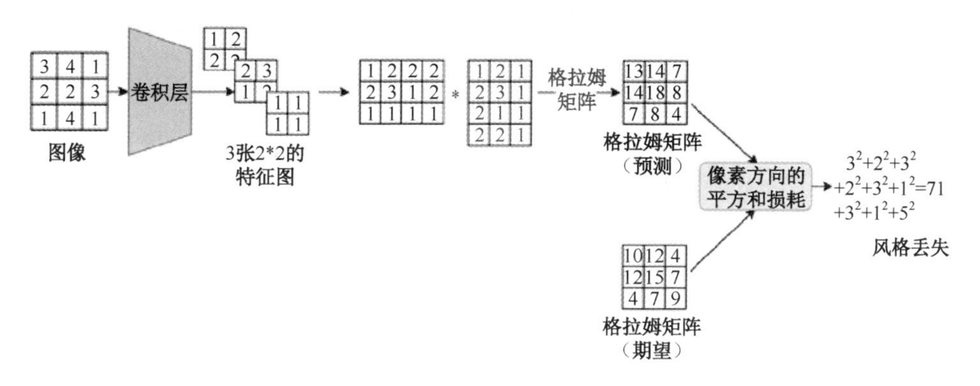


图 7.3 风格损失示意图

**Gram 矩阵**

阅读更多 Gram 矩阵相关信息，请访问：https://mathworld.wolfram.com/GramMatrix.html。

与内容损失计算相比，**Gram 矩阵**计算是这一操作中唯一的额外步骤。此外，正如我们所见，与内容损失相比，逐像素平方和损失的输出是相当大的数目。因此，该数字通过除以 $N*X*Y$ 进行归一化（即特征图的数量（$N$）乘以长度（$X$）乘以宽度（$Y$)。这也有助于标准化具有不同的 $N$、$X$ 和 $Y$ 的不同卷积层的**风格损失**度量。构建矩阵的详细信息可以在介绍神经风格迁移的原文中找到：https://arxiv.org/pdf/1508.06576.pdf。

了解了内容损失和风格损失的概念，接下来，我们看看神经风格迁移是如何工作的。

1．对于给定的 VGG（或任何其他 CNN）网络，我们定义网络中应该附加内容损失的卷积层。重复此练习以减少风格损失。

2．一旦拥有这些列表，我们就可以通过网络传递内容图像，并在将要计算内容损失的卷积层中，计算预期的卷积输出（2D 矩阵）。

3．接下来，我们通过网络传递风格图像，并计算预期的 Gram 矩阵。在卷积层中，计算风格损失，如图 7.4 所示。

例如图 7.4 中，内容损失将在第二和第三个卷积层中计算，而风格损失将在第二、第三和第五个卷积层中计算。

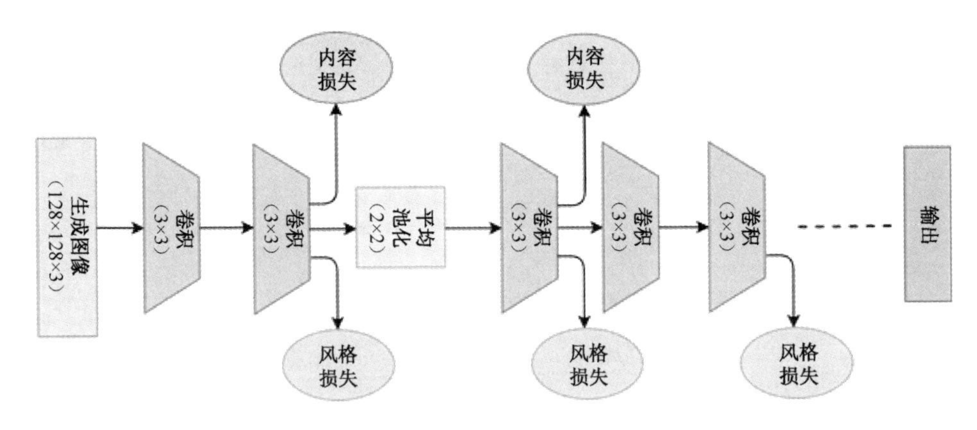


图 7.4　风格迁移架构示意图

现在，我们已经在确定的卷积层上有了内容目标和风格目标，我们准备生成一个兼具内容图像的内容和风格图像的风格的图像。

对于初始化，我们可以使用随机噪声矩阵作为生成图像的起点，也可以直接使用内容图像作为起点。我们通过网络传递该图像，并计算预选卷积层的风格和内容损失。添加风格损失，以获得总风格损失和内容损失，从而得到总内容损失。最后，通过加权的方式将这两个分量相加，获得总损失。

如果我们赋予风格组件更多的权重，就会生成更多反映其风格的图像，反之亦然。我们使用梯度下降，将损失反向传播回输入，从而更新生成的图像。经过几个迭代后，生成的图像应该以以下方式发展，即图像产生的内容和风格表示可以使各自的损失最小化，从而产生风格转移图像。

在图 7.4 中，池化层基于平均池化，而不是传统的最大池化。平均池化专门用于风格迁移，以确保平滑的梯度流动。我们希望生成的图像在像素之间没有急剧变化。此外，值得注意的是，图 7.4 中的网络终止于最后一次计算风格或内容损失的层。因此，在这种情况下，由于缺少与原始网络的第六个卷积层相关的损失，因此在风格迁移的上下文中谈论第五个卷积层之后的层是没有意义的。

在下一节中，我们将使用 PyTorch 实现我们自己的神经风格迁移系统。在预训练的 VGG 模型的帮助下，我们将使用本节讨论的概念，生成具有艺术风格的图像，并探讨调整各种模型参数对生成图像的内容和纹理/风格的影响。

## 7.3 使用 PyTorch 实现神经风格迁移

在讨论了神经风格迁移系统的内部结构后，我们准备使用 PyTorch 构建一个神经风格迁移系统。首先，我们将以练习的形式加载一个风格图像和一个内容图像，并加载预训练的 VGG 模型。然后，在定义将要计算的风格损失和内容损失的层后，我们需要修剪模型，仅保留相关层。最后，训练神经风格迁移模型，以便在逐个迭代中细化生成的图像。

### 7.3.1 加载内容图像和风格图像

出于演示目的，本练习仅展示代码的重要部分。完整代码请访问 https://github.com/PacktPublishing/Mastering-PyTorch/blob/master/Chapter07/neural_style_transfer.ipynb。具体步骤如下。

1. 首先，运行以下代码行，导入必要的库。

```
from PIL import Image
import matplotlib.pyplot as pltimport torch
import torch.nn as nn
import torch.optim as optim
import torchvisiondvc = torch.device("cuda" if torch.
cuda.is_available() else "cpu")
```

导入图像 I/O 相关的库，加载内容图像和风格图像，并显示生成的图像。同时，还需导入用于神经风格转移模型训练的标准 Torch 依赖项，以及用于加载预训练 VGG 模型和其他计算机视觉相关实用程序的 torchvision 库。

2. 接下来，我们需要一个风格图像和内容图像。使用 https://unsplash.com/ 下载每种类型的图像，本书的代码库包含下载的图像。在下面的代码中，我们正在编写一个将图像加载为张量的函数。

```
def image_to_tensor(image_filepath,  image_
dimension=128):
    img = Image.open(image_filepath).convert('RGB')
    # display image
    …
    torch_transformation =       torchvision.transforms.
Compose([
        torchvision.transforms.Resize(img_size),
        torchvision.transforms.ToTensor()
                                   ])
    img = torch_transformation(img).unsqueeze(0)
    return img.to(dvc, torch.float)
style_image = image_to_tensor("./images/style.jpg")
content_image =image_to_tensor("./images/content.jpg")
```

此处输出如图 7.5 所示。

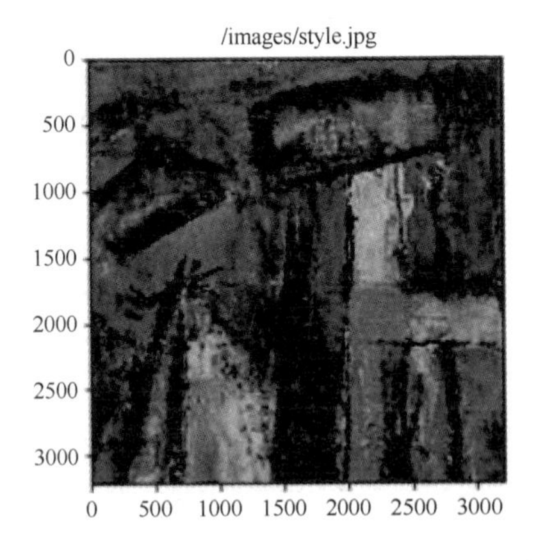


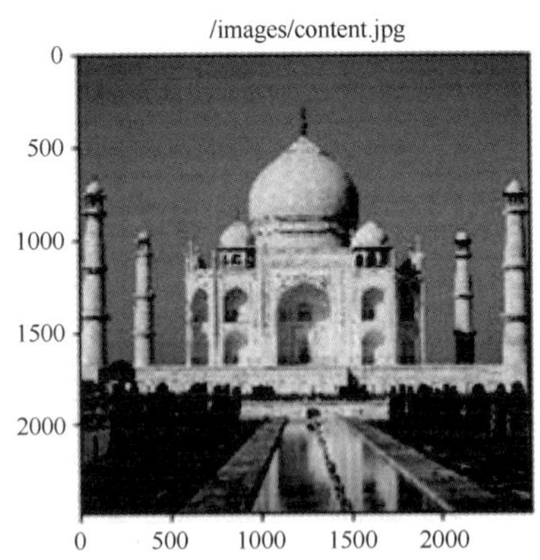


图 7.5　风格和内容图像

因此，内容图像是泰姬陵的真实照片，而风格图像是艺术画。通过风格迁移，我们希望生成一幅泰姬陵艺术画作。但是，在此之前，我们需要加载并修剪 VGG19 模型。

### 7.3.1.1 加载并修整预训练的 VGG19 模型

在这部分练习中，我们将使用预训练的 VGG 模型，并保留其卷积层。我们将对模型进行一些小的修改，使其可用于神经风格迁移。

1．我们已经获得内容图像和风格图像。本步骤中，我们将加载预训练的 VGG19 模型，并使用其卷积层生成内容和风格目标，以分别产生内容损失和风格损失。

```
vgg19_model = torchvision.models.vgg19(pretrained=True).
to(dvc)
print(vgg19_model)
```

输出如图 7.6 所示。

```
VGG(
  (features): Sequential(
    (0): Conv2d(3, 64, kernel_size=(3, 3), stride=(1, 1), padding=(1, 1))
    (1): ReLU(inplace=True)
    (2): Conv2d(64, 64, kernel_size=(3, 3), stride=(1, 1), padding=(1, 1))
    (3): ReLU(inplace=True)
    (4): MaxPool2d(kernel_size=2, stride=2, padding=0, dilation=1, ceil_mode=False)
    (5): Conv2d(64, 128, kernel_size=(3, 3), stride=(1, 1), padding=(1, 1))
    (6): ReLU(inplace=True)
    (7): Conv2d(128, 128, kernel_size=(3, 3), stride=(1, 1), padding=(1, 1))
    (8): ReLU(inplace=True)
    (9): MaxPool2d(kernel_size=2, stride=2, padding=0, dilation=1, ceil_mode=False)
    (10): Conv2d(128, 256, kernel_size=(3, 3), stride=(1, 1), padding=(1, 1))
    (11): ReLU(inplace=True)
    (12): Conv2d(256, 256, kernel_size=(3, 3), stride=(1, 1), padding=(1, 1))
    (13): ReLU(inplace=True)
    (14): Conv2d(256, 256, kernel_size=(3, 3), stride=(1, 1), padding=(1, 1))
    (15): ReLU(inplace=True)
    (16): Conv2d(256, 256, kernel_size=(3, 3), stride=(1, 1), padding=(1, 1))
    (17): ReLU(inplace=True)
    (18): MaxPool2d(kernel_size=2, stride=2, padding=0, dilation=1, ceil_mode=False)
    (19): Conv2d(256, 512, kernel_size=(3, 3), stride=(1, 1), padding=(1, 1))
    (20): ReLU(inplace=True)
    (21): Conv2d(512, 512, kernel_size=(3, 3), stride=(1, 1), padding=(1, 1))
    (22): ReLU(inplace=True)
    (23): Conv2d(512, 512, kernel_size=(3, 3), stride=(1, 1), padding=(1, 1))
    (24): ReLU(inplace=True)
    (25): Conv2d(512, 512, kernel_size=(3, 3), stride=(1, 1), padding=(1, 1))
    (26): ReLU(inplace=True)
    (27): MaxPool2d(kernel_size=2, stride=2, padding=0, dilation=1, ceil_mode=False)
    (28): Conv2d(512, 512, kernel_size=(3, 3), stride=(1, 1), padding=(1, 1))
    (29): ReLU(inplace=True)
    (30): Conv2d(512, 512, kernel_size=(3, 3), stride=(1, 1), padding=(1, 1))
    (31): ReLU(inplace=True)
    (32): Conv2d(512, 512, kernel_size=(3, 3), stride=(1, 1), padding=(1, 1))
    (33): ReLU(inplace=True)
    (34): Conv2d(512, 512, kernel_size=(3, 3), stride=(1, 1), padding=(1, 1))
    (35): ReLU(inplace=True)
    (36): MaxPool2d(kernel_size=2, stride=2, padding=0, dilation=1, ceil_mode=False)
  )
  (avgpool): AdaptiveAvgPool2d(output_size=(7, 7))
  (classifier): Sequential(
    (0): Linear(in_features=25088, out_features=4096, bias=True)
    (1): ReLU(inplace=True)
    (2): Dropout(p=0.5, inplace=False)
    (3): Linear(in_features=4096, out_features=4096, bias=True)
    (4): ReLU(inplace=True)
    (5): Dropout(p=0.5, inplace=False)
    (6): Linear(in_features=4096, out_features=1000, bias=True)
  )
)
```

图 7.6　VGG19 模型

2．我们不需要线性层，也就是说我们只需要模型的卷积部分。在前面的代码中，这可以通过只保留模型对象的 features 属性来实现，如下所示。

```
vgg19_model = vgg19_model.features
```

> **注意**
>
> 在本练习中，我们不会调整 VGG 模型的参数。
>
> 我们要调整的只是生成图像的像素，位于模型的输入端。因此，我们需要确保加载的 VGG 模型参数是固定的。

3．使用以下代码冻结 VGG 模型的参数。

```
for param in vgg19_model.parameters():
    param.requires_grad_(False)
```

4．我们已经加载了 VGG 模型的相关部分，现在需要将最大池化层更改为平均池化层，如上一节所述。操作时，要注意卷积层在模型中的位置。

```
conv_indices = []for i in range(len(vgg19_model)):
    if vgg19_model[i]._get_name() == 'MaxPool2d':
        vgg19_model[i] =  nn.AvgPool2d(kernel_size=vgg19_
model[i].kernel_size,
stride=vgg19_model[i].stride, padding=vgg19_model[i].
padding)
    if vgg19_model[i]._get_name() == 'Conv2d':
        conv_indices.append(i)

conv_indices = dict(enumerate(conv_indices, 1))
print(vgg19_model)
```

输出如图 7.7 所示。

我们可以看见，如图 7.7 中框所示，线性层已被移除，最大池化层已被平均池化层取代。

在前面的步骤中，我们加载了一个预训练的 VGG 模型，对其进行了修改，以便将其用作神经风格迁移模型。接下来，我们将把这个修改后的 VGG 模型转化为神经风格迁移模型。

```
Sequential(
  (0): Conv2d(3, 64, kernel_size=(3, 3), stride=(1, 1), padding=(1, 1))
  (1): ReLU(inplace=True)
  (2): Conv2d(64, 64, kernel_size=(3, 3), stride=(1, 1), padding=(1, 1))
  (3): ReLU(inplace=True)
  (4): AvgPool2d(kernel_size=2, stride=2, padding=0)
  (5): Conv2d(64, 128, kernel_size=(3, 3), stride=(1, 1), padding=(1, 1))
  (6): ReLU(inplace=True)
  (7): Conv2d(128, 128, kernel_size=(3, 3), stride=(1, 1), padding=(1, 1))
  (8): ReLU(inplace=True)
  (9): AvgPool2d(kernel_size=2, stride=2, padding=0)
  (10): Conv2d(128, 256, kernel_size=(3, 3), stride=(1, 1), padding=(1, 1))
  (11): ReLU(inplace=True)
  (12): Conv2d(256, 256, kernel_size=(3, 3), stride=(1, 1), padding=(1, 1))
  (13): ReLU(inplace=True)
  (14): Conv2d(256, 256, kernel_size=(3, 3), stride=(1, 1), padding=(1, 1))
  (15): ReLU(inplace=True)
  (16): Conv2d(256, 256, kernel_size=(3, 3), stride=(1, 1), padding=(1, 1))
  (17): ReLU(inplace=True)
  (18): AvgPool2d(kernel_size=2, stride=2, padding=0)
  (19): Conv2d(256, 512, kernel_size=(3, 3), stride=(1, 1), padding=(1, 1))
  (20): ReLU(inplace=True)
  (21): Conv2d(512, 512, kernel_size=(3, 3), stride=(1, 1), padding=(1, 1))
  (22): ReLU(inplace=True)
  (23): Conv2d(512, 512, kernel_size=(3, 3), stride=(1, 1), padding=(1, 1))
  (24): ReLU(inplace=True)
  (25): Conv2d(512, 512, kernel_size=(3, 3), stride=(1, 1), padding=(1, 1))
  (26): ReLU(inplace=True)
  (27): AvgPool2d(kernel_size=2, stride=2, padding=0)
  (28): Conv2d(512, 512, kernel_size=(3, 3), stride=(1, 1), padding=(1, 1))
  (29): ReLU(inplace=True)
  (30): Conv2d(512, 512, kernel_size=(3, 3), stride=(1, 1), padding=(1, 1))
  (31): ReLU(inplace=True)
  (32): Conv2d(512, 512, kernel_size=(3, 3), stride=(1, 1), padding=(1, 1))
  (33): ReLU(inplace=True)
  (34): Conv2d(512, 512, kernel_size=(3, 3), stride=(1, 1), padding=(1, 1))
  (35): ReLU(inplace=True)
  (36): AvgPool2d(kernel_size=2, stride=2, padding=0)
)
```

图 7.7　修改后的 VGG19 模型

## 7.3.2 构建神经风格迁移模型

此时，我们可以定义希望计算内容损失和风格损失的卷积层。在原文中，风格损失是在前五个卷积层上计算的，而内容损失仅在第四个卷积层上计算。我们将遵循相同的惯例，但我们鼓励读者尝试不同的组合，并观察不同组合对生成图像的影响。具体步骤介绍如下：

1. 列出需要进行风格损失和内容损失的层。

```
layers = {1: 's', 2: 's', 3: 's', 4: 'sc', 5: 's'}
```

此处，我们定义了与风格损失相关的第一到第五卷积层，以及与内容损失相关的第四卷积层。

2. 删除 VGG 模型中不需要的部分。我们将只保留至第五个卷积层，如下所示：

```
vgg_layers = nn.ModuleList(vgg19_model)
last_layer_idx = conv_indices[max(layers.keys())]
vgg_layers_trimmed = vgg_layers[:last_layer_idx+1]
neural_style_transfer_model = nn.Sequential(*vgg_layers_
trimmed)
print(neural_style_transfer_model)
```

此处输出如图 7.8 所示。

```
Sequential(
  (0): Conv2d(3, 64, kernel_size=(3, 3), stride=(1, 1), padding=(1, 1))
  (1): ReLU()
  (2): Conv2d(64, 64, kernel_size=(3, 3), stride=(1, 1), padding=(1, 1))
  (3): ReLU()
  (4): AvgPool2d(kernel_size=2, stride=2, padding=0)
  (5): Conv2d(64, 128, kernel_size=(3, 3), stride=(1, 1), padding=(1, 1))
  (6): ReLU()
  (7): Conv2d(128, 128, kernel_size=(3, 3), stride=(1, 1), padding=(1, 1))
  (8): ReLU()
  (9): AvgPool2d(kernel_size=2, stride=2, padding=0)
  (10): Conv2d(128, 256, kernel_size=(3, 3), stride=(1, 1), padding=(1, 1))
)
```

图 7.8　神经风格迁移模型对象

如图 7.8 所示，具有 16 个卷积层的 VGG 模型已经被转换为具有 5 个卷积层的神经风格迁移模型。

### 7.3.3 训练神经风格迁移模型

在本节中，我们将开始处理将要生成的图像。我们可以通过多种方式初始化此图像，如使用随机噪声图像或使用内容图像作为初始图像。现在，我们将使用随机噪声图像作为初始图像。稍后，我们还将看到使用内容图像作为初始图像对结果的影响。

1. 以下代码演示了使用随机数初始化 Torch 张量的过程。

```
# initialize as the content image
# ip_image = content_image.clone()
# initialize as random noise:
ip_image = torch.randn(content_image.data.size(),
device=dvc)
plt.figure()
plt.imshow(ip_image.squeeze(0).cpu().detach().numpy().
transpose(1,2,0).clip(0,1));
```

此处输出如图 7.9 所示。

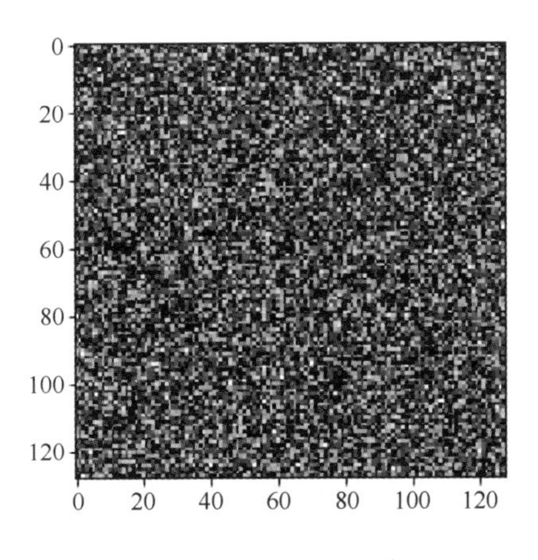


图 7.9 随机噪声图像

2. 开始模型训练循环。首先，定义训练的迭代数，提供风格损失和内容损失的相对权重，以及为了优化梯度下降，以 0.1 的学习率实例化 Adam 优化器。

```
num_epochs=180
wt_style=1e6
wt_content=1
style_losses = []
content_losses = []
opt = optim.Adam([ip_image.requires_grad_()], lr=0.1)
```

3. 开始训练循环。在迭代开始时，将风格损失和内容损失初始化为零，然后将输入图像的像素值设置为 0 和 1 之间，以确保数值的稳定性。

```
for curr_epoch in range(1, num_epochs+1):
    ip_image.data.clamp_(0, 1)
    opt.zero_grad()
    epoch_style_loss = 0
    epoch_content_loss = 0
```

4. 这是训练迭代的关键一步。本阶段，我们必须计算每个预定义风格卷积层和内容卷积层的风格损失和内容损失。将各层的风格损失和内容损失相加，得到当前迭代的总的风格损失和内容损失。

```
    for k in layers.keys():
        if 'c' in layers[k]:
            target = neural_style_transfer_model[:conv_
indices[k]+1](content_image).detach()
            ip = neural_style_transfer_model[:conv_
indices[k]+1](ip_image)
            epoch_content_loss += torch.nn.functional.
mse_loss(ip, target)
        if 's' in layers[k]:
            target = gram_matrix(neural_style_transfer_
model[:conv_indices[k]+1](style_image)).detach()
            ip = gram_matrix(neural_style_transfer_
model[:conv_indices[k]+1](ip_image))
            epoch_style_loss += torch.nn.functional.mse_
loss(ip, target)
```

如前面的代码所示，处理风格损失和内容损失时，我们首先使用风格图像和内容图像计算风格目标和内容目标（基于事实）。我们对目标赋予.detach()，表明这些只是固定的目标值，不是可训练的。接下来，我们基于作为输入的生成图像，在每个风格层和内容层中计算预测的风格输出和内容输出。最后，我们计算风格损失和内容损失。

5. 对于风格损失，我们还需要使用预定义的 Gram 矩阵函数计算 Gram 矩阵，如下代码所示：

```
def gram_matrix(ip):
    num_batch, num_channels, height, width = ip.size()
```

```
    feats = ip.view(num_batch * num_channels, width * height)
    gram_mat = torch.mm(feats, feats.t())
    return gram_mat.div(num_batch * num_channels * width * height)
```

正如前文所说，我们可以使用 torch.mm 函数计算内部点积。计算 Gram 矩阵，对矩阵进行归一化，需要将矩阵除以特征图的数量与每个特征图的宽度和高度的乘积。

6. 回到训练循环。我们已经计算了总的风格损失和内容损失，现在，需要使用我们之前定义的权重，计算最终的总损失作为这两者的加权和。

```
    epoch_style_loss *= wt_style
    epoch_content_loss *= wt_content
    total_loss = epoch_style_loss + epoch_content_loss
    total_loss.backward()
```

在每 $k$ 个迭代中，我们可以通过查看损失及生成的图像来了解训练的进程。图 7.10 所示为之前代码生成的风格迁移图像的演化过程，其中每 20 个迭代记录 1 次，共记录 180 次迭代。

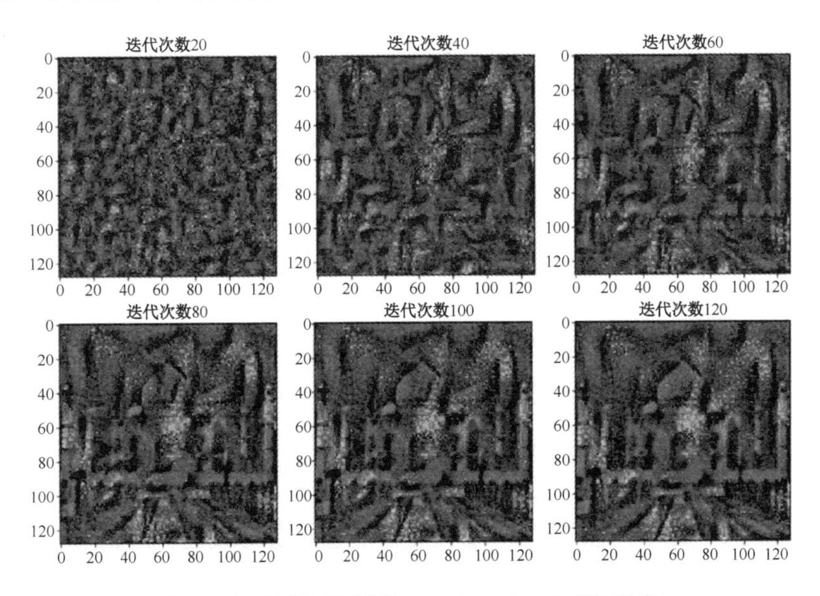


图 7.10　神经风格迁移 epoch-wise 生成的图像

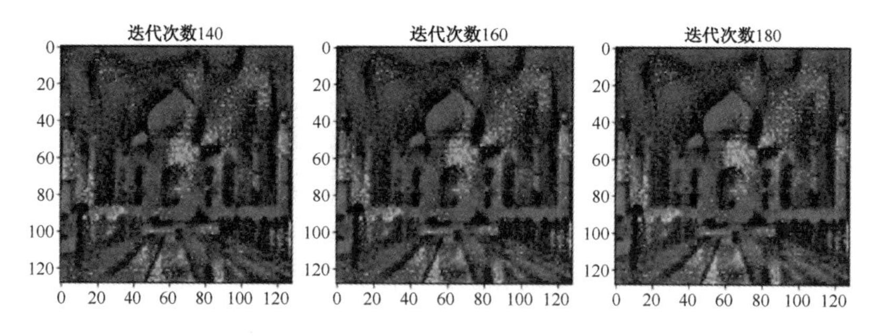


图 7.10 神经风格迁移 epoch-wise 生成的图像（续）

显然，模型首先将风格图像中的风格应用于随机噪声。随着训练的进行，内容损失开始发挥作用，从而将内容赋予风格图像。我们可以看到，第 **180** 次迭代时，生成的图像看起来很像泰姬陵的艺术画作。从图 7.11 可以看出，随着迭代次数的增加（从 0 到 180），风格损失和内容损失逐渐减小。

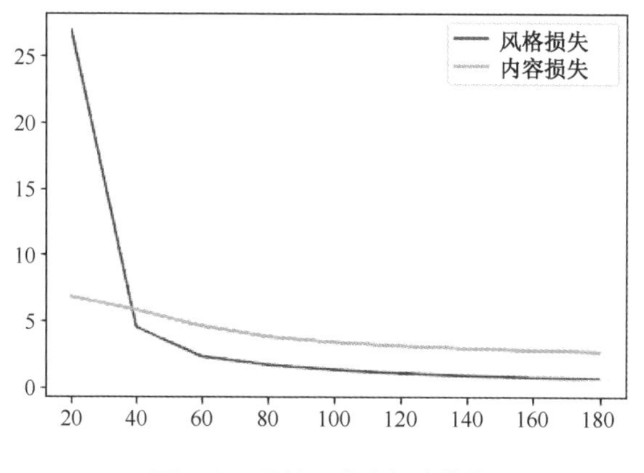


图 7.11 风格和内容损失曲线

值得注意的是，风格损失在最初急剧下降，这在图 7.10 中也很明显，因为最初的迭代标志着在图像上风格的强加多于内容。在训练的高级阶段，这两种损失都逐渐下降，生成了风格迁移图像，这是风格图像的艺术性和用相机拍摄的照片的真实性之间一个不错的折中。

## 7.3.4 尝试风格迁移系统

在上一节中，我们成功训练了风格迁移系统。现在，让我们看看系统如何响应不同的超参数设置。按下列步骤进行操作。

1. 在上一节中，我们将内容权重设置为 1，将风格权重设置为 1e6。现在，将风格权重进一步增加 10 倍（即增加到 1e7），然后观察它如何影响风格迁移过程。在使用新的权重训练 600 次迭代后，我们得到了图 7.12 所示的风格迁移的进展。

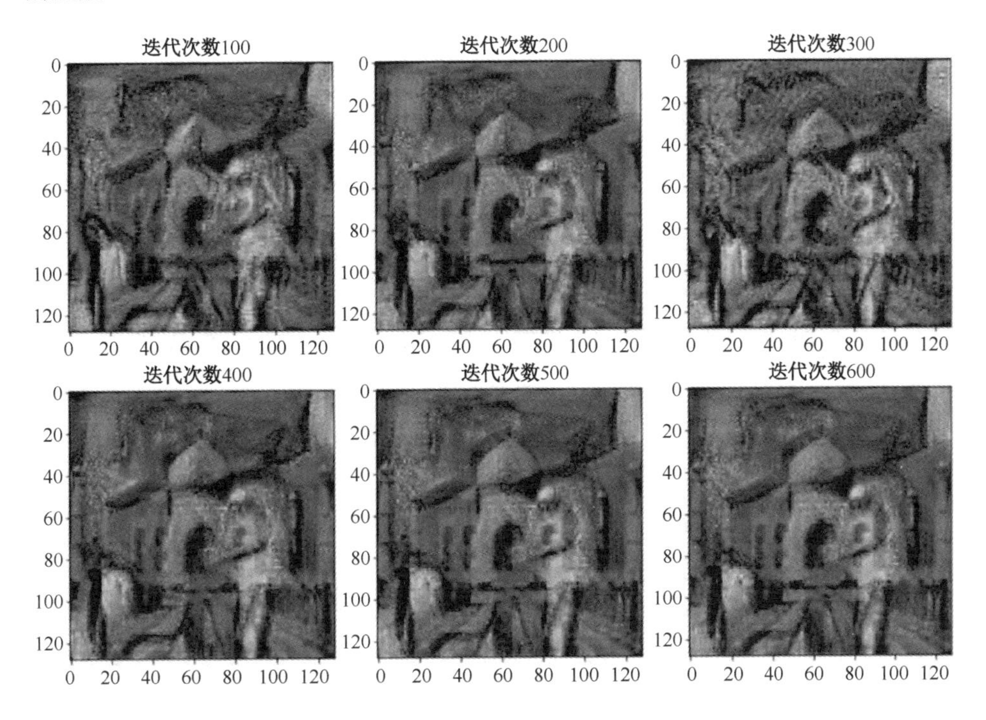


图 7.12　风格权重较高的风格迁移时期

我们可以看到，在这一步中，一开始需要比前一个场景更多的迭代才能达到合理的结果。更重要的是，更高的风格权重似乎会影响生成的图像。当我们将图 7.12 与图 7.10 进行比较时，发现前者与图 7.5 所示的风格图像更相似。

2．同样，将风格权重从 1e6 减小到 1e5 产生的结果更加注重内容，如图 7.13 所示。

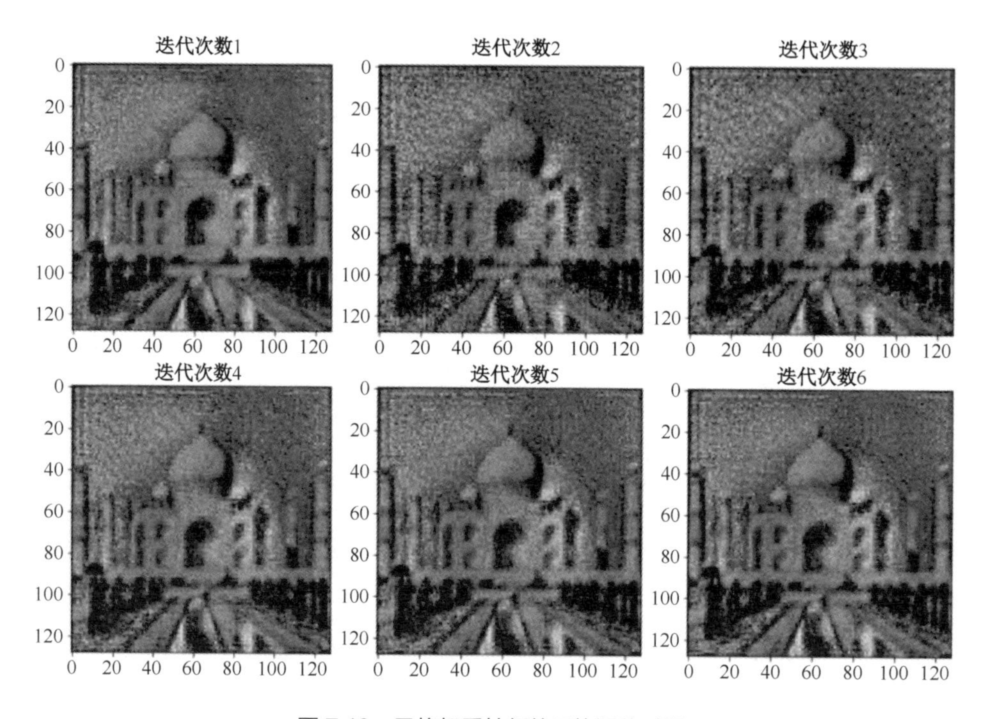


图 7.13　风格权重较低的风格迁移时期

与风格权重较高的场景相比，风格权重较低意味着获得合理的结果所需的迭代更少，生成图像中的风格数量很少，并且主要是内容图像数据。我们只将这个场景训练了 6 次迭代，因为 6 次迭代之后结果就饱和了。

3．更改初始化使用内容图像而不是随机噪声来生成图像，同时原始风格和内容的权重分别设为 1e6 和 1。其风格迁移变化如图 7.14 所示。

将图 7.14 与图 7.10 进行比较，我们可以看到，以内容图像为起点为我们提供了不同进展路径来获得合理风格迁移图像。与图 7.10 相比，内容组件和风格组件似乎同时被强加到生成图像上，而在图 7.10 中，首先强加风格组件，其次才是内容组件。图 7.15 证实了这一假设。

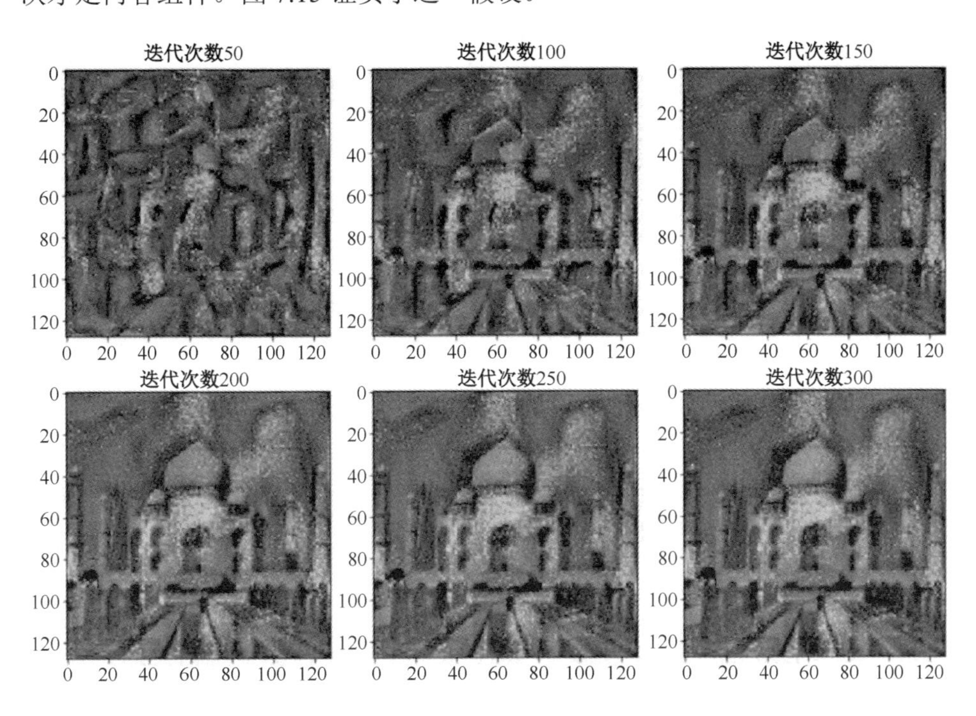


图 7.14　带有内容图像初始化的风格迁移时期

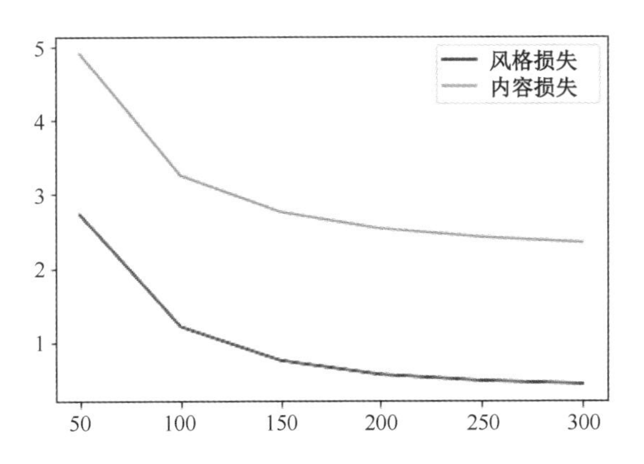


图 7.15　带有内容图像初始化的风格和内容损失曲线

正如我们所见，风格损失和内容损失都随着迭代而减少，最终在结束时达到饱和。尽管如此，图 7.10 和图 7.14，甚至图 7.12 和图 7.13 中的最终结果都展现了泰姬陵的合理艺术印象。

我们已经使用 PyTorch 成功构建了一个神经风格迁移模型。我们使用内容图像（美丽的泰姬陵照片）和风格图像（一幅画布），生成了合理的近似于泰姬陵的艺术绘画。此应用程序可以扩展到各种其他组合。交换内容和风格图像也会产生有趣的结果，并可以更深入地了解模型的内部工作原理。

我们鼓励读者通过执行以下操作来扩展在本章中讨论的练习：

- 更改风格和内容层列表；
- 使用更大的图像尺寸；
- 尝试更多风格和内容损失权重的组合；
- 使用其他优化器，如 SGD 和 LBFGS；
- 用不同的学习率训练更长的迭代，观察所有这些方法生成的图像的差异。

## 7.4 总结

在本章中，我们将生成式机器学习的概念应用于图像，生成包含一张图像的内容和另一张图像的风格的图像。这个任务被称为神经风格迁移。首先，我们理解了风格迁移算法背后的思路，尤其是使用 Gram 矩阵从图像中提取风格。

接下来，我们使用 PyTorch 构建自己的神经风格迁移模型。我们使用了部分预训练的 VGG19 模型，通过其中的一些卷积层提取内容信息和风格信息。将 VGG19 模型的最大池化层替换为平滑梯度流的平均池化层，然后将随机的初始图像输入神经风格迁移模型中，并在风格损失和内容损失的帮助下，使用梯度下降对图像像素进行了微调。

这个输入图像在迭代中不断演进，并为我们提供了最终生成的图像，其中包含内容图像的内容和风格图像的风格。最后，我们通过改变相对风格损失权重和初始输入图像进行风格实验，观察对生成图像随迭代演进的影响。

对使用 PyTorch 进行神经风格迁移的讨论到此结束。请注意，在风格迁移中，我们不会生成与模型正在训练的数据相似的数据（在本例中为 VGG-19）。事实上，我们需要生成的数据应该在两个世界（内容和风格）之间找到最佳折中。在下一章中，我们将扩展这个范式，其中将有一个生成虚假数据的生成器，还有一个区分虚假数据和真实数据的判别器。这种模型通常被称为**生成对抗网络**（Generative Adversarial Network，**GAN**）。我们将在下一章中探索深度卷积 GAN。

# 第 8 章

# 深度卷积 GAN

生成式神经网络已成为研究和开发的热门领域。这一趋势很大程度上归功于我们将在本章中讨论的一类模型。该模型称为**生成式对抗网络**（Generative Adversarial Network，**GAN**），于 2014 年推出。自引入基本 GAN 模型以来，研究者们持续研发各种类型的 GAN 模型，并将其用于不同的应用。

本质上，GAN 由**生成器**和**判别器**两个神经网络组成。让我们看一个用于生成图像的 GAN 示例。对于该类型的 GAN，生成器的任务是生成看起来逼真的虚假图像，而判别器的任务是区分真实图像和虚假图像。

在联合优化过程中，生成器最终将学会生成一个逼真的虚假图像，使判别器基本上无法将其与真实图像区分开来。一旦训练了这样的模型，它的生成器部分就可以用作可靠的数据生成器。事实证明，除了用于无监督学习的生成模型外，GAN 也可用于半监督学习的生成模型。

例如，在图像示例中，判别器模型学习到的特征可用于图像数据，以提高分类模型训练的性能。除了半监督学习，GAN 被证明还适用于强化学习，这将是第 9 章“深度强化学习”讨论的主题。

我们将在本章关注一种特殊的 GAN 类型，即**深度卷积 GAN**（**Deep Convolutional GAN**，**DCGAN**）。DCGAN 本质上是一种无监督的**卷积神经网络**（**CNN**）**模型**。在 DCGAN 中，生成器和判别器都是纯 CNN，没有全连接层。DCGAN 在生成逼真图像方面具有良好效果，我们可以从 DCGAN 入手，学习如何从头开始构建、训练并运行 GAN。

在本章中，我们将首先了解 GAN 中的各个组件：生成器和判别器模型；联合优化计划。然后，我们将重点学习使用 PyTorch 来构建 DCGAN 模型。接下来，我们将使用图像数据集训练和测试 DCGAN 模型的性能。本章末，我们将回顾图像风格迁移的概念，并探索 Pix2Pix GAN 模型。该模型可以有效地对任何给定的图像对执行风格迁移。

我们还将了解 Pix2Pix GAN 模型中的各个组件与 DCGAN 模型中的各个组件之间的关系。完成本章学习后，我们将真正了解 GAN 的工作原理，并能够使用 PyTorch 构建任何类型的 GAN 模型。本章分为以下几个主题：

- 定义生成器和判别器网络；
- 使用 PyTorch 训练 DCGAN；
- 使用 GAN 进行风格迁移。

## 8.1 技术要求

我们将在所有练习中使用 Jupyter Notebook。以下是本章应使用 pip 安装的 Python 库列表。例如，在命令行上运行 pip install torch==1.4.0。

```
jupyter==1.0.0
torch==1.4.0
torchvision==0.5.0
```

与本章相关的所有代码文件请访问：https://github.com/PacktPublishing/Mastering-PyTorch/tree/master/Chapter08。

## 8.2 定义生成器和判别器网络

如前所述，GAN 由生成器和判别器两个组件组成，两者本质上都属于神经网络。具有不同神经架构的生成器和判别器会生成不同类型的 GAN。例如，DCGAN 仅将 CNN 作为生成器和判别器。你可以在以下链接中：https://github.com/eriklindernoren/PyTorch-GAN 找到不同类型的 GAN 列表，以及对应的 PyTorch 实现列表。

在任何用于生成某种真实数据的 GAN 中，生成器通常将随机噪声作为输入，并产生与真实数据具有相同维度的输出。我们将这一生成的输出称为**虚假数据**输出。另一方面，判别器在工作上属于**二元分类器**。它将生成的虚假数据和真实数据（一次一个）作为输入，并预测输入数据为真实或虚假。GAN 模型整体架构如图 8.1 所示。

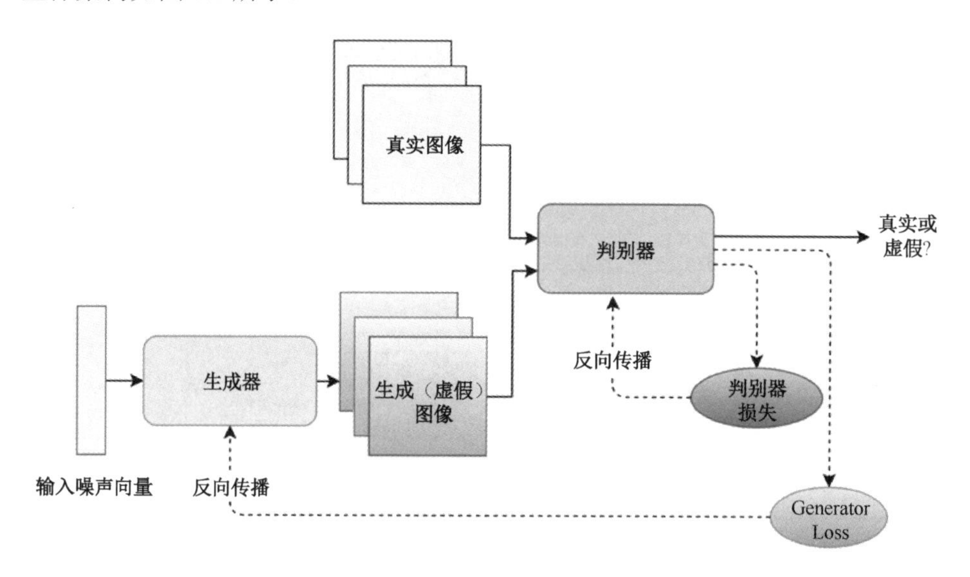


图 8.1　GAN 模型整体架构

像任何二元分类器一样，判别器网络也需要优化，也就是使用二元交叉熵函数优化判别器网络。因此，判别器模型的动机是将图像正确分类为真实或虚假，而生成器网络的动机与之完全相反。生成器的损失在数学上表示为 $-\log(D(G(x)))$，其中 $x$ 是输入到生成器模型 $G$ 中的随机噪声；$G(x)$是生成器模型生成的虚假图像；而 $D(G(x))$是判别器模型的输出概率 $D$，即真实图像概率。

因此，当判别器判断生成的虚假图像为真实时，生成器的损失达到最小。本质上，在这个联合优化问题中，生成器在试图欺骗判别器。

在执行中，两个损失函数交替反向传播。也就是说，在每次训练迭代时，首先将判别器冻结，然后通过反向传播生成器损失的梯度，优化生成器网络的参数。

然后，冻结调谐生成器，通过反向传播判别器损失的梯度优化判别器。这就是所谓的联合优化。它也相当于原始 GAN 论文中的双人 Minimax 游戏，详细信息请访问：https://arxiv.org/pdf/1406.2661.pdf。

对于 DCGAN 的特殊情况，我们需要考虑生成器和判别器模型架构的外观。如前所述，两者都是纯卷积模型。图 8.2 所示为 DCGAN 的生成器模型架构。

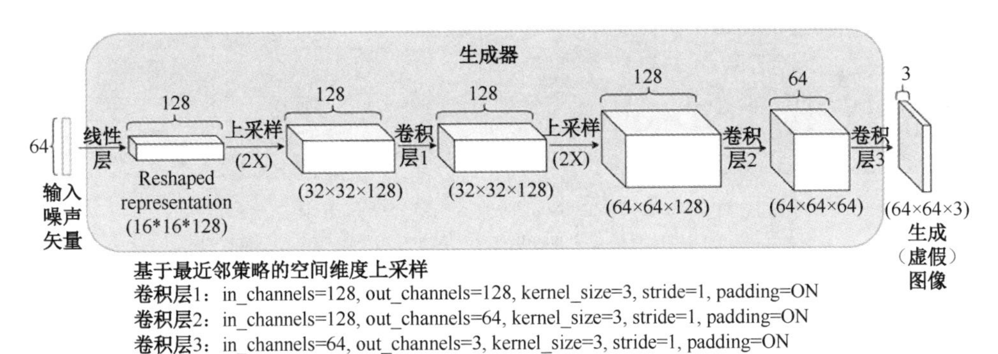


图 8.2 DCGAN 生成器模型架构

首先，重塑大小为 **64** 的随机噪声输入向量，并投影到 **128** 个大小为 **16×16** 的特征图上。使用线性层完成该投影。此后，将产生一系列上采样层和卷积层。第一个上采样层采用最近邻的上采样策略，将 **16×16** 特征图简单地转换为 **32×32** 特征图。

然后，具有 **3×3** 内核大小和 **128** 个输出特征图的 2D 卷积层，将该层输出的 **128** 个 **32×32** 特征图进一步采样大小为 **64×64** 的特征图。最后由两个 2D 卷积层生成大小为 64×64 的（虚假）RGB 图像。

> **注意**
>
> 我们省略了批量归一化和 leaky ReLU 层，以避免在架构表示中出现混乱。下一节中的 PyTorch 代码将提及并解释这些细节。

现在我们知道了生成器模型的外观，让我们来看看判别器模型。DCGAN 判别器模型架构如图 8.3 所示。

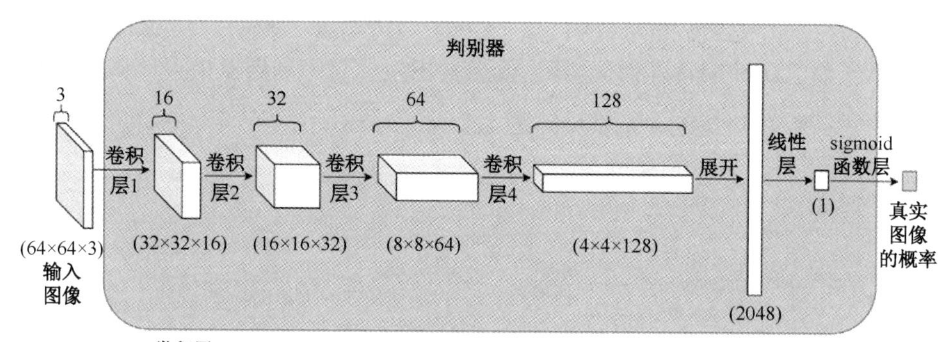


图 8.3　DCGAN 判别器模型架构

可以看出，此架构中每个卷积层的步幅为 2，这有助于减少空间维度，同时增加深度（即特征图的数量）。这是一种基于 CNN 的经典二元分类架构，用于分类真实图像和生成的虚假图像。

了解生成器和判别器模型的架构后，我们现在以图 8.1 中的示意图为基础，构建整个 DCGAN 模型，并在图像数据集上训练 DCGAN 模型。

在下一节中，我们将使用 PyTorch 来完成这项任务。我们将详细讨论 DCGAN 模型实例化、加载图像数据集、联合训练 DCGAN 生成器和判别器，以及在训练后的 DCGAN 生成器中生成虚假样本图像。

## 8.3 使用 PyTorch 训练 DCGAN

在上一节中，我们讨论了 DCGAN 模型中生成器和判别器模型的架构。在本节中，我们将以练习的形式使用 PyTorch 来构建、训练和测试 DCGAN 模型。我们将使用图像数据集训练 DCGAN 模型，并测试训练后 DCGAN 模型的生成器在生成虚假图像时的性能。

### 8.3.1 定义生成器

出于演示目的，以下练习仅展示代码的重要部分。完整代码请访问：https://github.com/PacktPublishing/Mastering-PyTorch/blob/master/Chapter08/dcgan.ipynb。

1. 首先，导入所需的库。

```
import os
import numpy as np
import torch
import torch.nn as nn
import torch.nn.functional as F
from torch.utils.data import DataLoader
from torch.autograd import Variable
import torchvision.transforms as transforms
```

```
from torchvision.utils import save_image
from torchvision import datasets
```

在这个练习中，我们只需使用 torch 和 torchvision 来构建 DCGAN 模型。通过使用 torchvision，我们将能够直接使用可用的图像数据集。

2. 导入库后，指定一些模型超参数，如以下代码所示：

```
num_eps=10
bsize=32
lrate=0.001
lat_dimension=64
image_sz=64
chnls=1
logging_intv=200
```

我们设置训练模型的批量大小为 32、学习率为 0.001，进行 10 次迭代。预期图像大小为 64×64×3。lat_dimension 是随机噪声向量的长度。实质上，这意味着我们将从 64 维的潜在空间中提取随机噪声，作为生成器模型的输入。

3. 现在，定义生成器模型对象。以下代码定义的模型与图 8.2 所示的架构一致。

```
class GANGenerator(nn.Module):
    def __init__(self):
        super(GANGenerator, self).__init__()
        self.inp_sz = image_sz // 4
        self.lin =   nn.Sequential(nn.Linear(lat_
dimension, 128 * self.inp_sz ** 2))
        self.bn1 = nn.BatchNorm2d(128)
        self.up1 = nn.Upsample(scale_factor=2)
        self.cn1 = nn.Conv2d(128, 128, 3, stride=1,
padding=1)
        self.bn2 = nn.BatchNorm2d(128, 0.8)
        self.rl1 = nn.LeakyReLU(0.2, inplace=True)
        self.up2 = nn.Upsample(scale_factor=2)
        self.cn2 = nn.Conv2d(128, 64, 3, stride=1,
padding=1)
        self.bn3 = nn.BatchNorm2d(64, 0.8)
```

```
        self.rl2 = nn.LeakyReLU(0.2, inplace=True)
        self.cn3 = nn.Conv2d(64, chnls, 3, stride=1, 
padding=1)
        self.act = nn.Tanh()
```

4．定义_init_method 之后，定义 forward 方法，本质上只需按照顺序调用不同的层。

```
    def forward(self, x):
        x = self.lin(x)
        x = x.view(x.shape[0], 128, self.inp_sz, self.
inp_sz)
        x = self.bn1(x)
        x = self.up1(x)
        x = self.cn1(x)
        x = self.bn2(x)
        x = self.rl1(x)
        x = self.up2(x)
        x = self.cn2(x)
        x = self.bn3(x)
        x = self.rl2(x)
        x = self.cn3(x)
        out = self.act(x)
        return out
```

我们在本练习中使用了明确的逐层定义，而不是 nn.Sequential 方法。因为出现问题时，逐层定义可以更容易地调试模型。

我们还可以在代码中看到批量归一化和 leaky ReLU 层，但图 8.2 并没有提及二者。在线性层或卷积层后使用批量归一化，可以加快训练过程，降低对初始网络权重的敏感性。

此外，在 DCGAN 中，我们使用 leakey ReLU 而非常规 ReLU 作为激活函数，因为常规 ReLU 可能会丢失负值输入的所有信息。具有 0.2 负斜率的 leakey ReLU 集赋予输入的负信息 20%的权重，这可能有助于我们在 GAN 模型的训练过程中避免梯度消失。

接下来，我们将使用 PyTorch 代码定义判别器网络。

### 8.3.2 定义判别器

与生成器类似，现在，我们定义判别器模型。

1．同样，以下代码定义的模型架构与图 8.3 所示的模型架构一致。

```
class GANDiscriminator(nn.Module):
    def __init__(self):
        super(GANDiscriminator, self).__init__()
        def disc_module(ip_chnls, op_chnls, bnorm=True):
            mod = [nn.Conv2d(ip_chnls, op_chnls, 3, 2,
1), nn.LeakyReLU(0.2, inplace=True),
                   nn.Dropout2d(0.25)] if bnorm:
                mod += [nn.BatchNorm2d(op_chnls, 0.8)]
            return mod
        self.disc_model = nn.Sequential(
            *disc_module(chnls, 16, bnorm=False),
            *disc_module(16, 32),
            *disc_module(32, 64),
            *disc_module(64, 128),
        )
        # width and height of the down-sized image
        ds_size = image_sz // 2 ** 4
        self.adverse_lyr = nn.Sequential(nn.Linear(128 *
ds_size ** 2, 1), nn.Sigmoid())
```

首先，我们已经定义了一个通用判别器模块，它是由一个卷积层、一个可选的批量归一化层、一个 leaky ReLU 层和一个 dropout 层构成的级联。为了构建判别器模型，我们按顺序重复这个模块 4 次——每次使用不同的卷积层参数集。

目标是输入 64×64×3 RGB 的图像，并在该图像通过卷积层时增加其深度（即通道数），并减小图像的高度和宽度。

展平判别器模块的最终输出，并通过对抗层。本质上，对抗层将展平化表示完全连接到最终模型输出（即单个数字）。这个模型输出随后通过一个 sigmoid 激活函数，给出该图像是真实（或非虚假的）的概率。

2．以下是判别器的 forward 方法，以 64×64 RGB 图像作为输入，并生成图像为真实的概率。

```
    def forward(self, x):
        x = self.disc_model(x)
        x = x.view(x.shape[0], -1)
        out = self.adverse_lyr(x)
        return out
```

3．定义了生成器和判别器模型后，我们现在可以将其中之一实例化，还可以在以下代码中，将对抗性损失函数定义为二元交叉熵损失函数。

```
# instantiate the discriminator and generator models
gen = GANGenerator()
disc = GANDiscriminator()
# define the loss metric
adv_loss_func = torch.nn.BCELoss()
```

对抗性损失函数将用于定义训练循环后的生成器和判别器损失函数。从概念上讲，我们使用二元交叉熵作为损失函数，因为目标本质上是二元的：要么是真实图像，要么是虚假图像。而且，二元交叉熵是一种非常适合二元分类任务的损失函数。

### 8.3.3 加载图像数据集

在训练 DCGAN 生成逼真虚假图像的任务中，我们将使用著名的 MNIST 数据集。MNIST 数据集包含从 0 到 9 的手写数字图像。通过使用 torchvision.datasets，我们可以直接下载 MNIST 数据集，并从中创建一个数据集和一个数据加载器实例。

```
# define the dataset and corresponding dataloader
dloader = torch.utils.data.DataLoader(
    datasets.MNIST(
        "./data/mnist/", download=True,
        transform=transforms.Compose(
            [transforms.Resize((image_sz, image_sz)),
             transforms.ToTensor(), transforms.Normalize([0.5],
[0.5])]),), batch_size=bsize, shuffle=True,)
```

图 8.4 是来自 MNIST 数据集的真实图像示例。

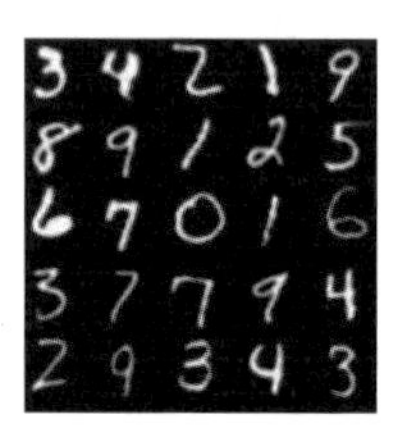

图 8.4　来自 MNIST 数据集的真实图像

> **数据集引用**
>
> [LeCun et al., 1998a] Y. LeCun, L. Bottou, Y. Bengio, and P. Haffner. "Gradient-based learning applied to document recognition." Proceedings of the **IEEE, 86(11):2278-2324, November 1998.**
>
> Yann LeCun（纽约大学 Courant Institute）和 Corinna Cortes（纽约 Google 实验室）拥有 MNIST 数据集版权，该数据集是原始 NIST 数据集的衍生作品。MNIST 数据集根据知识共享署名方式共享 3.0 许可条款。

到目前为止，我们已经定义了模型架构和数据流水线。下一节，我们开始实际编写 DCGAN 模型训练例程。

### 8.3.4 DCGAN 的训练循环

我们已经定义了模型架构，加载了数据集。在本节中，我们将实际训练 DCGAN 模型。

1．**定义优化模式**。在开始训练循环前，我们将为生成器和判别器定义优化模式。我们将在模型中使用 Adam 优化器。在 DCGAN 原文（https://arxiv.org/pdf/1511.06434.pdf）中，beta1 和 beta2 Adam 优化器的参数设置为 0.5 和 0.999，而不是通常的 0.9 和 0.999。

我们在练习中保留了默认值 0.9 和 0.999。但是，我们希望读者使用论文中提到的完全相同的值来获得类似的结果。

```
# define the optimization schedule for both G and D
opt_gen = torch.optim.Adam(gen.parameters(), lr=lrate)
opt_disc = torch.optim.Adam(disc.parameters(), lr=lrate)
```

2．**训练生成器**。现在，我们终于可以运行训练循环来训练 DCGAN 了。由于我们将联合训练生成器和判别器，因此训练程序将以交替的方式进行，包括两个步骤——训练生成器模型和训练判别器模型。我们将从训练生成器开始，代码如下。

```
os.makedirs("./images_mnist", exist_ok=True)
for ep in range(num_eps):
    for idx, (images, _) in enumerate(dloader):
        # generate ground truths for real and fake images
        good_img = Variable(torch.FloatTensor(images.
shape[0], 1).fill_(1.0), requires_grad=False)
        bad_img = Variable(torch.FloatTensor(images.
shape[0], 1) .fill_(0.0), requires_grad=False)
        # get a real image
        actual_images = Variable(images.type(torch.
FloatTensor))
        # train the generator model
        opt_gen.zero_grad()
        # generate a batch of images based on random
noise as input
        noise = Variable(torch.FloatTensor(np.random.
normal(0, 1, (images.shape[0], lat_dimension))))
        gen_images = gen(noise)
        # generator model optimization - how well can it
fool the discriminator
```

```
        generator_loss = adv_loss_func(disc(gen_images),
good_img)
        generator_loss.backward()
        opt_gen.step()
```

在前面的代码中，我们首先为真假图像生成真实值标签。真实图像标记为1，虚假图像标记为0。这些标签将作为判别器模型的目标输出，判别器模型是一个二元分类器。

接下来，我们从 MINST 数据集加载器中加载一批真实图像，以随机噪声作为输入，使用生成器生成一批虚假图像。

最后，我们将生成器损失定义为以下对抗性损失：

a．由判别器模型预测的虚假图像（由生成器模型生成）的真实性概率。

b．真实值为 1。

本质上，如果判别器判别失败，将生成的虚假图像视为真实图像，那么生成器就发挥了作用，生成器损失会很低。若计算出生成器损失，我们就可以沿着生成器模型，反向传播梯度，调整其参数。

在前面的生成器模型优化步骤中，我们保持判别器模型参数不变，并简单地使用判别器模型进行前向传递。

**3．训练判别器**。接下来，与之相反，我们将保留生成器模型的参数，并训练判别器模型。

```
        # train the discriminator model
        opt_disc.zero_grad()
        # calculate discriminator loss as average of
mistakes(losses) in confusing real images as fake and
vice versa
        actual_image_loss = adv_loss_func(disc(actual_
images), good_img)
        fake_image_loss = adv_loss_func(disc(gen_images.
detach()), bad_img)
        discriminator_loss = (actual_image_loss + fake_
image_loss) / 2
        # discriminator model optimization
```

```
        discriminator_loss.backward()
        opt_disc.step()
        batches_completed = ep * len(dloader) + idx
        if batches_completed % logging_intv == 0:
            print(f"epoch number {ep} | batch number
{idx} | generator loss = {generator_loss.item()} \
            | discriminator loss = {discriminator_loss.
item()}")
            save_image(gen_images.data[:25], f"images_
mnist/{batches_completed}.png", nrow=5, normalize=True)
```

请记住，我们有一批真实图像和虚假图像。为了训练判别器模型，二者缺一不可。将判别器损失简单定义为对抗性损失或二元交叉熵损失，就像我们定义任何二元分类器损失一样。

我们计算真实图像和虚假图像批次中判别器的损失，保持真实图像批次的目标值为 1，虚假图像批次的目标值为 0。然后，使用这两个损失的平均值作为最终的判别器损失，并用它反向传播梯度，以此调整判别器模型参数。

我们每隔几次迭代和几个批次，记录模型的性能结果，即生成器损失和判别器损失。在前面的代码中，我们应该得到的输出如图 8.5 所示。

```
epoch number 0 | batch number 0 | generator loss = 0.683123 | discriminator loss = 0.693203
epoch number 0 | batch number 200 | generator loss = 5.871073 | discriminator loss = 0.032416
epoch number 0 | batch number 400 | generator loss = 2.876508 | discriminator loss = 0.288186
epoch number 0 | batch number 600 | generator loss = 3.705342 | discriminator loss = 0.049239
epoch number 0 | batch number 800 | generator loss = 2.727477 | discriminator loss = 0.542196
epoch number 0 | batch number 1000 | generator loss = 3.382538 | discriminator loss = 0.282721
epoch number 0 | batch number 1200 | generator loss = 1.695523 | discriminator loss = 0.304907
epoch number 0 | batch number 1400 | generator loss = 2.297853 | discriminator loss = 0.655593
epoch number 0 | batch number 1600 | generator loss = 1.397890 | discriminator loss = 0.599436

epoch number 10 | batch number 3680 | generator loss = 1.407570 | discriminator loss = 0.409708
epoch number 10 | batch number 3880 | generator loss = 0.667673 | discriminator loss = 0.808560
epoch number 10 | batch number 4080 | generator loss = 0.793113 | discriminator loss = 0.679659
epoch number 10 | batch number 4280 | generator loss = 0.902015 | discriminator loss = 0.709771
epoch number 10 | batch number 4480 | generator loss = 0.640646 | discriminator loss = 0.321178
epoch number 10 | batch number 4680 | generator loss = 1.235740 | discriminator loss = 0.465171
epoch number 10 | batch number 4880 | generator loss = 0.896295 | discriminator loss = 0.451197
epoch number 10 | batch number 5080 | generator loss = 0.690564 | discriminator loss = 0.285500
```

图 8.5　DCGAN 训练日志

注意损失是如何波动的。由于联合训练机制具有对抗性，波动通常容易发生在 GAN 模型的训练过程中。除了输出日志，我们还会定期保存一些网络生成的图像。在前几次迭代中生成的图像如图 8.6 所示。

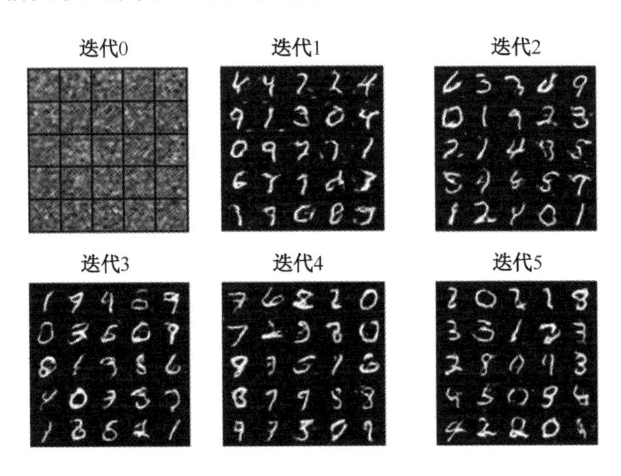


图 8.6　DCGAN epoch-wise 图像生成

如果我们将后面几次迭代的结果与图 8.4 中的原始 MNIST 图像进行比较，可以看出 DCGAN 已经成功学习了如何生成外观逼真的虚假手写数字图像。

由此可见，目标已经达成。我们已经学习了如何使用 PyTorch 从头开始构建 DCGAN 模型。DCGAN 论文有一些微小的细节，如生成器和判别器模型层参数的正常初始化、Adam 优化器中的特定 beta1 和 beta2 值，等等。为了强调 GAN 代码的主要部分，我们省略了其中的一些细节。我们鼓励读者加入这些细节，看看它会如何改变结果。

此外，在练习中，我们只使用了 MNIST 数据库，但可以使用任何图像数据集来训练 DCGAN 模型。我们鼓励读者在其他图像数据集上试用此模型。名人面孔数据集是 DCGAN 训练中比较流行的图像数据集（http://mmlab.ie.cuhk.edu.hk/projects/CelebA.html）。

还可以使用 DCGAN 训练模型，生成不存在的名人面孔。ThisPersonDoesntExist（https://thispersondoesnotexist。com/）项目可以生成不存在的人类面孔，如幽灵一般。总的来说，这就是 DCGAN 和 GAN 的强大之处。此外，在 PyTorch 的帮助下，我们现在可以用几行代码构建自己的 GAN。

在本章的下一部分，我们将越过 DCGAN，简要介绍另一种类型的 GAN——Pix2Pix 模型。Pix2Pix 模型可用于概括图像中的风格迁移任务，简单来说，是图像到图像的转化任务。我们将讨论 Pix2Pix 模型的架构、生成器和判别器，并使用 PyTorch 定义生成器和判别器模型。我们还将在架构和实现方面对比 Pix2Pix 与 DCGAN。

## 8.4 使用 GAN 进行风格迁移

到目前为止，我们只详细介绍了 DCGAN。GAN 模型有数百种不同类型，而且更多的模型正在研发中。下列是一些著名的 GAN 模型：

- GAN；
- DCGAN；
- Pix2Pix；
- CycleGAN；
- **超分辨率 GAN（SRGAN）**；
- 上下文编码器；
- Text-2-Image；
- **最小二乘法（LSGAN）**；
- SoftmaxGAN；
- WassersteinGAN。

每种 GAN 变体都因其所满足的应用程序、底层模型架构，或优化策略中的一些调整（如修改损失函数）而有所不同。例如，SRGAN 用于提高低分辨率图像的分辨率；CycleGAN 使用两个而非一个生成器，生成器由类似 ResNet

的代码块组成;LSGAN 以均方误差作为判别器损失函数,而不是在大多数 GAN 中常用的交叉熵损失函数。

用短短一章，甚至一本书讨论所有的 GAN 变体是不现实的。但是，在本节中，我们将探索另一种类型的 GAN 模型，这种模型与上一节讨论的 DCGAN 模型和第 7 章“神经风格迁移”中讨论的神经风格迁移模型相关。

这种特殊类型的 GAN 名为 Pix2Pix，可以概括图像之间的风格迁移任务，还提供了一个通用的迁移框架，用于图像与图像之间的迁移。我们将简要探讨 Pix2Pix 架构，以及其 PyTorch 生成器和判别器组件的实现。

在第 7 章“神经风格迁移”中，你可能还记得经过充分训练的神经风格迁移模型仅适用于给定的一对图像。Pix2Pix 是一个更通用的模型，一旦训练成功，就可以迁移任何一对图像之间的风格。事实上，该模型不仅用于风格迁移，还可以用于任何图像与图像之间的转化应用，如背景遮挡、调色板补全等。

本质上，Pix2Pix 的工作方式与任何 GAN 模型一样，具有一个生成器和一个判别器。如图 8.1 所示，Pix2Pix 模型中的生成器不是以随机噪声作为输入并生成图像，而是将真实图像作为输入，并尝试生成该图像的转化版本。如果正在进行风格迁移任务，那么生成器将尝试生成风格迁移图像。

随后，判别器查看一对图像，而不是如图 8.1 所示的单个图像。将真实图像及其等效的转化图像输入到判别器，如果转化后的图像是真实的，那么判别器应该输出 1，如果转化后的图像是由生成器生成的，那么判别器应该输出 0。Pix2Pix 模型如图 8.7 所示。

图 8.7 与图 8.1 有明显的相似之处，这意味着 Pix2Pix 的基本思想和规则与常规 GAN 相同。两者唯一的区别在于，Pix2Pix 判别器判别一对图像的真假，而非单个图像。

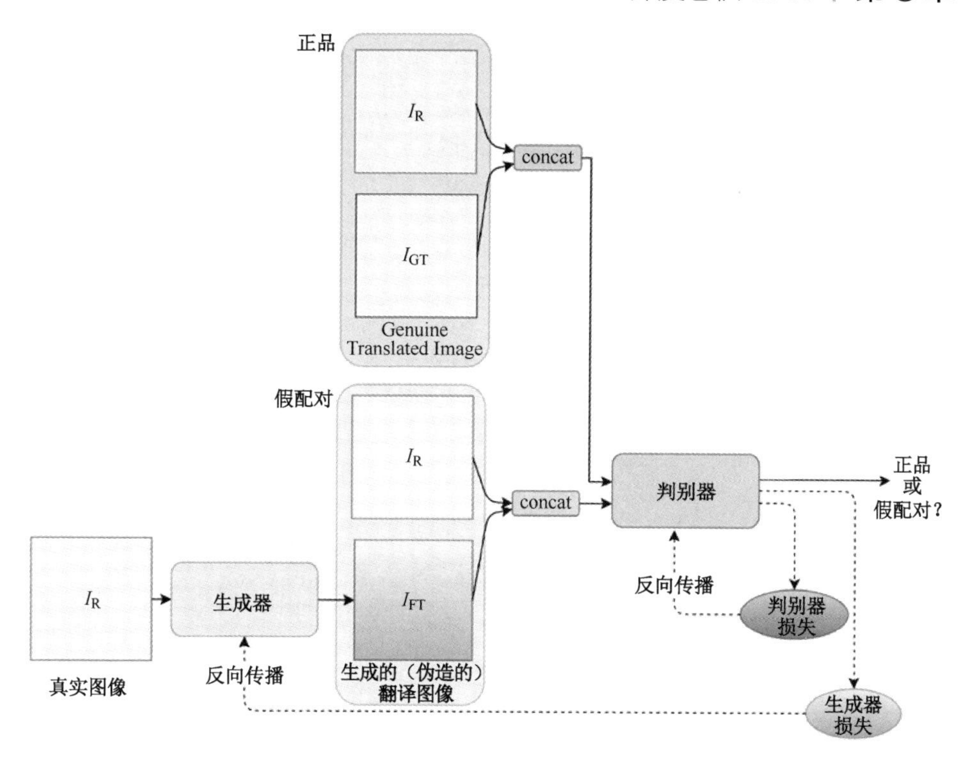


图 8.7　Pix2Pix 模型示意图

#### 8.4.1.1　探索 Pix2Pix 生成器

在 Pix2Pix 模型中使用的生成器子模型是著名的 CNN——UNet，用于图像分割。图 8.8 所示为 UNet 的架构，用作 Pix2Pix 模型的生成器。

UNet 名称来自 U 形网络，如图 8.8 所示。该网络中有两个主要组件：

- 从左上角到底部是网络的编码器部分，它将 **256×256** RGB 的输入图像编码为 **512** 大小的特征向量。
- 从右上角到底部是网络的解码器部分，它从大小为 512 的嵌入向量中生成图像。

UNet 的一个关键特性在于**跳跃连接**，即从编码器部分到解码器部分的串联特征，如图 8.8 中虚线箭头所示。使用编码器部分的特征，有助于解码器在每个上采样步骤中更好地定位高分辨率信息。串联一直沿着深度维度进行。

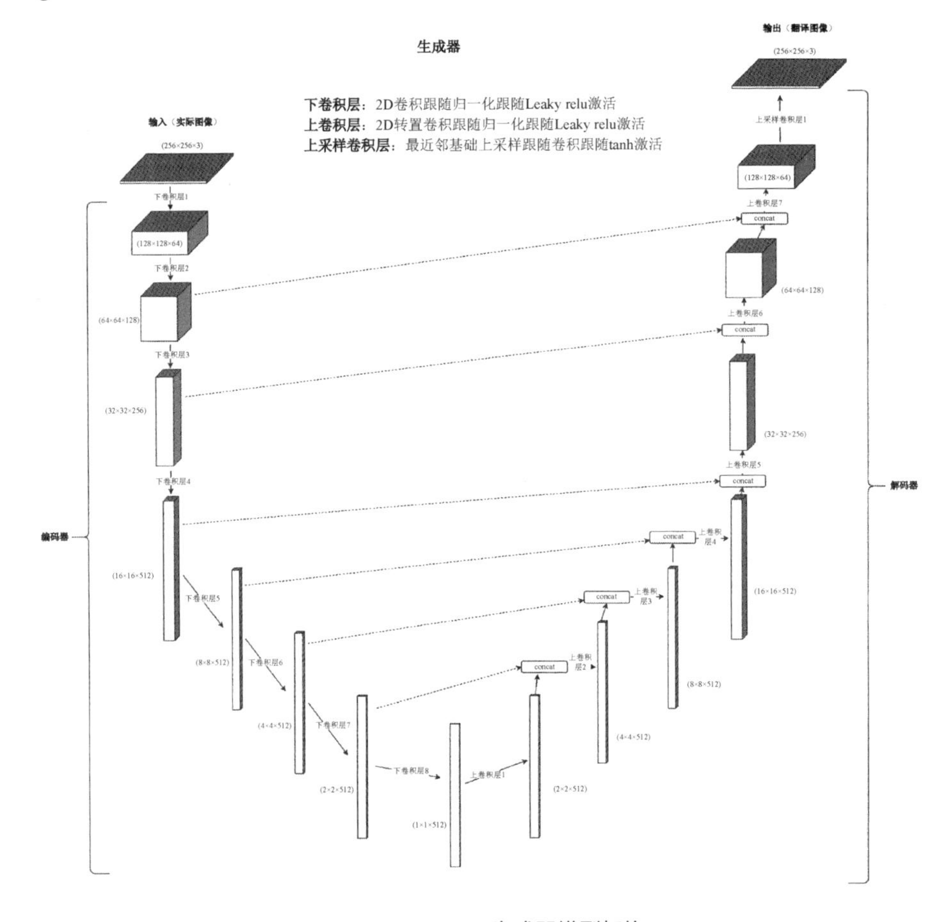


图 8.8　Pix2Pix 生成器模型架构

本质上，编码器部分是一系列下卷积块，其中每个下卷积块本身就是一个由 2D 卷积层、实例归一化层和 leaky ReLU 激活组成的序列。与之相似，解码器部分由一系列上卷积块组成，其中每个上卷积块是一个由 2D 转置卷积层、实例归一化层和 ReLU 激活层组成的序列。

UNet 生成器架构的最后一个部分是基于最近邻的上采样层，然后是 2D 卷积层，最后是 Tanh 激活。现在，让我们看看 UNet 生成器的 PyTorch 代码。

1. 以下是等效 PyTorch 代码，用于定义基于 UNet 的生成器架构。

```
class UNetGenerator(nn.Module):
    def __init__(self, chnls_in=3, chnls_op=3):
        super(UNetGenerator, self).__init__()
        self.down_conv_layer_1 = DownConvBlock(chnls_in,
64, norm=False)
        self.down_conv_layer_2 = DownConvBlock(64, 128)
        self.down_conv_layer_3 = DownConvBlock(128, 256)
        self.down_conv_layer_4 = DownConvBlock(256, 512,
dropout=0.5)
        self.down_conv_layer_5 = DownConvBlock(512, 512,
dropout=0.5)
        self.down_conv_layer_6 = DownConvBlock(512, 512,
dropout=0.5)
        self.down_conv_layer_7 = DownConvBlock(512, 512,
dropout=0.5)
        self.down_conv_layer_8 = DownConvBlock(512, 512,
norm=False, dropout=0.5)
        self.up_conv_layer_1 = UpConvBlock(512, 512,
dropout=0.5)
        self.up_conv_layer_2 = UpConvBlock(1024, 512,
dropout=0.5)
        self.up_conv_layer_3 = UpConvBlock(1024, 512,
dropout=0.5)
        self.up_conv_layer_4 = UpConvBlock(1024, 512,
dropout=0.5)
        self.up_conv_layer_5 = UpConvBlock(1024, 256)
        self.up_conv_layer_6 = UpConvBlock(512, 128)
        self.up_conv_layer_7 = UpConvBlock(256, 64)
        self.upsample_layer = nn.Upsample(scale_factor=2)
        self.zero_pad = nn.ZeroPad2d((1, 0, 1, 0))
        self.conv_layer_1 = nn.Conv2d(128, chnls_op, 4,
padding=1)
        self.activation = nn.Tanh()
```

如你所见，此处有 8 个下卷积层和 7 个上卷积层。上卷积层具有两个输入，一个来自于先前上卷积层输出，另一个来自于等效的下卷积层输出，如图 8.7

中虚线所示。

2. 我们已经使用 UpConvBlock 和 DownConvBlock 类定义了 UNet 模型层。以下是这些代码块的定义，从 UpConvBlock 类开始。

```
class UpConvBlock(nn.Module):
    def __init__(self, ip_sz, op_sz, dropout=0.0):
        super(UpConvBlock, self).__init__()
        self.layers = [
            nn.ConvTranspose2d(ip_sz, op_sz, 4, 2, 1),
            nn.InstanceNorm2d(op_sz), nn.ReLU(),]
        if dropout:
            self.layers += [nn.Dropout(dropout)]
    def forward(self, x, enc_ip):
        x = nn.Sequential(*(self.layers))(x)
        op = torch.cat((x, enc_ip), 1)
        return op
```

该上卷积块中的转置卷积层由一个 4×4 的内核组成，步长为 2，与输入相比，输出的空间维度基本上翻了一倍。

在这个转置卷积层中，4×4 内核在输入图像中穿过每隔一个的像素（步长为 2）。在每个像素中，像素值与 4×4 内核中的 16 个值逐一相乘。

随后对整个图像的核乘法结果的重叠值求和，使输出图像是输入图像长度和宽度的两倍。此外，在前述的 forward 方法中，通过上卷积块完成前向传递之后，执行串联操作。

3. 定义 DownConvBlock 类的 PyTorch 代码如下：

```
class DownConvBlock(nn.Module):
    def __init__(self, ip_sz, op_sz, norm=True,
dropout=0.0):
        super(DownConvBlock, self).__init__()
        self.layers = [nn.Conv2d(ip_sz, op_sz, 4, 2, 1)]
        if norm:
            self.layers.append(nn.InstanceNorm2d(op_sz))
        self.layers += [nn.LeakyReLU(0.2)]
```

```
        if dropout:
            self.layers += [nn.Dropout(dropout)]
    def forward(self, x):
        op = nn.Sequential(*(self.layers))(x)
        return op
```

下卷积块内部的卷积层有一个大小为 4×4 的内核，步幅为 2，填充被激活。由于步幅为 2，因此该层的输出是其输入空间维度的一半。

leaky ReLU 激活也用于与 DCGAN 类似的情况：处理负输入的能力，有助于缓解梯度消失问题。

到目前为止，我们已经看到了基于 UNet 生成器中的_init_方法。此后的 forward 方法会非常简单。

```
    def forward(self, x):
        enc1 = self.down_conv_layer_1(x)
        enc2 = self.down_conv_layer_2(enc1)
        enc3 = self.down_conv_layer_3(enc2)
        enc4 = self.down_conv_layer_4(enc3)
        enc5 = self.down_conv_layer_5(enc4)
        enc6 = self.down_conv_layer_6(enc5)
        enc7 = self.down_conv_layer_7(enc6)
        enc8 = self.down_conv_layer_8(enc7)
        dec1 = self.up_conv_layer_1(enc8, enc7)
        dec2 = self.up_conv_layer_2(dec1, enc6)
        dec3 = self.up_conv_layer_3(dec2, enc5)
        dec4 = self.up_conv_layer_4(dec3, enc4)
        dec5 = self.up_conv_layer_5(dec4, enc3)
        dec6 = self.up_conv_layer_6(dec5, enc2)
        dec7 = self.up_conv_layer_7(dec6, enc1)
        final = self.upsample_layer(dec7)
        final = self.zero_pad(final)
        final = self.conv_layer_1(final)
        return self.activation(final)
```

在讨论了 Pix2Pix 模型的生成器部分之后，让我们看看判别器模型。

#### 8.4.1.2 探索 Pix2Pix 判别器

在这种情况下，判别器模型也是一个二元分类器——就像 DCGAN 一样。唯一的区别在于，这个二元分类器将两个图像作为输入。两个输入沿深度维度进行连接。图 8.9 所示为 Pix2Pix 判别器模型架构。

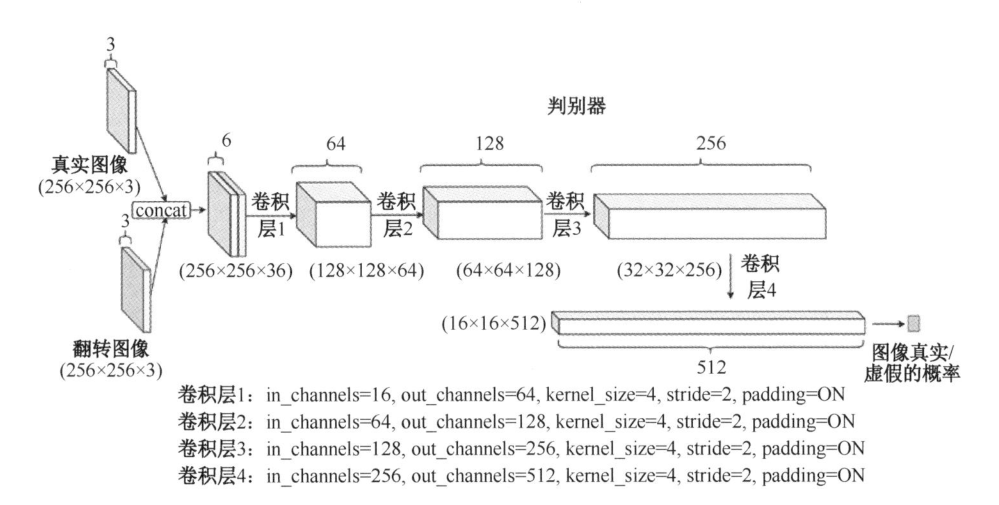


图 8.9 Pix2Pix 判别器模型架构

在 CNN 中，归一化层及 leaky ReLU 激活位于最后 3 个卷积层之后。定义此判别器模型的 PyTorch 代码如下：

```
class Pix2PixDiscriminator(nn.Module):
    def __init__(self, chnls_in=3):
        super(Pix2PixDiscriminator, self).__init__()
        def disc_conv_block(chnls_in, chnls_op, norm=1):
            layers = [nn.Conv2d(chnls_in, chnls_op, 4,
stride=2, padding=1)]
            if normalization:
                layers.append(nn.InstanceNorm2d(chnls_op))
            layers.append(nn.LeakyReLU(0.2, inplace=True))
            return layers
        self.lyr1 = disc_conv_block(chnls_in * 2, 64, norm=0)
        self.lyr2 = disc_conv_block(64, 128)
        self.lyr3 = disc_conv_block(128, 256)
```

```
        self.lyr4 = disc_conv_block(256, 512)
```

可以看出，4 个卷积层随后在每一步中都加倍空间表示的深度。第二、三和四层在卷积层后添加了归一化层，并在每个卷积块的末端应用一个具有 20% 负斜率的 leaky ReLU 激活。最后，PyTorch 中判别器模型类的 forward 方法如下所示：

```
    def forward(self, real_image, translated_image):
        ip = torch.cat((real_image, translated_image), 1)
        op = self.lyr1(ip)
        op = self.lyr2(op)
        op = self.lyr3(op)
        op = self.lyr4(op)
        op = nn.ZeroPad2d((1, 0, 1, 0))(op)
        op = nn.Conv2d(512, 1, 4, padding=1)(op)
        return op
```

首先，连接输入图像并通过 4 个卷积块，最后得到一个二进制输出，给出这对图像是真实或虚假（即由生成器模型生成的）的概率。通过这种方式，在运行时训练 Pix2Pix 模型，以便 Pix2Pix 模型的生成器可以输入任何图像，并应用于训练过程中学到的图像转化函数。

如果生成的虚假转化图像与原始图像的真正转化版本难以区分，则可认为 Pix2Pix 模型已经达到效果。

对 Pix2Pix 模型的探索到此结束。原则上，Pix2Pix 模型与 DCGAN 模型在整体架构上非常相似，这两个模型的判别器网络都是基于 CNN 的二元分类器。Pix2Pix 模型的生成器网络是一个稍微复杂的架构，灵感来自 UNet 图像分割模型。

总的来说，我们已经能够使用 PyTorch 成功定义 DCGAN 和 Pix2Pix 的生成器和判别器模型，并了解这两个 GAN 变体的内部工作原理。

完成本节学习后，你将能够开始为许多其他 GAN 变体编写 PyTorch 代码。使用 PyTorch 构建并训练各种 GAN 模型是很好的学习体验，当然，这样的练习也非常有趣。我们鼓励读者通过本章中的信息来使用 PyTorch 处理自己的 GAN 项目。

## 8.5 总结

自 2014 年问世以来，GAN 一直是研究和开发的热门领域。本章是对 GAN 背后概念的探索，包括 GAN 组件，即生成器和判别器。我们讨论了每个组件的架构及 GAN 模型的整体示意图。

随后，我们深入研究了一种特定类型的 GAN——DCGAN。通过练习，我们使用 PyTorch 从头构建了一个 DCGAN 模型。我们使用 MNIST 数据集来训练该模型，经过 10 次迭代训练后，该 DCGAN 模型生成器成功生成了看似逼真的手写数字虚假图像。

在本章的最后一节，我们探索了另一种 GAN 类型，它用于图像与图像之间的迁移任务——Pix2Pix 模型。Pix2PixGAN 模型不仅可以处理一对图像，还可以泛化任何图像与图像之间的转化任务，包括任何一对给定图像之间的风格迁移。

此外，我们还讨论了 Pix2Pix 模型原理图，以及其生成器和判别器模型与 DCGAN 模型在架构上的不同之处。对生成模型的介绍从第 6 章“使用 PyTorch 生成音乐和文本”开始，再到第 7 章“神经风格迁移”，现在以 GAN 结束。

在下一章中，我们将改变方向，讨论深度学习中一个最令人兴奋和即将面临的领域——深度强化学习。深度学习的这一分支仍处于发展之中。我们将探索 PyTorch 带来的影响，以及在这个具有挑战性的深度学习领域，PyTorch 将如何为取得进一步发展提供帮助。

# 第 9 章

# 深度强化学习

机器学习通常分为三种不同的范式：**监督学习**、**无监督学习**和**强化学习**（**Reinforcement Learning，RL**）。监督学习需要标记数据，是迄今为止最常用的机器学习范式。无监督学习不需要标记数据，其一直在不断发展，特别是以生成式模型的形式。

RL 是机器学习的一个不同分支，且被公认为是目前最接近模拟人类学习方式的分支。这个领域的研究工作目前处于初级阶段，但十分活跃，已经取得了一些显著成果。例如，著名的 AlphaGo 模型，由 Google 的 DeepMind 构建，该模型在围棋赛中击败了世界上最厉害的围棋选手。

在监督学习中，我们通常为模型提供原子输入—输出数据对，并希望模型学习将输出作为输入函数。在 RL 中，我们并不热衷于学习这样的单独输入到单独输出的函数。相反，我们感兴趣的是学习一种策略（或奖励），它使我们能够从输入（状态）开始采取一系列步骤（或动作），以获得最终输出或实现最终目标。

查看照片并判断照片中的影像是猫还是狗，这是一项原子输入—输出学习任务，可以通过监督学习来解决。但是，查看棋盘，并以赢得比赛为目标决定下一步的行动，这需要策略，而我们需要 RL 来处理此类复杂的任务。

在前面的章节中，我们遇到过监督学习的例子，例如：使用 MNIST 数据集构建分类器，分类手写数字；使用未标记的文本语料库构建文本，生成模型的同时，探索了无监督学习。

在本章中，我们将探究 RL 和**深度强化学习（Deep Reinforcement Learning，DRL）**的一些基本概念。然后，我们将专注于特定且流行的 DRL 模型类型——**深度 Q 学习网络（Deep Q-learning Network，DQN）模型**。我们将使用 PyTorch 构建一个 DRL 应用程序，并训练一个 DQN 模型来学习如何进行 Pong 人机（机器人）对战。

在本章结束时，你将拥有所有重要的文本，在 PyTorch 中开始处理你自己的 DRL 项目。此外，你还将获得实践经验，为现实生活中的问题构建 DQN 模型。你在本章中获得的技能将有助于处理其他此类 RL 问题。

本章分为以下主题：

- 回顾强化学习概念；
- 讨论 Q-学习；
- 理解深度 Q-学习；
- 在 PyTorch 中构建 DQN 模型；

## 9.1 技术要求

我们将在所有练习中使用 Jupyter Notebook。以下是本章应使用 pip 安装的 Python 库列表。例如，在命令行上运行 pip install torch==1.4.0。

```
jupyter==1.0.0
torch==1.4.0
atari-py==0.2.6
gym==0.17.2
```

与本章相关的所有代码文件请访问：https://github.com/PacktPublishing/Mastering-PyTorch/tree/master/Chapter09。

## 9.2 回顾强化学习概念

在某种程度上，RL 可以定义为从错误中学习。RL 并非像监督学习那样，对每个数据实例进行反馈，而是在一系列动作之后接收反馈。图 9.1 为 RL 系统原理示意图。

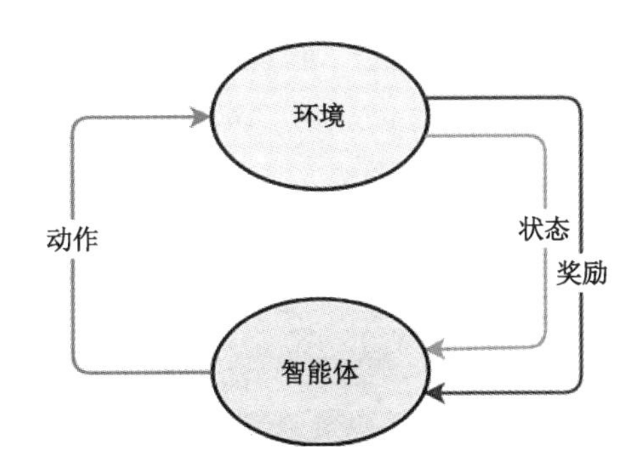


图 9.1　强化学习系统原理示意图

在 RL 设置中，我们通常通过一个**智能体**来进行学习。智能体学习作出决定，并根据这些决定执行**动作**。智能体在规定的**环境**中运行，可以认为这种环境是一个封闭的世界，智能体在其中生活、执行动作，并从动作中学习。这里的动作只是智能体根据所学的知识做出的决定的实施。

我们之前提到过，与监督学习不同，RL 没有针对每个输入的输出，也就是说智能体不一定会接收每个动作的反馈。相反，智能体处于某种工作**状态**中。假设智能体从初始状态 $S_0$ 开始，执行一个动作，比如说 $a_0$。这个动作将智能体的状态从 $S_0$ 转换到 $S_1$，然后智能体执行另一个动作 $a_1$，如此循环继续。

有时，智能体会根据状态获得**奖励**。智能体遍历的状态和动作序列称为**轨迹**。假设智能体在状态 $S_2$ 获得一个奖励，在这种情况下，生成此奖励的轨迹将为 $S_0$、$a_0$、$S_1$、$a_1$、$S_2$。

> **注意**
>
> 奖励可能是积极的，也可能是消极的。

智能体基于奖励来学习调整行为，使其执行的动作能够最大化长期奖励。这就是 RL 的本质。智能体根据已知的状态和奖励学习如何采取最佳行动（即最大化奖励）的策略。

这种学习策略基本上表示为状态和奖励函数的动作，被称为智能体的**策略**。RL 的最终目标是计算一种策略，使智能体始终能够从所处的已知情况中获得最大的奖励。

电子游戏是展示 RL 的最佳示例之一。让我们以 Pong 电子游戏为例，这是一款虚拟的乒乓球游戏。图 9.2 是这款游戏的截图。

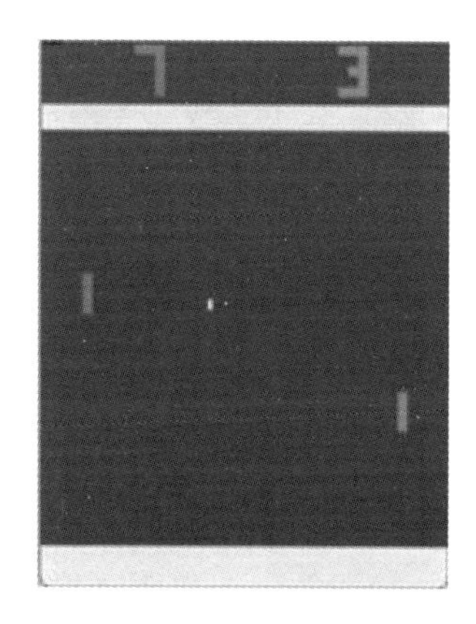


图 9.2　Pong 视频游戏

右边的玩家是智能体，用一条短垂直线表示。请注意，这里有一个明确定义的环境。环境由游戏区域组成，用深色像素表示。环境还包括一个球，用白色像素表示。此外，环境还包括游戏区域的边界，用条纹和球可能反弹的边缘表示。最后，也是最重要的，环境包括一个对手，它看起来像智能体，但位于左侧，与智能体相对。

通常，在 RL 设置中，处于任何已知状态的智能体都有一组有限的可能动作，称为离散动作空间（与连续动作空间相对）。在这个例子中，智能体在所有状态下都有向上移动或向下移动两种可能的动作，但有两个例外：第一，智能体处于最上面的位置（状态）时，只能向下移动；第二，智能体处于最下面的位置（状态）时，只能向上移动。

在这种情况下，奖励的概念可以直接映射到实际的乒乓球比赛中。如果你没有接住球，你的对手就会得到一分。率先获得 21 分者赢得比赛，并获得积极的奖励。输掉一场比赛意味着获得的奖励为负。得分或失分也会分别导致较小的中间积极奖励和消极奖励。从比分 0-0 开始到任何一名球员得 21 分为止的比赛序列称为一回合。

在 Pong 游戏中，使用 RL 训练智能体，相当于训练某人从头开始打乒乓球。训练形成一个策略，使智能体在进行游戏时遵循该策略。在任何已知的情况下（包括球的位置、对手的位置、记分牌及之前的奖励），一个成功训练的智能体向上或向下移动，将赢得比赛的机会最大化。

到目前为止，我们已经通过一个例子讨论了 RL 背后的基本概念。在此过程中，我们反复提到了策略、奖励和学习等术语。但是智能体实际上是如何学习策略的呢？答案是通过 RL 模型，该模型的工作基于预定义的算法。接下来，我们将探索不同类型的 RL 算法。

### 9.2.1 强化学习算法类型

在本节中，我们将根据文献了解 RL 算法的类型，然后，探索这些类型中的一些子类型。从广义上讲，RL 算法可以分为以下两种：

- **基于有模型；**
- **基于无模型。**

让我们逐一了解。

#### 9.2.1.1 基于有模型

顾名思义，在基于有模型算法中，智能体了解环境模型。这里的模型指的是一个函数的数学公式，该函数可用于估计奖励，以及环境中状态的转换情况。因为智能体对环境有一定的了解，所以它有助于减少选择下一个动作的样本空间，从而有助于提高学习过程的效率。

然而，在现实中，建模环境大多数时候并不是直接可用的。尽管如此，如果我们想要使用基于模型的方法，我们需要让智能体根据自己的经验来学习环境模型。在这种情况下，智能体很可能在学习模型表示中具有倾向性，并且在真实环境中表现不佳。因此，基于模型的方法不常用于构建 RL 系统。我们不会在本书中详细讨论基于这种方法的模型，但这里有一些例子：

- **具有无模型微调的基于模型的 DRL（Model-Based DRL with Model-Free Fine-Tuning，MBMF）**。
- **基于模型的价值估计（Model-Based Value Estimctlion，MBVE）**，用于高效的无模型 RL。
- 用于 DRL 的**增强想象力智能体（Imagination-Augmented Agents，I2A）**。
- **AlphaZero**，著名的人工智能机器人，击败了国际象棋和围棋冠军。

现在，让我们看看另一组使用不同理念的 RL 算法。

#### 9.2.1.2 基于无模型

无模型方法用于没有任何环境模型的情况，目前更广泛地用于 RL 研究和开发领域。在无模型 RL 场景中，主要有两种训练智能体的方法：

- **策略优化；**
- **Q-学习（Q-learning）**。

1．策略优化

在这种方法中，给定当前状态时，我们以动作函数的形式制定策略，如下面的等式所示：

$$\text{Policy} = F_{\beta}(a|\ S)$$

其中，$\beta$ 代表这个函数的内部参数，通过梯度上升更新 $\beta$，以优化策略函数。使用策略函数和奖励来定义目标函数。在某些情况下，优化过程也可以使用目标函数的近似值。其他情况下，可以使用策略函数的近似值来代替优化过程的实际策略函数。

通常，通过此方法执行的优化是**基于策略**的，这意味着使用最新策略版本收集的数据来更新参数。下列是一些基于策略优化的 RL 算法示例：

- **策略梯度**：这是最基本的策略优化方法，直接使用梯度上升优化策略函数。策略函数在每个时间步中输出接下来将要采取的不同行动的概率。
- **Actor-critic**：由于策略梯度算法的基于策略性质，算法在每次迭代中都需要更新策略，需要花费很多时间。Actor-critic 方法引入了价值函数和策略函数。actor 对策略函数建模，critic 对价值函数建模。通过使用 critic，策略更新的过程变得更快。我们将在下一节中更详细地讨论价值函数。但是，我们不会在本书中深入研究 actor-critic 方法的数学计算细节。
- **信任区域策略优化（Trust Region Policy Optimization，TRPO）**：与策略梯度方法一样，TRPO 包含一个策略优化方法。在策略梯度方法中，我们使用梯度更新策略函数参数 $\beta$。由于梯度是一阶导数，因此函数中的尖锐曲率可能会产生噪声。这种噪声可能导致我们需要做出重大策略调整，从而破坏智能体学习轨迹的稳定性。

为了避免这种情况，TRPO 提出了一个信任区域。它定义给定更新步骤中改变策略的上限，确保优化过程的稳定性。

- **近端策略优化（Proximal Policy Optimization，PPO）**：与 TRPO 类似，PPO 旨在稳定优化过程。在梯度上升期间，更新策略梯度方法中的每个数据样本。然而，PPO 使用了智能体目标函数，这有助于更新批量数据样本。这使估计梯度更保守，从而提高梯度上升算法收敛的机会。

策略优化函数直接用于优化策略，因此是非常直观的算法。然而，由于大多数算法的基于策略性质，在策略更新后，每一步都需要重新采样数据。因此，这可能成为解决 RL 问题的限制因素。接下来，我们将讨论另一种样本效率更高的无模型算法，称为 Q-学习。

2. Q 学习

与策略优化算法相反，Q-学习依赖于价值函数，而不是策略函数。从这里开始，本章将重点介绍 Q-学习。我们将在下一节详细探讨 Q-学习的基础知识。

## 9.3 讨论 Q-学习

策略优化和 Q-学习之间的主要区别在于，后者没有直接优化策略，而是优化一个价值函数。什么是**价值函数**？我们已经了解到，强化学习就是让智能体在遍历状态和动作的轨迹时，学习将整体的奖励最大化。价值函数是智能体当前所处的给定状态的函数，该函数输出智能体在当前迭代结束时将获得的预期奖励总和。

在 Q-学习中，我们优化一种特定类型的价值函数，称为**动作-价值函数**（**action-value function**），这取决于当前的状态和动作。在给定的状态 $S$ 下，动作-价值函数决定智能体将采取的动作 $a$ 所获得的长期奖励（直到迭代结束的奖励）。该函数通常表示为 $Q(S, a)$，因此也称为 $Q$ 函数。动作-价值也称为 $Q$ 值。

每对（状态，动作）$Q$ 值可以存储在一个表中，其中两个维度分别为状态和动作。例如，如果有 4 种可能的状态 $S_1$、$S_2$、$S_3$ 和 $S_4$，以及两种可能的动作 $a_1$ 和 $a_2$，那么这 8 个 $Q$ 值将存储在 4×2 表中。因此，Q-学习的目标是建立这个 Q 值表。若使用该表，则智能体就可以在给定状态中查找所有可能动作的 $Q$ 值，并采取 $Q$ 值最大的动作。然而，问题是，我们从哪里获得 $Q$ 值？**贝尔曼方程**给出了答案，其数学表达式如下：

$$Q(S_t, a_t) = R + \gamma * Q(S_{t+1}, a_{t+1})$$

贝尔曼方程是一种计算 $Q$ 值的递归方法。这个方程中的 $R$ 是在状态 $S_t$ 中采取行动所获得的奖励，而 $\gamma$（gamma）是**折扣因子**，这是一个介于 0 和 1 之间的标量值。总的来说，这个等式表示：当前状态 $S_t$ 和动作 $a_t$ 的 $Q$ 值，等于在状态 $S_t$ 中采取行动所获得的奖励 $R$，加上下一个状态 $S_{t+1}$ 和动作 $a_{t+1}$ 所生成的 $Q$ 值与折扣因子的乘积。折扣因子定义了当前奖励与未来长期奖励的权重大小。

现在我们已经定义了 Q-学习中的大部分基本概念，让我们通过一个例子来演示 Q-学习是如何工作的。图 9.3 所示为一个包含 5 种可能状态的环境。

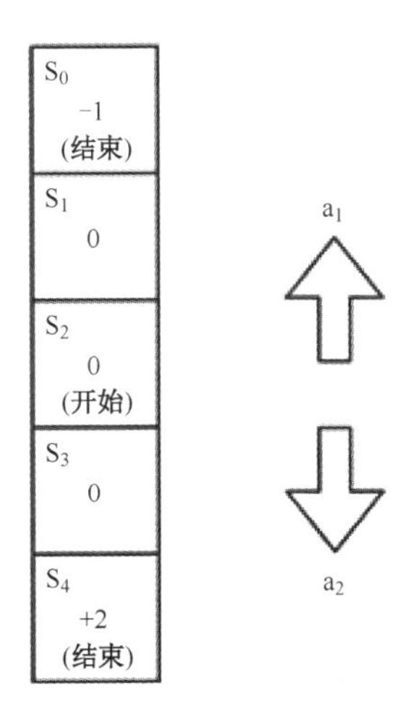


图 9.3　Q-学习范例环境

有两种不同的可能动作——向上移动（$a_1$）或向下移动（$a_2$）。从状态 $S_4$ 的 +2 到状态 $S_0$ 的-1，不同的状态下有不同的奖励。在此环境下，每次迭代都从状态 $S_2$ 开始，并在 $S_0$ 或 $S_4$ 结束。因为有 5 种状态和 2 种可能的动作，所以 $Q$ 值可以存储在 5×2 表中。以下代码片段表示如何使用 Python 编写奖励和 $Q$ 值：

```
rwrds = [-1, 0, 0, 0, 2]
Qvals = [[0.0, 0.0],
         [0.0, 0.0],
         [0.0, 0.0],
         [0.0, 0.0],
         [0.0, 0.0]]
```

我们将所有 $Q$ 值初始化为零。此外，因为有两个特定的结束状态，所以我们需要以列表的形式具体说明，如下所示：

```
end_states = [1, 0, 0, 0, 1]
```

这基本上表明状态 $S_0$ 和 $S_4$ 是结束状态。在我们可以运行完整的 Q-学习循环之前，需要查看最后一个部分。在 Q-学习的每一步中，智能体在采取下一步动作时，有以下两种选择：

- 采取 $Q$ 值最高的动作；
- 随机选择下一个动作。

为什么智能体会随机选择一个动作？

请记住，在第 6 章“使用 PyTorch 生成音乐和文本”中，我们讨论了“文本生成”部分的贪婪搜索或 Beam 搜索会导致结果重复，因此引入随机性，以生成更好的结果。有一个类似的方法，如果智能体总是根据 $Q$ 值选择下一个动作，那么可能会在重复选择短期内即刻获得高回报的动作时陷入困境。因此，偶尔随机采取动作将有助于智能体摆脱这种次优条件。

现在我们已经确定智能体在每一步中都有两种可能采取的行动方式，我们需要决定智能体采取哪一种方式。这就是 **ε 贪婪动作（epsilon-greedy-action）**机制发挥作用的地方。$\varepsilon$ 贪婪动作机制的工作原理如图 9.4 所示。

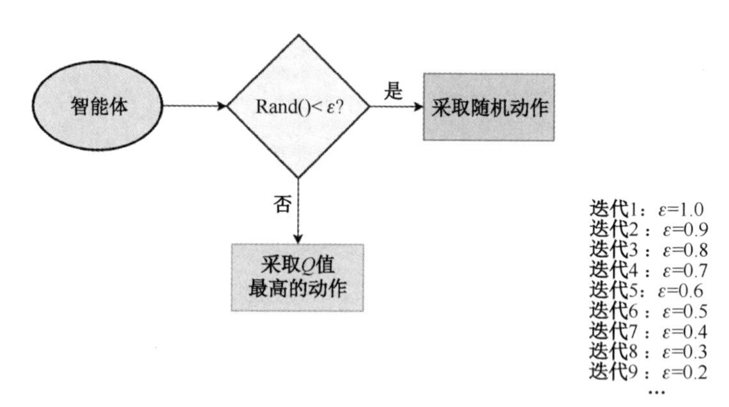


图 9.4　$\varepsilon$ 贪婪动作机制

在这种机制下，每个迭代都会预先确定一个 $\varepsilon$ 值，它是一个介于 0 和 1 之间的标量值。在给定的迭代中，为了执行下一个动作，智能体会生成一个 0 到 1 之间的随机数。如果生成的数字小于预定义的 $\varepsilon$ 值，智能体就从下一个可用的动作集中随机选择下一个动作。否则，智能体从 $Q$ 值表中检索所有下一个可能动作的 $Q$ 值，并选择具有最高 $Q$ 值的动作。$\varepsilon$ 贪婪动作机制的 Python 代码如下：

```
def eps_greedy_action_mechanism(eps, S):
  rnd = np.random.uniform()
  if rnd < eps:
    return np.random.randint(0, 2)
  else:
    return np.argmax(Qvals[S])
```

通常，我们从第一迭代的 $\varepsilon$ 值 1 开始，$\varepsilon$ 值随着迭代的进展呈线性减小。对此，我们希望智能体最初探索不同的选项。然而，随着学习过程的进行，智能体不太容易陷入收集短期奖励的困境，因此它可以更好地利用 $Q$ 值表。

我们现在可以为主要的 Q-学习循环编写 Python 代码，如下所示：

```
n_epsds = 100
eps = 1
gamma = 0.9
for e in range(n_epsds):
  S_initial = 2 # start with state S2
  S = S_initial
  while not end_states[S]:
    a = eps_greedy_action_mechanism(eps, S)
    R, S_next = take_action(S, a)
    if end_states[S_next]:
      Qvals[S][a] = R
    else:
      Qvals[S][a] = R + gamma * max(Qvals[S_next])
    S = S_next
  eps = eps - 1/n_epsds
```

首先，我们定义智能体应接受 100 迭代的训练。我们从 $\varepsilon$ 值 1 开始，并将折扣因子（gamma）定义为 0.9。接下来，我们运行 Q-学习循环（在集数上循环）。在这个循环的每次迭代中，我们都会浏览整个迭代。在这一迭代中，我们首先将智能体的状态初始化为 S2。

然后，我们运行另一个内部循环，循环只有当智能体达到结束状态时才会中断。在这个内部循环中，我们使用 $\varepsilon$ 贪婪动作机制决定智能体的下一个动作。随后，智能体采取行动，将智能体转换到新的状态，并可能产生奖励。执行 take_action 函数如下：

```
def take_action(S, a):
  if a == 0: # move up
    S_next = S - 1
  else:
    S_next = S + 1
  return rwrds[S_next], S_next
```

一旦我们获得奖励和下一个状态，就使用贝尔曼方程更新当前状态-动作对的 $Q$ 值。下一个状态现在成为当前状态，并重复该过程。在每一迭代结束时，$\varepsilon$ 值呈线性减小。一旦整个 Q 学习循环结束，我们就会得到一个 $Q$ 值表。智能体本质上只需要这张表在这种环境中运行，以获得最大长期奖励所需的全部内容。

理想情况下，本示例中受训的智能体将始终向下移动，以在 $S_4$ 处获得最大奖励+2，并且会避免向包含消极奖励-1 的 $S_0$ 移动。

综上是我们对 Q-学习的讨论。前面的代码应该可以帮助你在简单的环境（如此处提供的环境）中开始使用 Q-学习。对于更复杂和更现实的环境，如电子游戏，这种方法将不起作用。为什么？

我们已经注意到 Q-学习的本质在于创建 $Q$ 值表。在我们的示例中只有 5 个状态和 2 个动作，因此该表的大小为 10，这是可控的。但是在 Pong 等电子游戏中，可能的状态太多了，这会导致 $Q$ 值表超级大，使得 Q-学习算法非常占用内存，并且运行起来不切实际。

值得庆幸的是，我们有一个解决方案。这个方案仍然可以使用Q-学习的概念，但不会耗尽我们机器的内存。该解决方案结合了Q-学习和深度神经网络领域，并提供非常流行的RL算法作为**DQN**。在下一节中，我们将讨论DQN的基础知识及一些新的特性。

## 9.4 理解深度Q–学习

**DQN**并不创建*Q*值表，而是使用**深度神经网络（Deep Neural Network，DNN）**，输出给定的状态-动作对的*Q*值。DQN用于复杂的环境，如电子游戏。在这些环境中，我们无法在一个*Q*值表中管理过多状态。当前电子游戏的当前图像帧用于表示当前状态，并与当前动作一起，作为底层DNN模型的输入。

DNN为每个这样的输入输出一个标量*Q*值。在实践中，不仅传递当前图像帧，还要将给定时间窗口中*N*个相邻图像帧作为输入，传递给模型。

我们正在使用DNN来解决RL问题，但这存在一个固有的问题。在使用DNN时，我们一直使用**独立的同分布（independent and identically distributed，iid）**数据样本。然而，在RL中，每个当前的输出都会影响下一个输入。例如，就Q-学习而言，贝尔曼方程本身表明*Q*值依赖于另一个*Q*值，也就是说下一个状态-动作对的*Q*值会影响当前状态对的*Q*值。

这意味着我们正在处理一个不断移动的目标，并且目标和输入之间存在高度相关性。DQN使用两个新的功能解决这些问题：

- 使用两个独立的DNN；
- 经验回放缓冲区。

让我们更详细地了解这些内容。

### 9.4.1 使用两个独立的 DNN

让我们重写 DQN 的贝尔曼方程：

$$Q(S_t, a_t, \theta) = R + \gamma * Q(S_{t+1}, a_{t+1}, \theta)$$

除了引入一个新的术语 $\theta$（theta）外，这个方程与 Q-学习的方程基本相同。$\theta$ 表示 DQN 模型 DNN 的权重，DQN 模型用于获取 $Q$ 值。但是这个等式有些奇怪。

请注意，$\theta$ 同时位于等式的左侧和右侧。这意味着在每一步中，我们都使用相同的神经网络来获得当前及下一个状态-动作对的 $Q$ 值，也意味着我们正在追求一个变化的目标，因为每一步的 $\theta$ 都会更新。这将改变下一步方程中左侧和右侧的值，导致学习的过程不稳定。

查看损失函数，可以更清楚地理解这一点。DNN 将尝试使用梯度下降，使损失函数最小化。损失函数如下：

$$L = E\left[\left(R + \gamma * Q(S_{t+1}, a_{t+1}, \theta) - Q(S_t, a_t, \theta)\right)^2\right]$$

暂时将 $R$（奖励）放在一边。让完全相同的网络产生当前和下一个状态-动作对的 $Q$ 值，损失函数将有所波动，因为这两项都在不断变化中。为了解决这个问题，DQN 使用两个独立的网络——一个主 DNN 和一个目标 DNN。两个 DNN 具有完全相同的架构。

主 DNN 用于计算当前状态-动作对的 $Q$ 值，而目标 DNN 用于计算下一个（或目标）状态-动作对的 $Q$ 值。然而，尽管主 DNN 的权重在每个学习步骤中都会更新，但目标 DNN 的权重会被冻结。完成每 $k$ 次梯度下降迭代后，主网络的权重会被复制到目标网络。这种机制使训练过程保持相对稳定，从而确保目标网络能够准确预测。

### 9.4.2 经验回放缓冲器

因为 DNN 需要独立同分布数据（iid）作为输入，所以我们只需将最后 $X$

个步骤（电子游戏的帧）缓存到缓冲存储区中，然后在缓冲存储区中对一批数据进行随机采样，将这些批次作为输入提供给DNN。因为批次由随机采样的数据组成，所以分布看起来类似于独立同分布数据样本的分布。这有助于稳定DNN训练过程。

> **注意**
>
> 如果没有缓冲器技巧，DNN将接收相关数据，这将导致优化结果不佳。

事实证明，这两个技巧对DQN的成功具有重要意义。现在我们对DQN模型的工作原理及其新的特性有了基本的了解，让我们继续学习本章的最后一节。我们将在最后一节中实现自己的DQN模型。我们将使用PyTorch构建一个基于CNN的DQN模型，该模型将学习玩Atari电子游戏（“Pong”游戏），并有可能学会在与计算机对手的比赛中获胜。

## 9.5 在PyTorch中构建DQN模型

我们在上一节中讨论了DQN背后的理论。在本节中，我们将动手实践。使用PyTorch构建基于CNN的DQN模型，该模型将训练一个智能体玩Pong电子游戏。本次练习的目标是演示使用PyTorch开发DRL应用程序。让我们直接进入练习。

### 9.5.1 初始化主和目标CNN模型

出于演示目的，本练习仅展示代码的重要部分。完整代码请访问https://github.com/PacktPublishing/Mastering-PyTorch/blob/master/Chapter09/pong.ipynb。初始化主和目标CNN模型的步骤如下。

1. 导入必要的库。

```
# general imports
import cv2
import math
import numpy as np
import random
# reinforcement learning related imports
import re
import atari_py as ap
from collections import deque
from gym import make, ObservationWrapper, Wrapper
from gym.spaces import Box
# pytorch imports
import torch
import torch.nn as nn
from torch import save
from torch.optim import Adam
```

在本练习中，除了使用通常与 Python 和 PyTorch 相关的导入外，还需要使用一个名为 gym 的 Python 库。gym 库由 OpenAI 生成，提供一组用于构建 DRL 应用程序的工具。从本质上讲，导入 gym 不需要为内部 RL 系统编写所有脚手架代码。gym 还包含内置环境，其中包括一个用于视频游戏《Pong》的环境，我们将在本练习中使用它。

2. 导入库后，必须为 DQN 模型定义 CNN 架构。这个 CNN 模型本质上接受当前状态输入，并输出所有可能动作的概率分布。选择具有最高概率的动作为智能体的下一步动作。我们没有使用回归模型来预测每个状态-动作对的 $Q$ 值，而是巧妙地将其转化为一个分类问题。

所有可能的动作都必须单独运行 $Q$ 值回归模型，我们将选择 $Q$ 预测值最高的动作。但是，使用这个分类模型会将 $Q$ 值计算任务和最佳下一步行动预测任务合二为一。

```
class ConvDQN(nn.Module):
    def __init__(self, ip_sz, tot_num_acts):
        super(ConvDQN, self).__init__()
        self._ip_sz = ip_sz
        self._tot_num_acts = tot_num_acts
        self.cnv1 = nn.Conv2d(ip_sz[0], 32, kernel_
size=8, stride=4)
        self.rl = nn.ReLU()
        self.cnv2 = nn.Conv2d(32, 64, kernel_size=4,
stride=2)
        self.cnv3 = nn.Conv2d(64, 64, kernel_size=3,
stride=1)
        self.fc1 = nn.Linear(self.feat_sz, 512)
        self.fc2 = nn.Linear(512, tot_num_acts)
```

可以看出，该模型由三个卷积层组成（即 cnv1、cnv2 和 cnv3），中间有 ReLU 激活，后接两个完全连接层。现在，让我们看看这个模型进行前向传递时需要什么：

```
    def forward(self, x):
        op = self.cnv1(x)
        op = self.rl(op)
        op = self.cnv2(op)
        op = self.rl(op)
        op = self.cnv3(op)
        op = self.rl(op).view(x.size()[0], -1)
        op = self.fc1(op)
        op = self.rl(op)
        op = self.fc2(op)
        return op
```

forward 方法简单演示了模型的前向传递，模型输入通过卷积层，展平，最后馈送到全连接层。最后，让我们看看其他模型方法。

```
    @property
    def feat_sz(self):
        x = torch.zeros(1, *self._ip_sz)
        x = self.cnv1(x)
```

```
        x = self.rl(x)
        x = self.cnv2(x)
        x = self.rl(x)
        x = self.cnv3(x)
        x = self.rl(x)
        return x.view(1, -1).size(1)
    def perf_action(self, stt, eps, dvc):
        if random.random() > eps:
            stt=torch.from_numpy(np.float32(stt)).
unsqueeze(0).to(dvc)
            q_val = self.forward(stt)
            act = q_val.max(1)[1].item()
        else:
            act = random.randrange(self._tot_num_acts)
        return act
```

在前面的代码片段中，使用 feat_size 方法只是为了在展开最终的卷积层输出后，计算特征向量的大小。

最后，perf_action 方法与我们之前在 Q-学习部分中讨论的 take_action 方法相同。

3. 在这一步中，定义函数实例化主神经网络和目标神经网络。

```
def models_init(env, dvc):
    mdl = ConvDQN(env.observation_space.shape, env.
action_space.n).to(dvc)
    tgt_mdl = ConvDQN(env.observation_space.shape, env.
action_space.n).to(dvc)
    return mdl, tgt_mdl
```

这两个模型是同一类的实例，因此共享相同的架构。然而，这两个模型彼此独立，会随着不同的权重集而进行不同的演变。

### 9.5.2 定义经验回放缓冲区

正如我们在“理解深度 Q-学习”部分中讨论的那样，经验回放缓冲区是 DQN 的一个重要特征。在这个缓冲区的帮助下，我们可以存储游戏的数千个转换（帧），然后对这些视频帧进行随机采样，以此来训练 CNN 模型。以下是定义经验回放缓冲区的代码：

```
class RepBfr:
    def __init__(self, cap_max):
        self._bfr = deque(maxlen=cap_max)
    def push(self, st, act, rwd, nxt_st, fin):
        self._bfr.append((st, act, rwd, nxt_st, fin))
    def smpl(self, bch_sz):
        idxs = np.random.choice(len(self._bfr), bch_sz, False)
        bch = zip(*[self._bfr[i] for i in idxs])
        st, act, rwd, nxt_st, fin = bch
        return (np.array(st), np.array(act), np.array(rwd,
dtype=np.float32),np.array(nxt_st), np.array(fin, dtype=np.
uint8))
    def __len__(self):
        return len(self._bfr)
```

其中，cap_maxis 为定义的缓冲区大小，相当于应存储在缓冲区中的电子游戏状态转换的数量。在 CNN 训练循环期间使用 smpl 方法，对存储的转换进行采样，并生成批量训练数据。

## 9.5.3 设置环境

到目前为止，我们主要关注 DQN 的神经网络方面。在本节中，我们将重点讨论如何构建 RL 问题中的一个基础方面——环境。实现步骤如下。

1. 首先，定义一些与电子游戏环境初始化相关的函数。

```
def gym_to_atari_format(gym_env):
    ...
def check_atari_env(env):
    ...
```

通过使用 gym 库，我们可以访问预先构建的 Pong 电子游戏环境。但在这里，我们将通过一系列步骤来增强环境，其中包括对电子游戏图像帧进行下采样、将图像帧推送到经验回放缓冲区、将图像转换为 PyTorch 张量等。

2. 以下是实现每个环境控制步骤的定义类。

```
class CCtrl(Wrapper):
    ...
class FrmDwSmpl(ObservationWrapper):
    ...
class MaxNSkpEnv(Wrapper):
    ...
class FrRstEnv(Wrapper):
    ...
class FrmBfr(ObservationWrapper):
    ...
class Img2Trch(ObservationWrapper):
    ...
class NormFlts(ObservationWrapper):
    ...
```

这些类现在将用于初始化和增强电子游戏环境。

3. 一旦定义了与环境相关的类，我们就必须定义一个最终方法，将原始Pong电子游戏环境作为输入并增强环境，如下所示：

```
def wrap_env(env_ip):
    env = make(env_ip)
    is_atari = check_atari_env(env_ip)
    env = CCtrl(env, is_atari)
    env = MaxNSkpEnv(env, is_atari)
    try:
        env_acts = env.unwrapped.get_action_meanings()
        if "FIRE" in env_acts:
            env = FrRstEnv(env)
    except AttributeError:
        pass
    env = FrmDwSmpl(env)
    env = Img2Trch(env)
    env = FrmBfr(env, 4)
    env = NormFlts(env)
    return env
```

我们的重点是 PyTorch 方面的练习，所以此处已省略此步骤中的一些代码。完整代码请参阅本书的 GitHub 仓库。

## 9.5.4 定义 CNN 优化函数

在本节中，我们将定义用于训练 DRL 模型的损失函数，并定义在每次模型训练迭代结束时需要完成的工作。实现步骤如下。

1. 我们在“初始化主和目标 CNN 模型”部分的步骤 2 中，初始化了我们的主和目标 CNN 模型。我们已经定义了模型架构，现在将定义损失函数，模型将被训练为最小化该损失函数。

```
def calc_temp_diff_loss(mdl, tgt_mdl, bch, gm, dvc):
    st, act, rwd, nxt_st, fin = bch

    st = torch.from_numpy(np.float32(st)).to(dvc)
    nxt_st =       torch.from_numpy(np.float32(nxt_st)).
to(dvc)
    act = torch.from_numpy(act).to(dvc)
    rwd = torch.from_numpy(rwd).to(dvc)
    fin = torch.from_numpy(fin).to(dvc)
    q_vals = mdl(st)
    nxt_q_vals = tgt_mdl(nxt_st)
    q_val = q_vals.gather(1, act.unsqueeze(-1)).squeeze(-
1)
    nxt_q_val = nxt_q_vals.max(1)[0]
    exp_q_val = rwd + gm * nxt_q_val * (1 - fin)
    loss = (q_val -exp_q_val.data.to(dvc)).pow(2).
mean()
    loss.backward()
```

这里定义的损失函数源自我们之前在损失函数方程中的讨论。这种损失被称为时间/时间差损失（**time/temporal difference loss**），是 DQN 的基本概念之一。

2. 我们已经完成了神经网络架构和损失函数的定义，现在，定义模型 updation 函数。updation 函数在每次神经网络训练迭代时都会被调用。

```
def upd_grph(mdl, tgt_mdl, opt, rpl_bfr, dvc, log):
    if len(rpl_bfr) > INIT_LEARN:
        if not log.idx % TGT_UPD_FRQ:
            tgt_mdl.load_state_dict(mdl.state_dict())
        opt.zero_grad()
        bch = rpl_bfr.smpl(B_S)
        calc_temp_diff_loss(mdl, tgt_mdl, bch, G, dvc)
        opt.step()
```

该函数从经验回放缓冲区中采样一批数据，计算这批数据的时间差损失，并且每隔 TGT_UPD_FRQ 迭代，将主神经网络的权重复制到目标神经网络。TGT_UPD_FRQ 稍后会被赋值。

### 9.5.5 管理和运行迭代

现在，让我们学习如何定义 $\varepsilon$ 值。

1. 首先，定义一个函数，用于在每次迭代后更新 $\varepsilon$ 值。

```
def upd_eps(epd):
    last_eps = EPS_FINL
    first_eps = EPS_STRT
    eps_decay = EPS_DECAY
    eps = last_eps + (first_eps - last_eps) * math.exp(-1
* ((epd + 1) / eps_decay))
    return eps
```

该函数与 Q-学习循环中的 $\varepsilon$ 更新步骤相同，如 Q-学习讨论部分所述。该函数的目标是线性降低每次迭代的 $\varepsilon$ 值。

2. 下一个函数定义在迭代结束时发生的情况。如果当前迭代中的总体奖励是我们迄今为止取得的最好成绩，就保存 CNN 模型权重，并打印奖励值。

```
def fin_epsd(mdl, env, log, epd_rwd, epd, eps):
    bst_so_far = log.upd_rwds(epd_rwd)
    if bst_so_far:
        print(f"checkpointing current model weights.
highest running_average_reward of\
```

```
    {round(log.bst_avg, 3)} achieved!")
            save(mdl.state_dict(), f"{env}.dat")
        print(f"episode_num {epd}, curr_reward: {epd_rwd},
best_reward: {log.bst_rwd},\running_avg_reward:
{round(log.avg, 3)}, curr_epsilon: {round(eps, 4)}")
```

在每次迭代结束时，我们还需要记录迭代数、当前迭代结束时的奖励、过去几次迭代奖励值的运行平均值，以及当前的 $\varepsilon$ 值。

3．我们必须指定 DQN 循环，在该循环上定义将在迭代中执行的步骤。

```
def run_epsd(env, mdl, tgt_mdl, opt, rpl_bfr, dvc, log,
epd):
    epd_rwd = 0.0
    st = env.reset()
    while True:
        eps = upd_eps(log.idx)
        act = mdl.perf_action(st, eps, dvc)
        env.render()
        nxt_st, rwd, fin, _ = env.step(act)
        rpl_bfr.push(st, act, rwd, nxt_st, fin)
        st = nxt_st
        epd_rwd += rwd
        log.upd_idx()
        upd_grph(mdl, tgt_mdl, opt, rpl_bfr, dvc, log)
        if fin:
            fin_epsd(mdl, ENV, log, epd_rwd, epd, eps)
            break
```

在迭代开始时重置奖励和状态。然后，我们运行一个无限循环，循环只有当智能体达到一个结束状态时才会中断。在这个循环内，在每次迭代中执行以下步骤：

a）首先，根据线性折旧方案修改 $\varepsilon$ 值。

b）通过主要的 CNN 模型预测下一个动作。执行这个动作，产生下一个状态和奖励。此状态转换记录在经验回放缓冲区中。

c）现在，下一个状态成为当前状态。计算时间差损失，用于更新主 CNN

模型，同时保持目标 CNN 模型冻结。

d）如果当前最新状态是结束状态，那么我们中断循环（即结束这一迭代），并记录这一迭代的结果。

4. 我们在整个训练过程中都提到了日志记录结果。为了围绕奖励和模型性能存储各种指标，我们必须定义一个训练元数据类，它将由各种指标作为属性组成。

```
class TrMetadata:
    def __init__(self):
        self._avg = 0.0
        self._bst_rwd = -float("inf")
        self._bst_avg = -float("inf")
        self._rwds = []
        self._avg_rng = 100
        self._idx = 0
```

一旦模型完成训练，我们将在本练习的后半部分使用这些指标来展示模型的性能。

5. 将上一步中的模型度量属性存储为私有属性，公开显示相应的 getter 函数。

```
    @property
    def bst_rwd(self):
        ...
    @property
    def bst_avg(self):
        ...
    @property
    def avg(self):
        ...
    @property
    def idx(self):
        ...
    ...
```

idx 属性对于决定何时将权值从主 CNN 复制到目标 CNN 至关重要，而 avg

属性可用于计算过去几次迭代中所获得奖励的运行平均值。

### 9.5.6 训练 DQN 模型以学习 Pong

现在，我们已经具备了开始训练 DQN 模型的所有必要条件。让我们开始吧！

1. 下面是一个训练包装函数，该函数满足我们的所有需求。

```
def train(env, mdl, tgt_mdl, opt, rpl_bfr, dvc):
    log = TrMetadata()
    for epd in range(N_EPDS):
        run_epsd(env, mdl, tgt_mdl, opt, rpl_bfr, dvc,
log, epd)
```

本质上，我们初始化一个记录器，然后运行 DQN 训练系统，获得预定义迭代的数量。

2. 在实际运行训练循环之前，我们需要定义超参数值，如下所示：

a）批次大小，用于每次梯度下降的迭代调整 CNN 模型；

b）环境，在本例中是 Pong 电子游戏；

c）第一次迭代的 $\varepsilon$ 值；

d）最后一次迭代的 $\varepsilon$ 值；

e）$\varepsilon$ 值的折旧率；

f）$\gamma$，即折现因子；

g）仅用于将数据推送到回放缓冲区而保留的初始迭代次数；

h）学习率；

i）经验回放缓冲区的大小或容量；

j）训练智能体的迭代数；

k）将权重从主 CNN 复制到目标 CNN 的迭代次数。

我们可以将以下代码中所有的超参数实例化：

```
B_S = 64
ENV = "Pong-v4"
EPS_STRT = 1.0
EPS_FINL = 0.005
EPS_DECAY = 100000
G = 0.99
INIT_LEARN = 10000
LR = 1e-4
MEM_CAP = 20000
N_EPDS = 2000
TGT_UPD_FRQ = 1000
```

这些值具有试验性，我们鼓励读者尝试更改这些值，并观察这些值对结果的影响。

3. 这是练习的最后一步，在此，我们实际执行 DQN 训练例程，如下所示。

a）实例化游戏环境。

b）根据可用性来定义将进行训练的设备——CPU 或 GPU。

c）实例化主和目标 CNN 模型。将 Adam 定义为 CNN 模型的优化器。

d）实例化一个经验回放缓冲区。

e）开始训练主要的 CNN 模型。若完成训练例程，则关闭实例化的环境。

代码如下：

```
env = wrap_env(ENV)
dvc = torch.device("cuda") if torch.cuda.is_available()
else torch.device("cpu")
mdl, tgt_mdl = models_init(env, dvc)
opt = Adam(mdl.parameters(), lr=LR)
rpl_bfr = RepBfr(MEM_CAP)
train(env, mdl, tgt_mdl, opt, rpl_bfr, dvc)
env.close()
```

输出应如图 9.5 所示。

```
episode_num 0, curr_reward: -20.0, best_reward: -20.0, running_avg_reward: -20.0, curr_epsilon: 0.9971
checkpointing current model weights. highest running_average_reward of -19.5 achieved!
episode_num 1, curr_reward: -19.0, best_reward: -19.0, running_avg_reward: -19.5, curr_epsilon: 0.9937
episode_num 2, curr_reward: -21.0, best_reward: -19.0, running_avg_reward: -20.0, curr_epsilon: 0.991
episode_num 3, curr_reward: -21.0, best_reward: -19.0, running_avg_reward: -20.25, curr_epsilon: 0.9881
episode_num 4, curr_reward: -19.0, best_reward: -19.0, running_avg_reward: -20.0, curr_epsilon: 0.9846
episode_num 5, curr_reward: -20.0, best_reward: -19.0, running_avg_reward: -20.0, curr_epsilon: 0.9811

episode_num 500, curr_reward: -13.0, best_reward: -11.0, running_avg_reward: -16.52, curr_epsilon: 0.1053
episode_num 501, curr_reward: -20.0, best_reward: -11.0, running_avg_reward: -16.52, curr_epsilon: 0.1049
episode_num 502, curr_reward: -19.0, best_reward: -11.0, running_avg_reward: -16.59, curr_epsilon: 0.1041
episode_num 503, curr_reward: -12.0, best_reward: -11.0, running_avg_reward: -16.53, curr_epsilon: 0.1034
checkpointing current model weights. highest running_average_reward of -16.51 achieved!
episode_num 504, curr_reward: -13.0, best_reward: -11.0, running_avg_reward: -16.51, curr_epsilon: 0.1026
checkpointing current model weights. highest running_average_reward of -16.5 achieved!
episode_num 505, curr_reward: -18.0, best_reward: -11.0, running_avg_reward: -16.5, curr_epsilon: 0.1019
checkpointing current model weights. highest running_average_reward of -16.46 achieved!

episode_num 1000, curr_reward: -4.0, best_reward: 13.0, running_avg_reward: -6.64, curr_epsilon: 0.0059
checkpointing current model weights. highest running_average_reward of -6.61 achieved!
episode_num 1001, curr_reward: -9.0, best_reward: 13.0, running_avg_reward: -6.61, curr_epsilon: 0.0059

episode_num 1002, curr_reward: -15.0, best_reward: 13.0, running_avg_reward: -6.72, curr_epsilon: 0.0059
episode_num 1003, curr_reward: -3.0, best_reward: 13.0, running_avg_reward: -6.66, curr_epsilon: 0.0059
episode_num 1004, curr_reward: -7.0, best_reward: 13.0, running_avg_reward: -6.72, curr_epsilon: 0.0059
episode_num 1005, curr_reward: -12.0, best_reward: 13.0, running_avg_reward: -6.69, curr_epsilon: 0.0059

episode_num 1500, curr_reward: 11.0, best_reward: 17.0, running_avg_reward: -0.22, curr_epsilon: 0.005
checkpointing current model weights. highest running_average_reward of -0.05 achieved!
episode_num 1501, curr_reward: 7.0, best_reward: 17.0, running_avg_reward: -0.05, curr_epsilon: 0.005
checkpointing current model weights. highest running_average_reward of 0.01 achieved!
episode_num 1502, curr_reward: -1.0, best_reward: 17.0, running_avg_reward: 0.01, curr_epsilon: 0.005

checkpointing current model weights. highest running_average_reward of 0.11 achieved!
episode_num 1503, curr_reward: 3.0, best_reward: 17.0, running_avg_reward: 0.11, curr_epsilon: 0.005
checkpointing current model weights. highest running_average_reward of 0.2 achieved!
episode_num 1504, curr_reward: 2.0, best_reward: 17.0, running_avg_reward: 0.2, curr_epsilon: 0.005
episode_num 1505, curr_reward: -8.0, best_reward: 17.0, running_avg_reward: 0.19, curr_epsilon: 0.005

episode_num 1000, curr_reward: -4.0, best_reward: 13.0, running_avg_reward: -6.64, curr_epsilon: 0.0059
checkpointing current model weights. highest running_average_reward of -6.61 achieved!
episode_num 1001, curr_reward: -9.0, best_reward: 13.0, running_avg_reward: -6.61, curr_epsilon: 0.0059

episode_num 1002, curr_reward: -15.0, best_reward: 13.0, running_avg_reward: -6.72, curr_epsilon: 0.0059
episode_num 1003, curr_reward: -3.0, best_reward: 13.0, running_avg_reward: -6.66, curr_epsilon: 0.0059
episode_num 1004, curr_reward: -7.0, best_reward: 13.0, running_avg_reward: -6.72, curr_epsilon: 0.0059
episode_num 1005, curr_reward: -12.0, best_reward: 13.0, running_avg_reward: -6.69, curr_epsilon: 0.0059
```

图 9.5　DQN 训练日志

此外，当前奖励、最佳奖励和平均奖励的进展、与迭代进展相对的 $\varepsilon$ 值，如图 9.6 所示。

图 9.7 所示为 $\varepsilon$ 值如何在训练过程中随迭代而减小。

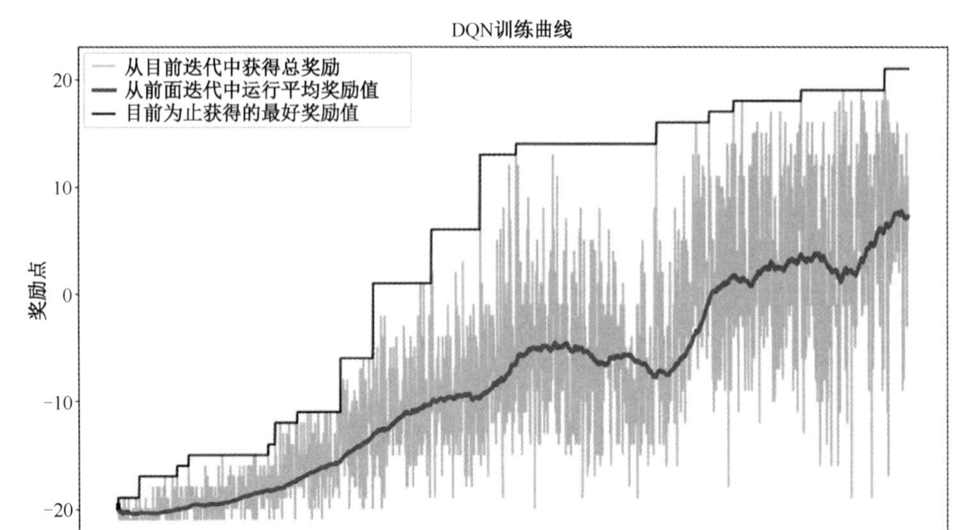


图 9.6　DQN 训练曲线

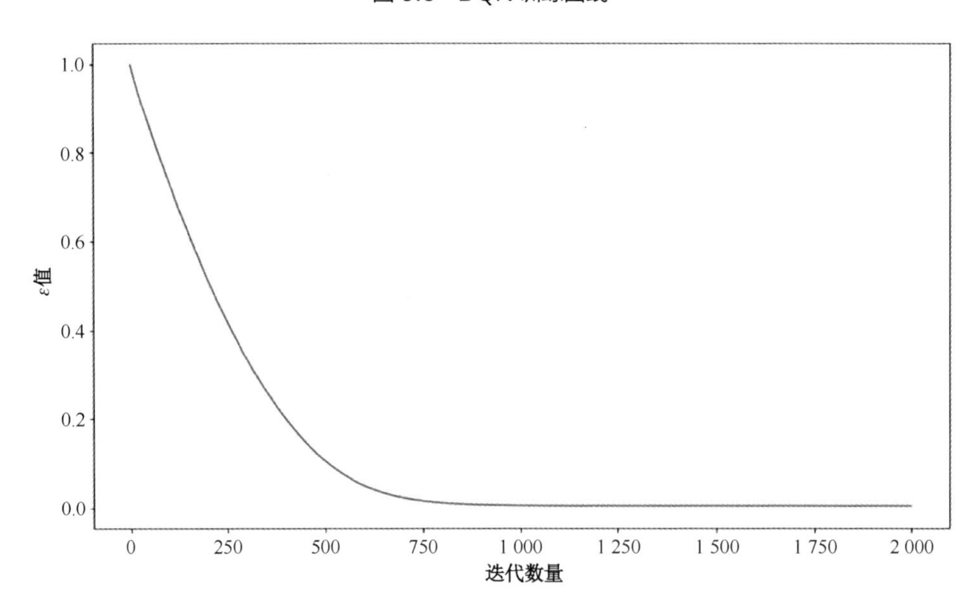


图 9.7　ε 值随迭代的变化

请注意，在图 9.6 中，一次迭代（曲线）中奖励的运行平均值从-**20** 开始。

这是智能体在游戏中得分为0分，而对手得分为20分的场景。随着迭代的进行，平均奖励不断增加，到第**1 500**次迭代时越过零标记。这意味着经过1 500次迭代的训练后，智能体的水平已经超越对手。

从这里开始，平均奖励为正，这表明智能体通常都能战胜对手。我们只训练2 000次迭代，就已经使智能体以高出7个平均分的优势战胜对手。我们鼓励读者训练更长的时间，看看智能体是否可以绝对碾压对手，持续获得所有的得分，并以20分的优势获胜。

对DQN模型实现的深入研究到此结束。在RL领域，DQN取得了巨大的成功，且非常热门。对于有兴趣进一步探索该领域的人来说，DQN绝对是一个很好的起点。PyTorch与gym库都是很好的资源，让我们能够在各种RL环境中工作，并使用不同类型的DRL模型。

在本章中，我们只关注了DQN，但我们学到的经验可以转移到使用Q-学习模型和其他DRL算法的变体中。

## 9.6 总结

强化学习是机器学习的基本分支之一，也是目前最热门的研发领域之一。基于RL的AI突破（例如，来自Google DeepMind的AlphaGo等）进一步增加了学者对该领域的热情和兴趣。本章概述了RL和DRL，并引导我们亲手实践，使用PyTorch构建DQN模型。

首先，我们简要回顾了强化学习（RL）的基本概念。然后，我们探索了多年来开发的不同类型的RL算法。我们仔细研究了一种Q-学习RL算法，讨论了Q-学习背后的理论，包括贝尔曼方程和$\varepsilon$贪婪行为机制。我们还解释了Q-学习与其他RL算法的不同之处，如策略优化方法。

接下来，我们探索了一种特定类型的Q-学习模型——深度Q-学习模型

DQN。我们讨论了 DQN 背后的关键概念，并发现了其中的一些新特性，例如，经验回放缓冲区机制，以及分离主神经网络和目标神经网络。最后，我们进行了一个练习，使用 PyTorch 和 gym 库构建了一个 DQN 系统，以 CNN 作为底层神经网络。在这个练习中，我们构建的 AI 智能体成功学会了玩 Pong 电子游戏。训练快结束时，智能体成功战胜了 Pong 电子游戏中的计算机玩家。

对使用 PyTorch 实现 DRL 的讨论到此结束。RL 邻域相当广阔，一章不足以涵盖所有内容。从下一章开始，我们将专注于 PyTorch 在实践中的应用，如模型部署、并行训练、自动化机器学习等。在下一章中，我们将首先讨论如何有效地使用 PyTorch 将训练好的模型放入生产系统。

# 第 4 部分

# 生产系统中的 PyTorch

在这一部分中，我们将探索如何使用 PyTorch 这一强大工具运行从轻量级到重量级的深度学习应用程序。然后，我们将开启探索之旅，构建模型，并将其投入实时生产系统中，同时掌握一些优化技巧。我们还将深入研究神经架构搜索的主题，以及 AI 可解释性。本书的最后一章将介绍 PyTorch 中可用于加速模型原型设计和生产的各种附加工具。

这一部分的学习结束后，你将了解 PyTorch 在工业领域生产系统中的应用。你将进一步掌握最新的 PyTorch 工具（如 Captum 和 fast.ai）、分布式训练和 AutoML 等技能，这些对于构建高级深度学习系统至关重要。

本节包括以下章节：

- 第 10 章，将 PyTorch 模型投入生产中；
- 第 11 章，分布式训练；
- 第 12 章，PyTorch 和 AutoML；
- 第 13 章，PyTorch 和 AI 可解释性；
- 第 14 章，使用 PyTorch 进行快速原型设计。

# 第 10 章

# 将 PyTorch 模型投入生产中

到目前为止，本书已经介绍了如何使用 PyTorch 训练并测试不同类型的机器学习模型。首先，我们回顾了 PyTorch 的基本元素，这些元素使我们能够有效地处理深度学习任务。然后，我们探索了使用 PyTorch 编写各种深度学习模型架构和应用程序。

在本章中，我们重点讨论如何将这些模型投入生产。这是什么意思？大致来说，我们将讨论不同的方法，把完成训练和测试的模型（目标）放入单独环境中，用于预测或推理传入的数据。这就是所谓的**模型生产**，即把模型部署到生产系统中。

我们将从讨论一些常用方法，满足生产环境中 PyTorch 模型的需求，从定义一个简单的模型推理函数开始，一直到使用模型微服务。接下来我们将看看 TorchServe。TorchServe 是一个可扩展的 PyTorch 模型服务框架，由 AWS 和 Facebook 联合开发。

然后，我们将深入研究使用 **TorchScript** 导出 PyTorch 模型，使**序列化**后的模型独立于 Python 生态系统，例如，加载到 **C++**代码库中。在探索 **ONNX**（一种用于机器学习模型的开源通用格式）时，我们还将超越 Torch 框架和 Python 生态系统，这将帮助我们将 PyTorch 训练模型导出到非 PyTorch 和非 Pythonic 环境。

最后，我们将简要讨论如何使用 PyTorch 为**亚马逊网络服务**（**AWS**）、**Google** 云和**微软 Azure** 等一些知名云平台提供模型服务。

在本章中，我们将以第 1 章“使用 PyTorch 概述深度学习”中训练的手写数字图像分类**卷积神经网络**（**CNN**）模型为参考，演示如何使用本章中所讨论的各种方法部署并导出已经训练的模型。

本章包含以下主题：

- PyTorch 中的模型服务；
- 使用 TorchServe 为 PyTorch 模型提供服务；
- 使用 TorchScript 和 ONNX 导出通用 PyTorch 模型；
- 在云端提供 PyTorch 模型。

## 10.1 技术要求

我们将在练习中使用 Jupyter Notebook 和 Python 脚本。以下是本章应使用 pip 安装的 Python 库列表。例如，在命令行运行 pip install torch==1.4.0。

```
jupyter==1.0.0
torch==1.4.0
torchvision==0.5.0
matplotlib==3.1.2
Pillow==6.2.2
torch-model-archiver==0.2.0
torchserve==0.2.0
Flask==1.1.1
onnx==1.7.0
onnx-tf==1.5.0
tensorflow==1.15.0
```

与本章相关的所有代码文件都可以从以下 URL 获得：https://github.com/PacktPublishing/Mastering-PyTorch/tree/master/Chapter10。

# 10.2 PyTorch 中的模型服务

在本节中，我们将从创建简单的 PyTorch 推理流水线开始。给定一些输入数据和先前已经训练并保存的 PyTorch 模型的位置，该流水线就可以进行预测。此后，我们将继续把此推理流水线放置在模型服务器上，该服务器可以侦听传入的数据请求并返回预测。最后，我们将从开发模型服务器推进到使用 Docker 创建模型微服务。

## 10.2.1 创建 PyTorch 模型推理流水线

我们将在 MNIST 数据集上研究第 1 章“使用 PyTorch 概述深度学习”中所构建的手写数字图像分类 CNN 模型。通过使用这个训练有素的模型，我们将创建一个推理流水线，能够为给定的手写数字输入图像在 0 到 9 之间预测一个数字。

关于模型的构建和训练过程，请参考第 1 章“使用 PyTorch 概述深度学习”的使用 PyTorch 训练神经网络部分。本练习的完整代码请访问 https://github.com/PacktPublishing/Mastering-PyTorch/blob/master/Chapter10/mnist_pytorch.ipynb。

### 10.2.1.1 保存并加载已经训练的模型

在本节中，我们将演示如何高效加载已保存的预训练 PyTorch 模型，该模型稍后将用于处理请求。

通过使用第 1 章“使用 PyTorch 概述深度学习”中的代码，我们训练了一个模型，并根据测试数据样本对其进行了评估。但是接下来呢？在现实生活中，我们想关闭这个 Notebook，但随后仍然可以使用精心训练的模型对手写数字图像进行推理。这里体现了模型服务的理念。

从这里开始，我们将可以在单独的 Jupyter Notebook 中使用前面训练的模型，而无须进行任何（重新）训练。下一步很关键，将模型对象保存到稍后可以恢复/反序列化的文件中。PyTorch 主要提供下列两种方法来达到此目的。

- 保存整个模型对象（不太推荐），如下所示：

```
torch.save(model, PATH_TO_MODEL)
```

然后，可以这样读取保存的模型：

```
model = torch.load(PATH_TO_MODEL)
```

尽管这种方法看起来最直接，但在某些情况下可能会出现问题。因为我们不仅保存了模型参数，还保存了源代码所使用的模型分类和目录结构。如果我们的分类签名或目录结构稍后发生变化，那么加载模型将可能因无法修复而失败。

- 只保存模型参数（更推荐），如下所示：

```
torch.save(model.state_dict(), PATH_TO_MODEL)
```

稍后，如果我们需要恢复模型，首先需要实例化一个空模型对象，然后将模型参数加载到该模型对象中，如下所示：

```
model = ConvNet()
model.load_state_dict(torch.load(PATH_TO_MODEL))
```

我们将使用更推荐的方法来保存该模型，代码如下所示：

```
PATH_TO_MODEL = "./convnet.pth"
torch.save(model.state_dict(), PATH_TO_MODEL)
```

convnet.pth 文件本质上是一个包含模型参数的 pickle 文件。

此时，我们可以安全地关闭我们正在处理的 Notebook，并打开另一个 Notebook，可在以下链接中查看：https://github.com/PacktPublishing/Mastering-PyTorch/blob/master/Chapter10/run_inference.ipynb。

1. 首先，再次需要导入库。

```
import torch
```

2. 接下来，再次实例化一个空的 CNN 模型。理想情况下，在 Python 脚本中编写第 1 步中的模型定义（如 cnn_model.py），然后只需编写以下代码：

```
from cnn_model import ConvNet
model = ConvNet()
```

但是，由于我们在本练习中使用 Jupyter Notebook，因此需要重写模型定义，然后将其实例化，代码如下：

```
class ConvNet(nn.Module):
    def __init__(self):
        …
    def forward(self, x):
        …
model = ConvNet()
```

3. 现在可以将已经保存的模型参数恢复到这个已实例化的模型对象中，如下所示：

```
PATH_TO_MODEL = "./convnet.pth"
model.load_state_dict(torch.load(PATH_TO_MODEL, map_
location="cpu"))
```

输出如图 10.1 所示。

**<All keys matched successfully>**

图 10.1 模型参数加载

这实质上意味着参数加载成功。也就是说，我们实例化的模型与另一模型具有相同的结构，保存并正在恢复另一模型的参数。我们明确将模型加载到 CPU 设备上，而不是 GPU（CUDA）设备上。

4. 最后，明确我们不希望更新或更改加载模型的参数值。使用以下代码行执行此操作：

```
model.eval()
```

输出应如图 10.2 所示。

```
ConvNet(
  (cn1): Conv2d(1, 16, kernel_size=(3, 3), stride=(1, 1))
  (cn2): Conv2d(16, 32, kernel_size=(3, 3), stride=(1, 1))
  (dp1): Dropout2d(p=0.1, inplace=False)
  (dp2): Dropout2d(p=0.25, inplace=False)
  (fc1): Linear(in_features=4608, out_features=64, bias=True)
  (fc2): Linear(in_features=64, out_features=10, bias=True)
)
```

图 10.2　评估模式下的加载模型

这再次验证了我们确实在使用我们训练的同一个模型（架构）。

#### 10.2.1.2　构建推理流水线

在上一节中，我们在新环境（Notebook）中成功加载了预训练模型，现在将构建我们的模型推理流水线，并用之进行模型预测。

1．至此，我们已经完全恢复了之前训练好的模型对象。现在将加载一个图像，可以使用以下代码进行模型预测。

```
image = Image.open("./digit_image.jpg")
```

图像文件应该在练习文件夹中，如图 10.3 所示。

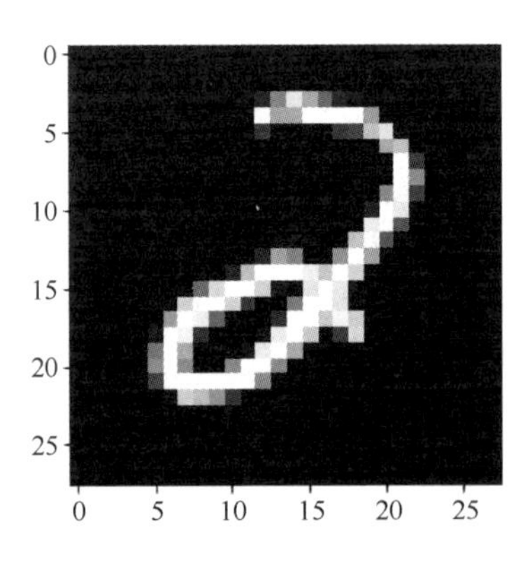


图 10.3　模型推理输入图像

在练习中没有必要使用这个特定的图像。你可以使用任意的图像来检查模型的反应。

2. 对于任何推理流水线，其核心都包含三个主要部分：(a) 数据预处理；(b) 模型推理（神经网络中的前向传递）；(c) 后处理。

我们将从第一部分开始，定义一个函数。该函数接收图像并将其转换为张量，张量将作为输入提供给模型，如下所示：

```
def image_to_tensor(image):
    gray_image = transforms.functional.to_
grayscale(image)
    resized_image = transforms.functional.resize(gray_
image, (28, 28))
    input_image_tensor = transforms.functional.to_
tensor(resized_image)
    input_image_tensor_norm = transforms.functional.
normalize(input_image_tensor, (0.1302,), (0.3069,))
    return input_image_tensor_norm
```

可以参考以下一系列步骤：

a）首先，将 RGB 图像转换为灰度图像；

b）然后，将图像调整为 28×28 像素，因为这是训练模型的图像大小；

c）其次，将图像数组转换为 PyTorch 张量；

d）最后，以模型训练期间使用的相同的均值和标准差值，将张量中的像素值进行归一化；

定义函数之后，我们使用这个函数将加载的图像转换为张量：

```
input_tensor = image_to_tensor(image)
```

3. 接下来，定义**模型推理功能**。其中，模型将张量作为输入并输出预测。在这种情况下，预测将是 0 到 9 之间的任何数字，输入张量将以输入图像张量的形式呈现。

```
def run_model(input_tensor):
    model_input = input_tensor.unsqueeze(0)
    with torch.no_grad():
        model_output = model(model_input)[0]
    model_prediction = model_output.detach().numpy().argmax()
    return model_prediction
```

model_output 包含模型的原始预测，其中包含每个图像的预测列表。因为我们在输入中只有一张图像，所以这个预测列表在索引为 0 处只有一个条目。在索引 0 处的原始预测本质上是一个张量，其中数字 0,1,2,...,9 依次对应 10 个概率值。将这个张量转换为一个 numpy 数组，最后选择概率最高的数字。

4．现在可以使用这个函数来生成模型预测。以下代码使用步骤 3 中的 run_model 模型推理函数，为给定的输入数据 input_tensor 生成模型预测。

```
output = run_model(input_tensor)
print(output)
print(type(output))
```

输出内容应如图 10.4 所示。

```
output = run_model(input_tensor)
print(output)
print(type(output))

2
<class 'numpy.int64'>
```

图 10.4　模型推理输出

正如我们在前面的截屏中看到的，模型输出一个 numpy 整数。根据图 10.3 所示，模型输出的结果看起来相当正确。

5．除了输出模型预测，我们还可以编写一个调试函数来深入探索诸如原始预测概率等指标，如以下代码片段所示：

```
def debug_model(input_tensor):
    model_input = input_tensor.unsqueeze(0)
    with torch.no_grad():
```

```
        model_output = model(model_input)[0]
    model_prediction = model_output.detach().numpy()
    return np.exp(model_prediction)
```

除了返回每个数字的原始概率列表，该函数与 run_model 函数完全相同。该模型最初返回 softmax 输出的对数，因为 log_softmax 层是被用作模型中的最后一层（请参阅本练习的第 2 步）。

因此，我们需要获取这些数字的指数，进而返回 softmax 输出，这相当于模型预测概率。使用此调试功能，我们可以更详细地查看模型的运行情况，如概率分布是平坦的还是具有清晰的峰值。

```
print(debug_model(input_tensor))
```

输出内容应如图 10.5 所示。

```
[8.69212745e-05 5.61913612e-06 9.97763395e-01 1.33050999e-04
 5.43686365e-05 1.59305739e-06 1.17863165e-04 5.08185963e-07
 1.83202932e-03 4.63086781e-06]
```

图 10.5 模型推理调试输出

我们可以看到列表中的第三个概率是迄今为止最高的，它对应于数字 2。

6. 最后，将对模型预测进行后处理，以便其他应用程序可以使用。在例子中，我们只是将模型预测的数字从整数类型转换为字符串类型。

在其他场景中，后处理步骤可能更复杂，如语音识别。我们可能希望通过平滑、去除异常值等方式来处理输出波形。

```
def post_process(output):
    return str(output)
```

字符串是一种可序列化的格式，可以在服务器和应用程序中容易地传输模型预测。我们可以检查最终的后处理数据是否符合预期。

```
final_output = post_process(output)
print(final_output)
print(type(final_output))
```

输出内容应如图 10.6 所示。

```
final_output = post_process(output)
print(final_output)
print(type(final_output))
```

```
2
<class 'str'>
```

图 10.6　后处理模型预测

正如预期的那样，输出现在呈现为 type 字符串。

对加载保存的模型架构、恢复模型训练权重及使用加载的模型为样本输入数据（图像）生成预测的练习到此结束。我们加载了一个样本图像，对其进行预处理，将其转换为 PyTorch 张量，作为输入传递给模型，以获得模型预测，并对预测进行后处理，生成最终输出。

接下来我们旨在为训练有素的模型提供明确定义的输入和输出接口。在本练习中，输入是外部提供的图像文件，输出是生成的字符串，其中包含 0 到 9 之间的数字。复制提供的代码，并粘贴到任何需要数字化手写数字功能的应用程序中，就可以嵌入这样的系统。

在下一节中，我们将更深入地研究模型服务。我们的目标是构建一个可以与任何应用程序相互作用的系统，进而使用数字化功能，而无需复制和粘贴任何代码。

## 10.2.2 构建基本模型服务器

到目前为止，我们已经构建了一个模型推理流水线，其中包含从预训练的模型独立执行预测所需的代码。在此，我们将致力于构建我们的第一个模型服务器。它本质上是一台托管模型推理流水线的机器，通过接口主动侦听任何传入的输入数据，并通过接口输出对所有输入数据的模型预测。

### 10.2.2.1 使用 Flask 编写基本应用程序

为了开发我们的服务器，我们将使用一个流行的 Python 库——Flask。**Flask** 将使我们能够用仅仅几行代码来构建我们的模型服务器。你可以在此处获取该库更多细节：https://flask.palletsprojects.com/en/1.1.x/。下面的代码展示该库如何工作：

```
from flask import Flask
app = Flask(__name__)
@app.route('/')
def hello_world():
    return 'Hello, World!'
if __name__ == '__main__':
    app.run(host='localhost', port=8890)
```

假设我们将这个 Python 脚本保存为 example.py 并在终端运行：

```
python example.py
```

终端输出如图 10.7 所示。

```
* Serving Flask app "example" (lazy loading)
* Environment: production
  WARNING: This is a development server. Do not use it in a production deployment.
  Use a production WSGI server instead.
* Debug mode: off
* Running on http://localhost:8890/ (Press CTRL+C to quit)
```

图 10.7　Flask 示例应用程序启动

总的来说，它将启动一个 Flask 服务器，该服务器将为名为 **example** 的应用程序提供服务。让我们打开浏览器并转到以下 URL：

```
http://localhost:8890/
```

在浏览器中产生图 10.8 所示的输出。

图 10.8　Flask 示例应用程序测试

本质上，Flask 服务器正在侦听端点处 IP 地址为 0.0.0.0（localhost）上编号为 8890 的端口。只要我们在浏览器搜索栏中输入 localhost:8890/并按 Enter 键，此服务器就会收到请求。然后服务器运行 hello_world 函数，根据 example.py

中提供的函数定义，依次返回字符串“Hello,World!”。

#### 10.2.2.2 使用 Flask 构建我们的模型服务器

使用上一节中演示的运行 Flask 服务器的原则，我们现在将使用上一节中构建的模型推理流水线，创建我们的第一个模型服务器。在练习结束时，我们将启动服务器，侦听传入的请求（图像数据输入）。

我们还将编写另一个 Python 脚本，通过发送图 10.3 的示例图像向该服务器发出请求。Flask 服务器应在此图像上运行模型推理，并输出后处理的预测。

此练习的完整代码可在 GitHub 上找到。Flask 服务器代码，请访问：https://github.com/PacktPublishing/Mastering-PyTorch/blob/master/Chapter10/server.py。请求生成器（客户端）代码，请访问：https://github.com/PacktPublishing/Mastering-PyTorch/blob/master/Chapter10/make_request.py。

#### 10.2.2.3 为 Flask 服务设置模型推理

在本节中，我们将加载一个预训练的模型并编写模型推理流水线代码。

1. 首先，构建 Flask 服务器。为此，我们再次从导入必要的库开始。

```
from flask import Flask, request
import torch
```

除了 numpy 和 json 等基本库，flask 和 torch 都是此任务所必需的资料库。

2. 接下来，定义模型分类（架构）。

```
class ConvNet(nn.Module):
    def __init__(self):
    def forward(self, x):
```

理想情况下，这段代码将早已存储在单独的 Python 脚本中，如 **model.py**，然后我们需要从模型导入 **ConvNet**。

3. 现在我们已经定义了空模型类，可以实例化一个模型对象，并将预先训练的模型参数加载到这个模型对象中，如下所示：

```
model = ConvNet()
PATH_TO_MODEL = "./convnet.pth"
model.load_state_dict(torch.load(PATH_TO_MODEL, map_
location="cpu"))
model.eval()
```

我们已将恢复的模型设置为评估模式，以表明没有调整模型参数。

4. 再次使用 10.2.1.2“构建推理流水线”中第 3 步定义的 run_model 函数。

```
def run_model(input_tensor):
    …
    return model_prediction
```

提醒一下，这个函数接收已张量化的输入图像，并输出模型预测，该预测值是 0 到 9 之间的任何数字。

5. 接下来，再次使用 10.2.1.2“构建推理流水线”中第 6 步定义的 post_process 函数。

```
def post_process(output):
    return str(output)
```

这实质上会使 run_model 函数的整数输出转换为字符串。

#### 10.2.2.4 构建 Flask 应用程序来服务模型

在上一节中，我们已经建立了推理流水线，现在将构建我们自己的 Flask 应用程序，并用来服务加载的模型。

1. 实例化我们的 Flask 应用程序，代码行如下：

```
app = Flask(__name__)
```

将创建与 Python 脚本同名的 Flask 应用程序，在我们的例子中是 server(.py)。

2. 这一步骤很关键，我们将在这里定义 Flask 服务器的端点功能。公开一个/test 端点，定义当向服务器上的端点发出 POST 请求时会出现的情况，代码如下所示。

```
@app.route("/test", methods=["POST"])
def test():
    data = request.files['data'].read()
    md = json.load(request.files['metadata'])
    input_array = np.frombuffer(data, dtype=np.float32)
    input_image_tensor = torch.from_numpy(input_array).
view(md["dims"])
    output = run_model(input_image_tensor)
    final_output = post_process(output)
    return final_output
```

让我们循序渐进：

a）首先，添加一个装饰器到下列定义的函数 test 中。这个装饰器对 Flask 应用程序发出指令，在有人向/test 端点发出 POST 请求时，运行该函数。

b）接下来，定义 test 函数内部发生的确切情况。首先，从 POST 请求中读取数据和元数据。由于数据是序列化形式，所以我们需要将其转换为数字格式——numpy 数组。从 numpy 数组中，我们迅速将其转换为 PyTorch 张量。

c）接下来，使用元数据中提供的图像尺寸来重塑张量。

d）最后，使用这个张量运行先前加载的前向传递模型。这为我们提供了模型预测，然后对其进行后处理，并由测试函数返回模型预测。

3．我们拥有启动 Flask 应用程序所需的要素。我们将把最后两行添加到 server.py Python 脚本中。

```
if __name__ == '__main__':
    app.run(host='0.0.0.0', port=8890)
```

这表明 Flask 服务器将托管在 IP 地址为 0.0.0.0（也称为 localhost）且编号为 8890 的端口上。我们现在可以保存 Python 脚本，并在新的终端窗口中简单地执行以下命令。

```
python server.py
```

这将运行前面步骤中编写的整个脚本，你将看到图 10.9 所示的输出。

```
* Serving Flask app "server" (lazy loading)
* Environment: production
  WARNING: This is a development server. Do not use it in a production deployment.
  Use a production WSGI server instead.
* Debug mode: off
* Running on http://0.0.0.0:8890/ (Press CTRL+C to quit)
```

图 10.9 Flask 服务器启动

这看起来类似于图 10.7 中的示例。唯一的区别是应用程序名称不同。

#### 10.2.2.5 使用 Flask 服务器运行预测

我们已经成功启动了模型服务器，它正在主动地监听请求。现在让我们开始提出请求。

1. 在接下来的几个步骤中编写一个单独的 Python 脚本来完成这项工作。首先从导入库开始。

```
import requests
from PIL import Image
from torchvision import transforms
```

requests 库将帮助我们向 Flask 服务器发出实际的 POST 请求，Image 帮助我们读取输入的图像文件样本，transforms 将帮助我们预处理输入的图像数组。

2. 接下来，我们读取一个图像文件。

```
image = Image.open("./digit_image.jpg")
```

此处读取的图像是 RGB 图像，尺寸不确定（不一定是模型所预期的输入尺寸 28×28 像素）。

3. 现在，定义一个预处理函数，将读取的图像转换为模型可读的格式。

```
def image_to_tensor(image):
    gray_image = transforms.functional.to_
grayscale(image)
    resized_image = transforms.functional.resize(gray_
image, (28, 28))
```

```
    input_image_tensor = transforms.functional.to_
tensor(resized_image)
    input_image_tensor_norm = transforms.functional.
normalize(input_image_tensor, (0.1302,), (0.3069,))
    return input_image_tensor_norm
```

首先，将 RGB 图像转换为灰度图像；然后，将图像调整为 28×28 像素；接下来，将图像从数组转换为 PyTorch 张量；最后，根据在上一个练习中训练模型期间获得的平均值和标准偏差值，将 28×28 像素值进行归一化。

定义了函数后，我们可以执行以下操作：

```
image_tensor = image_to_tensor(image)
```

image_tensor 是我们需要作为输入数据发送到 Flask 服务器的内容。

4．现在，将数据打包一并发送。我们想要发送图像的像素值以及图像的形状（28×28），以便让接收端的 Flask 服务器知道如何将像素值流重建为图像。

```
dimensions = io.StringIO(json.dumps({'dims': list(image_
tensor.shape)}))
data = io.BytesIO(bytearray(image_tensor.numpy()))
```

将张量的形状字符串化，并将图像数组全部转换为可序列化字节。

5．这是请求生成脚本最关键的步骤。在这一步中，我们实际发出 POST 请求。

```
r = requests.post('http://localhost:8890/test',
                  files={'metadata': dimensions,
                         'data' : data})
```

使用 requests 库，在 URL localhost:8890/test 上发出 POST 请求。Flask 服务器在此监听请求。我们以字典的形式发送实际图像数据（作为字节）和元数据（作为字符串）。

6．前面代码中的 r 变量将接收来自 Flask 服务器的请求的响应。此响应应该包含后处理模型预测。我们现在将读取该输出：

```
response = json.loads(r.content)
```

response 变量本质上将包含 Flask 服务器输出的内容，即来自数字 0 到 9 之间的字符串。

7. 确保起见，我们打印该响应。

```
print("Predicted digit :", response)
```

此时，我们可以将此 Python 脚本保存为 make_request.py，并在终端中执行以下命令：

```
python make_request.py
```

输出内容应如图 10.10 所示。

```
Predicted digit : 2
```

图 10.10　Flask 服务器响应

根据输入图像（见图 10.3），响应结果看起来相当准确。我们当前的练习到此结束。

我们已经成功构建了一个独立的模型服务器，可以预测手写数字图像。上述步骤可以容易地扩展到其他任何机器学习模型，从而为使用 PyTorch 和 Flask 创建机器学习应用程序开辟了无限的可能性。

到目前为止，我们已经从简单地编写推理函数转变为创建可以远程托管并通过网络呈现预测的模型服务器。在我们的下一个也是最后一个模型服务创建中，我们将更上一层楼。你可能已经注意到，为了遵循前两个练习中的步骤，我们需要考虑固有的依赖关系，如安装某些库、在特定位置保存和加载模型、读取图像数据等。所有这些手动的步骤都会减慢模型服务器的开发速度。

接下来，我们将致力于创建一个模型微服务，它可以通过一个命令启动，并在多台机器中复制该模型微服务，例如，出于可扩展性的原因。

### 10.2.3 创建模型微服务

设想，你对训练机器学习模型一无所知，但想要使用已经训练的模型，而不必接触任何 PyTorch 代码。这就是机器学习模型微服务等范式的用武之地。

机器学习模型微服务可以看作是一个黑匣子，你发送输入数据给它，它预测结果发送给你。此外，只需要几行代码，就可以轻松地在给定的机器上启动这个黑匣子。机器学习模型微服务的最大好处在于容易扩展。你既可以通过使用更大的机器（内存更大、处理能力更强）来纵向扩展微服务，也可以通过在多台机器上复制微服务来横向来扩展微服务。有关微服务的详细信息请访问：

https://opensource.com/resources/what-are-microservices。

怎样将机器学习模型部署为微服务？我们在之前的练习中使用 Flask 和 PyTorch 提前完成了一些任务。我们已经使用 Flask 构建了一个独立的模型服务器。

在本节中，我们将使用 **Docker** 构建一个独立的模型服务环境。Docker 有助于将软件容器化，这实质上意味着它有助于虚拟化整个**操作系统**（Operating System，OS），包括软件库、配置文件，甚至数据文件。

> **注意**
>
> Docker 本身就是一个深刻的讨论话题。然而，本书的侧重点在 PyTorch，因此将只涵盖有限目标/范围内 Docker 的基本概念和用法。如果你有兴趣进一步学习 Docker，可以从 Docker 文档开始：https://docs.docker.com/get-started/overview/。

在以上的例子中，到目前为止，我们在构建模型服务器时使用了以下库：

- Python；
- PyTorch；

- Pillow（用于图像 I/O）；
- Flask。

同时，我们使用了以下数据文件：

- 预训练模型检查点文件（convnet.pth）。

若想手动安排这些依赖项，我们必须安装库，并将文件放在当前工作目录中。如果我们必须在新机器上重做以上所有内容怎么办？我们将不得不手动安装库，并再次复制和粘贴文件。这种工作方式既不高效也不可靠，我们最终可能会在不同的机器上安装不同版本的库。

为了解决这个问题，我们希望创建一个可以在不同机器间连续重复的操作系统级蓝图。这就是 Docker 用武之地。Docker 让我们以 Docker 镜像的形式创建该蓝图，然后在任何空机器上构建此镜像，而无须对预先安装的 Python 库或已可用的模型进行假设。

让我们实际使用 Docker 为我们的数字分类模型创建这样的蓝图。我们将以练习的形式，把基于 Flask 的独立模型服务器转变为基于 Docker 的模型微服务。在深入练习之前，我们需要安装 Docker。根据操作系统和机器配置，你可以在此处找到 Docker 安装说明：https://docs.docker.com/engine/install/。

1．列出 Flask 模型服务器所需的 Python 库。要求（及其版本）如下：

```
torch==1.5.0
torchvision==0.5.0
Pillow==6.2.2
Flask==1.1.1
```

常规上，我们将此列表保存为文本文件——**requirements.txt**。如需获取相关文件请访问：https://github.com/PacktPublishing/Mastering-PyTorch/blob/master/Chapter10/requirements.tx。此列表对于在任何给定环境中连续安装数据库非常有用。

2．直接进入蓝图，用 Docker 的术语来说，就是 Dockerfile。Dockerfile 是一个脚本，本质上是一个指令列表。运行此 Dockerfile 的机器需要执行文件中列出的指令，从而生成 Docker 镜像，该过程称为镜像构建。

这里的**镜像**是可以在任何机器上实现的系统快照，前提是该机器具有最低限度的必要硬件资源（例如，单独安装 PyTorch 1.5.0 需要 750 MB 的内存空间）。

让我们看看 Dockerfile 并尝试逐步了解它的作用。获取 Dockerfile 的完整代码请访问：https://github.com/PacktPublishing/Mastering-PyTorch/blob/master/Chapter10/Dockerfile 获得。

a）关键字 FROM 指示 Docker 获取一个内置的 python 3.8 标准 Linux 操作系统：

```
FROM python:3.8-slim
```

这确保我们将安装 Python。

b）安装 wget。这是一个 Unix 命令，用于通过命令行从网络下载资源。

```
RUN apt-get -q update && apt-get -q install -y wget
```

符号&&表示在该符号前后写入的命令的执行顺序。

c）此处，将本地开发环境中的两个文件复制到这个虚拟环境中。

```
COPY ./server.py ./
COPY ./requirements.txt ./
```

我们复制第 1 步中讨论的需求文件以及上一个练习中处理的 Flask 模型服务器代码。

d）下载预训练的 PyTorch 模型检查点文件。

```
RUN wget -q https://github.com/PacktPublishing/Mastering-
PyTorch/blob/master/Chapter10/convnet.pth
```

这与我们在本章“保存和加载训练模型”部分中保存的模型检查点文件相同。

e）安装 requirements.txt 中列出的所有相关库。

```
RUN pip install -r requirements.txt
```

这个 txt 文件是我们在第 1 步中编写的文件。

f）授予 Docker 客户端的 root 访问权限。

```
USER root
```

这一步在本练习中非常重要，因为它确保客户端拥有代表我们执行所有必要操作的权限，例如，将模型推理日志保存在磁盘上。

> **注意**
>
> 根据数据安全中的最小特权原则，一般建议不要将根（root）权限授予客户（https://snyk.io/blog/10-docker-image-security-best-practices/）。

g）需要明确的是，在执行前面的所有步骤后，Docker 应该执行 pythonserver.py 命令。

```
ENTRYPOINT ["python", "server.py"]
```

这将确保在虚拟机器中启动 Flask 模型服务器。

3．现在，让我们运行这个 Dockerfile。换句话说，让我们使用第 2 步中的 Dockerfile 构建一个 Docker 镜像。在当前工作目录中，只需运行以下命令：

```
docker build -t digit_recognizer .
```

我们正在为 Docker 镜像分配一个名为 digit_recognizer 的标签。输出内容如图 10.11 所示。

图 10.11 展示第 2 步中提到的步骤的执行顺序。运行此步骤可能需要一段时间，具体时长取决于你的网络连接，因为在这一步骤中将下载整个 PyTorch 库和其他库来构建该镜像。

```
Sending build context to Docker daemon  7.283MB
Step 1/9 : FROM python:3.8-slim
 ---> 62297c9f4e5c
Step 2/9 : RUN apt-get -q update && apt-get -q install -y wget
 ---> Using cache
 ---> e6142d540652
Step 3/9 : COPY ./server.py ./
 ---> Using cache
 ---> cb82fa5cb2e5
Step 4/9 : COPY ./requirements.txt ./
 ---> Using cache
 ---> faa39c98f044
Step 5/9 : RUN wget -q https://github.com/PacktPublishing/Mastering-PyTorch/raw/master/Chapter10/convnet.pth
 ---> Running in 198679553bac
Removing intermediate container 198679553bac
 ---> 8addc82ccf1e
Step 6/9 : RUN wget -q https://github.com/PacktPublishing/Mastering-PyTorch/raw/master/Chapter10/digit_image.jpg
 ---> Running in 34836705c03d
Removing intermediate container 34836705c03d
 ---> 331c8447524a
Step 7/9 : RUN pip install -r requirements.txt
 ---> Running in e4bd0692812b
Collecting torch==1.5.0
  Downloading torch-1.5.0-cp38-cp38-manylinux1_x86_64.whl (752.0 MB)
Collecting torchvision==0.6.0
  Downloading torchvision-0.6.0-cp38-cp38-manylinux1_x86_64.whl (6.6 MB)
Collecting Pillow==6.2.2
  Downloading Pillow-6.2.2-cp38-cp38-manylinux1_x86_64.whl (2.1 MB)
Collecting Flask==1.1.1
  Downloading Flask-1.1.1-py2.py3-none-any.whl (94 kB)
Collecting numpy
  Downloading numpy-1.19.5-cp38-cp38-manylinux2010_x86_64.whl (14.9 MB)
Collecting future
  Downloading future-0.18.2.tar.gz (829 kB)
Collecting Werkzeug>=0.15
  Downloading Werkzeug-1.0.1-py2.py3-none-any.whl (298 kB)
Collecting itsdangerous>=0.24
  Downloading itsdangerous-1.1.0-py2.py3-none-any.whl (16 kB)
Collecting Jinja2>=2.10.1
  Downloading Jinja2-2.11.2-py2.py3-none-any.whl (125 kB)
Collecting click>=5.1
  Downloading click-7.1.2-py2.py3-none-any.whl (82 kB)
Collecting MarkupSafe>=0.23
  Downloading MarkupSafe-1.1.1-cp38-cp38-manylinux1_x86_64.whl (32 kB)
Building wheels for collected packages: future
  Building wheel for future (setup.py): started
  Building wheel for future (setup.py): finished with status 'done'
  Created wheel for future: filename=future-0.18.2-py3-none-any.whl size=491059 sha256=726027831b4159f39c497dee6280cf48539056b1b80d80fbf113330e7ea5af0d
  Stored in directory: /root/.cache/pip/wheels/8e/70/28/3d6ccd6e315f65f245da085482a2e1c7d14b90b30f239e2cf4
Successfully built future
Installing collected packages: numpy, future, torch, Pillow, torchvision, Werkzeug, itsdangerous, MarkupSafe, Jinja2, click, flask
Successfully installed Flask-1.1.1 Jinja2-2.11.2 MarkupSafe-1.1.1 Pillow-6.2.2 Werkzeug-1.0.1 click-7.1.2 future-0.18.2 itsdangerous-1.1.0 numpy-1.19.5 torch-1.5.0 torchvision-0.6.0
Removing intermediate container e4bd0692812b
 ---> d7ecf4681868
Step 8/9 : USER root
 ---> Running in 90dac164d1bc
Removing intermediate container 90dac164d1bc
 ---> e4488fab0902
Step 9/9 : ENTRYPOINT ["python", "server.py"]
 ---> Running in a1d55f33a99f
Removing intermediate container a1d55f33a99f
 ---> 2de7d75aae1b
Successfully built 2de7d75aae1b
Successfully tagged digit_recognizer:latest
```

图 10.11　构建 Docker 镜像

4．在这个阶段，我们已经有了一个名为 digit_recognizer 的 Docker 镜像。我们已经准备好在任何机器上部署这个镜像。想要暂时在机器上部署镜像，只需运行以下命令：

```
docker run -p 8890:8890 digit_recognizer
```

我们使用此命令，实际上是使用 digit_recognizer Docker 镜像在机器内启动一个虚拟机器。因为最初的 Flask 模型服务器被设计用来侦听端口 8890，所以我们使用-p 参数将实际机器的端口 8890 转发到虚拟机器的端口 8890。

输出如图 10.12 所示。

图 10.12 与之前练习中的图 10.9 非常相似，这并不奇怪，因为 Docker 实例正在运行我们在之前的练习中手动运行的同一个 Flask 模型服务器。

```
* Serving Flask app "server" (lazy loading)
* Environment: production
  WARNING: This is a development server. Do not use it in a production deployment.
  Use a production WSGI server instead.
* Debug mode: off
* Running on http://0.0.0.0:8890/ (Press CTRL+C to quit)
```

图 10.12 运行 Docker 实例

5．现在，我们可以通过使用 Dockerized Flask 模型服务器（模型微服务）进行模型预测，测试它是否按照预期工作。我们将再次使用上一个练习所用的 make_request.py 文件向我们的模型发送预测请求。在当前本地工作目录中，只需执行以下命令：

```
python make_request.py
```

输出应如图 10.13 所示。

```
Predicted digit : 2
```

图 10.13 微服务模型预测

微服务似乎正在进行这项工作，因此，我们已经成功地使用 Python、PyTorch、Flask 和 Docker 构建并测试了我们自己的机器学习模型微服务。

6．成功完成上述步骤后，你可以按 Ctrl+C 关闭第 4 步中启动的 Docker 实例，如图 10.12 所示。一旦正在运行的 Docker 实例停止，可以通过运行以下命令来删除该实例。

```
docker rm $(docker ps -a -q | head -1)
```

这个命令基本上删除了最近未使用的 Docker 实例，正如例子中，我们刚刚停止的 Docker 实例。

7．最后，你还可以通过运行以下命令，删除我们在第 3 步中构建的 Docker 图像。

```
docker rmi $(docker images -q "digit_recognizer")
```

基本上，这将删除用 digit_recognizer 标记的图像标签。

使用 PyTorch 编写服务模型的学习部分到此结束。我们首先设计了一个局部模型推理系统。我们采用了这个推理系统，并在其周围包裹了一个基于 Flask 的模型服务器，以创建一个独立的模型服务系统。

最后，我们在 Docker 容器中使用基于 Flask 的模型服务器，从根本上创建一个模型服务微服务。使用本节中讨论的理论和练习，你应该能够开始在不同的用例、系统配置和环境中托管/提供已经训练的模型。

在下一节中，我们将继续讨论模型服务主题，但讨论将侧重于专门为服务 PyTorch 模型而开发的特定工具——**TorchServe**。我们还将通过一个快速练习来演示如何使用这个工具。

## 10.3 使用 TorchServe 为 PyTorch 模型提供服务

TorchServe 于 2020 年 4 月发布，是一个专用的 PyTorch 模型服务框架。使用 TorchServe 提供的功能，我们能够以低预测延迟同时为多个模型提供服务，而无须编写大量自定义代码。此外，TorchServe 还提供模型版本控制、指标监控，以及数据预处理和后处理等功能。

显然，TorchServe 作为模型服务替代方案，比我们在上一节中开发的模型微服务更为先进。然而，对于复杂的机器学习流水线（这比我们想象的更常见），制作自定义模型微服务仍然是一种强大的解决方案。

在本节中，我们将继续使用我们的手写数字分类模型，演示如何使用 TorchServe 为其提供服务。完成本节学习后，你将能够开始使用 TorchServe 并进一步使用全套功能。

### 10.3.1 安装 TorchServe

在开始练习之前，我们需要根据要求安装 Java 11 SDK。在 Linux 操作系统中，请运行以下命令：

```
sudo apt-get install openjdk-11-jdk
```

在 mac 操作系统中，我们需要在命令行中运行以下命令：

```
brew tap AdoptOpenJDK/openjdk
brew cask install adoptopenjdk11
```

此后，我们需要通过运行以下命令来安装 TorchServe：

```
pip install torchserve torch-model-archiver
```

详细安装说明请参考 https://github.com/pytorch/serve/blob/master/README.md#install-torchserve。

请注意，我们还安装了一个名为 torch-model-archiver 的库。这一存档器旨在创建一个模型文件，该文件包含模型参数、模型架构定义，采用独立序列化格式（如.mar 文件）。你可以在此处详细了解存档器：https://pytorch.org/serve/model-archiver.html。

### 10.3.2 启动和使用 TorchServe 服务器

我们已经安装了所需的文件包和库，现在可以开始将之前练习中的现有代码组合在一起，使用 TorchServe 为我们的模型提供服务。我们将在此以练习的形式完成一些步骤：

1. 首先，将现有的模型架构代码放在一个模型文件中，保存为 convnet.py。

```
==========================convnet.
py============================
import torch
import torch.nn as nn
```

```
import torch.nn.functional as F
class ConvNet(nn.Module):
    def __init__(self):
        …
    def forward(self, x):
        …
```

我们将需要这个模型文件作为 torch-model-archiver 的一个输入，生成统一的.mar 文件。你可以在此处找到完整的模型文件：https://github.com/PacktPublishing/Mastering-PyTorch/blob/master/Chapter10/convnet.pth。

请记住，我们已经讨论了所有模型推理流水线的三个部分：数据预处理、模型预测和后处理。TorchServe 提供处理程序，用于处理流行类型机器学习任务的预处理和后处理部分：image_classifier、image_segmenter、object_detector 和 text_classifier。

由于在撰写本书时，TorchServe 正处于积极开发阶段，因此该列表将来可能会有所增加。

2. 想要完成任务，我们需要继承默认的 image_classifier 处理程序，创建一个自定义图像处理程序。我们之所以选择创建自定义处理程序，是因为不同于处理彩色（RGB）图像的常用图像分类模型，我们的模型处理特定大小（28×28 像素）的灰度图像。获取我们自定义处理程序的代码，请访问：https://github.com/PacktPublishing/Mastering-PyTorch/blob/master/10_operationalizing_pytorch_models_into_production/convnet_handler.py。

```
========================convnet_handler.
py=======================
from torchvision import transforms
from ts.torch_handler.image_classifier import
ImageClassifier
class ConvNetClassifier(ImageClassifier):
    image_processing = transforms.Compose([
        transforms.Grayscale(), transforms.Resize((28,
28)),
```

```
        transforms.ToTensor(),  transforms.
Normalize((0.1302,), (0.3069,))])
    def postprocess(self, output):
        return output.argmax(1).tolist()
```

首先，我们导入 image_classifer 默认处理程序，它可以提供许多基本的图像分类推理流水线处理功能。接下来，我们继承 image_Classifer 处理程序类来定义我们的自定义 ConvNetClassifier 处理程序类。有两个自定义代码块：

a）数据预处理步骤，我们对数据进行一系列转换，就像“构建推理流水线”中步骤 3 中所做的一样。

b）通过 postprocess 方法定义后处理步骤，我们从所有类的预测概率列表中提取预测的类标签。

3．在创建模型推理流水线时，我们已经在本章“保存并加载训练模型”部分生成了一个 convnet.pth 文件。使用 convnet.py、convnet_handler.py 和 convnet.pth，我们最终可以通过 torch-model-archiver 运行以下命令来创建.mar 文件。

```
torch-model-archiver --model-name convnet --version 1.0
--model-file ./convnet.py --serialized-file ./convnet.pth
--handler  ./convnet_handler.py
```

此命令应将 convnet.mar 文件写入当前工作目录。我们已经确定了一个名为.mar 文件的 model_name 自变数和一个 version 自变数，这将有助于在处理模型的多个变体时进行模型版本控制。

我们分别使用 model_file、serialized_file 和 handler 自变数找到了 convnet.py（用于模型架构）、convnet.pth（用于模型权重）和 convnet_handler.py（用于预处理和后处理）文件所在的位置。

4．接下来，我们需要在当前工作目录中创建一个新目录，并将步骤 3 中所创建的 convnet.mar 文件移动到该目录，在命令行中运行以下命令：

```
mkdir model_store
mv convnet.mar model_store/
```

我们必须这样做才能遵循 TorchServe 框架的设计要求。

5. 最后，使用 TorchServe 启动我们的模型服务器。在命令行中只需运行以下命令：

```
torchserve --start --ncs --model-store model_store
--models convnet.mar
```

这将默默启动模型推理服务器，你将在屏幕上看到一些日志，如图 10.14 所示。

```
Number of GPUs: 0
Number of CPUs: 8
Max heap size: 4096 M
Python executable: /Users/ashish.jha/opt/anaconda3/bin/python
Config file: N/A
Inference address: http://127.0.0.1:8080
Management address: http://127.0.0.1:8081
Metrics address: http://127.0.0.1:8082
```

图 10.14　TorchServe 启动输出

如你所见，TorchServe 在众多详细信息中调查机器上可用设备信息，为推理、管理和度量分配三个单独的 URL。为了检查启动的服务器是否确实为我们的模型提供服务，我们可以使用以下命令给 ping 管理服务器发送回显信息。

```
curl http://localhost:8081/models
```

输出如图 10.15 所示。

```
{
  "models": [
    {
      "modelName": "convnet",
      "modelUrl": "convnet.mar"
    }
  ]
}
```

图 10.15　TorchServe 服务的模型

这验证了 TorchServe 服务器确实托管了模型。

6. 最后，我们可以通过发送推理请求来测试 TorchServe 模型服务器。这一次，我们不需要编写 Python 脚本，因为处理程序将处理所有输入图像文件。因此，我们可以通过运行以下命令，使用 digit_image.jpg 样本图像文件直接发出请求。

```
curl http://127.0.0.1:8080/predictions/convnet -T ./
digit_image.jpg
```

这应该在终端上输出 2，从图 10.3 可以看出，预测确实是正确的。

7. 最后，一旦我们使用完毕模型服务器，就可以在命令行上运行以下命令来停止该模型服务器。

```
torchserve --stop
```

使用 TorchServe 启动 PyTorch 模型服务器做出预测的练习到此结束。我们还需要分析很多内容，如模型监控（指标）、日志记录、版本控制、基准测试等。https://pytorch.org/serve/是详细讨论这些高级主题的好地方。

完成本节学习后，你应该能够使用 TorchServe 为你自己的模型提供服务。我们鼓励读者为自己的用例编写自定义处理程序，探索各种 TorchServe 配置设置（阅读更多信息请访问：https://pytorch.org/serve/configuration.html），并尝试 TorchServe 的其他高级功能（阅读更多信息请访问：https://pytorch.org/serve/server.html#advanced-features）。

> **注意**
>
> 在写这本书的时候，TorchServe 还处于实验阶段，有巨大发展空间。我们建议读者密切关注 PyTorch 领域的快速更新状况。

在下一节中，我们将研究如何导出 PyTorch 模型，以便它们可以在不同的环境、编程语言和深度学习库中使用模型。

## 10.4 使用 TorchScript 和 ONNX 导出通用 PyTorch 模型

我们在本章的前几节中大致讨论了如何为 PyTorch 模型提供服务，该模型可能是在生产系统中操作 PyTorch 模型最关键的方面。在本节中，我们将研究另一个重要方面——导出 PyTorch 模型。我们已经学习了如何在经典 Python 脚本环境中保存 PyTorch 模型，并从磁盘加载该模型。但是我们需要更多的方法来导出 PyTorch 模型。为什么？

对于初学者来说，Python 解释器在使用**全局解释器锁**（**Global Interpreter Lock，GIL**）时，一次只允许一个线程运行，这使我们无法并行化操作。其次，我们想要运行模型的每个系统或设备不可能都支持 Python。为了解决这些问题，PyTorch 支持以一种格式高效且与平台或语言无关的方式导出模型，以便模型可以在不同的训练环境中运行。

首先，我们将探索 TorchScript，将序列化和优化的 PyTorch 模型导出为中间表示，然后可以在独立于 Python 的程序（如 C++程序）中运行。

接下来，我们将了解 ONNX，以及它如何让我们将 PyTorch 模型保存为通用格式，然后加载到其他深度学习框架和不同的编程语言中。

### 10.4.1 了解 TorchScript 的功能

TorchScript 之所以成为将 PyTorch 模型投入生产的重要工具，有两个关键原因。

- PyTorch 立即执行工作，如本书第 1 章“使用 PyTorch 概述深度学习”所述。立即执行工作有一定的优点，如更容易调试。然而，通过在内存中写入和读取中间结果来逐一执行步骤/操作，可能会导致高推理延迟，并限制我们进行整体操作优化。为了解决这个问题，PyTorch 提供了自己的**即时**（Just-In-Time，**JIT**）编译器，这种编译器基于 Python 中以 PyTorch 为中心的部分。

JIT 编译器对 PyTorch 模型进行编译而不是解释，这相当于通过一次性查看所有操作，为整个模型创建一个复合图。JIT 编译 TorchScript 代码，该代码基本上是 Python 的静态类型子集。此编译改进并优化多项性能，例如，放弃 GIL 而启用多线程。

- 本质上，PyTorch 是为了与 Python 编程语言一起使用而构建的。请记住，我们几乎在整本书中都使用了 Python。但是，在生产模型方面，PyTorch 具有比 Python 更高效（即更快）的语言，如 C++。而且，我们可能希望在无 Python 的系统或设备中部署受训的模型。

这就是 TorchScript 的实用之处。一旦我们将 PyTorch 代码编译为 TorchScript 代码（这是我们 PyTorch 模型的中间表示），就可以使用 TorchScript 编译器将此表示序列化为 C++友好格式。此后，可以使用 LibTorch（PyTorch C++ API）在 C++模型推理程序中读取此序列化文件。

我们在本节中多次提到了 PyTorch 模型的 JIT 编译。现在让我们分析将 PyTorch 模型编译为 TorchScript 格式的两个可能选项。

### 10.4.2 使用 TorchScript 进行模型跟踪

将 PyTorch 代码转换为 TorchScript 的一种方法，在于跟踪 PyTorch 模型。跟踪需要 PyTorch 模型对象及模型的虚拟示例输入。顾名思义，跟踪机制通过模型（神经网络）跟踪该虚拟输入的流动，记录各项操作，并生成一个 TorchScript 中间表示（**Intermediate Representation，IR**），IR 可以被视为图和 TorchScript 代码。

我们现在将逐步介绍使用手写数字分类模型跟踪 PyTorch 模型所涉及的步骤。本练习的完整代码请访问：https://github.com/PacktPublishing/Mastering-

PyTorch/blob/master/Chapter10/model_tracing.ipynb。

本练习的前五个步骤与“保存并加载训练模型”和“构建推理流水线”部分的步骤相同，在该步骤中我们构建了模型推理流水线。

1. 运行以下代码，导入库。

```
import torch
...
```

2. 定义并实例化模型对象。

```
class ConvNet(nn.Module):
    def __init__(self):
        ...
    def forward(self, x):
        ...
model = ConvNet()
```

3. 使用以下代码行恢复模型权重。

```
PATH_TO_MODEL = "./convnet.pth"
model.load_state_dict(torch.load(PATH_TO_MODEL, map_
location="cpu"))
model.eval()
```

4. 加载一个示例图像。

```
image = Image.open("./digit_image.jpg")
```

5. 定义数据预处理函数。

```
def image_to_tensor(image):
    gray_image = transforms.functional.to_
grayscale(image)
    resized_image = transforms.functional.resize(gray_
image, (28, 28))
    input_image_tensor = transforms.functional.to_
tensor(resized_image)
    input_image_tensor_norm = transforms.functional.
normalize(input_image_tensor, (0.1302,), (0.3069,))
    return input_image_tensor_norm
```

然后，将预处理函数应用于样本图像。

```
input_tensor = image_to_tensor(image)
```

6. 除了步骤 3 中的代码，还需要执行以下几行代码：

```
for p in model.parameters():
    p.requires_grad_(False)
```

如果不这样做，跟踪模型将导致所有梯度都需要参数，并且我们将必须在 torch.no_grad()背景中才能加载模型。

7. 我们已经加载了带有预训练权重的 PyTorch 模型对象。现在，使用虚拟输入来跟踪模型，代码如下所示。

```
demo_input = torch.ones(1, 1, 28, 28)
traced_model = torch.jit.trace(model, demo_input)
```

虚拟输入是所有像素值都设置为 1 的图像。

8. 运行以下命令，查看跟踪的模型图。

```
print(traced_model.graph)
```

输出如图 10.16 所示。

```
graph(%self.1 : __torch__.torch.nn.modules.module.___torch_mangle_6.Module,
      %input.1 : Float(1, 1, 28, 28)):
  %113 : __torch__.torch.nn.modules.module.___torch_mangle_5.Module = prim::GetAttr[name="fc2"](%self.1)
  %110 : __torch__.torch.nn.modules.module.___torch_mangle_3.Module = prim::GetAttr[name="dp2"](%self.1)
  %109 : __torch__.torch.nn.modules.module.___torch_mangle_4.Module = prim::GetAttr[name="fc1"](%self.1)
  %106 : __torch__.torch.nn.modules.module.___torch_mangle_2.Module = prim::GetAttr[name="dp1"](%self.1)
  %105 : __torch__.torch.nn.modules.module.___torch_mangle_1.Module = prim::GetAttr[name="cn2"](%self.1)
  %102 : __torch__.torch.nn.modules.module.Module = prim::GetAttr[name="cn1"](%self.1)
  %120 : Tensor = prim::CallMethod[name="forward"](%102, %input.1)
  %input.3 : Float(1, 16, 26, 26) = aten::relu(%120) # /Users/ashish.jha/opt/anaconda3/lib/python3.7/site-packages/to
rch/nn/functional.py:914:0
  %121 : Tensor = prim::CallMethod[name="forward"](%105, %input.3)
  %input.5 : Float(1, 32, 24, 24) = aten::relu(%121) # /Users/ashish.jha/opt/anaconda3/lib/python3.7/site-packages/to
rch/nn/functional.py:914:0

  %input.9 : Float(1, 64) = aten::relu(%123) # /Users/ashish.jha/opt/anaconda3/lib/python3.7/site-packages/torch/nn/f
unctional.py:914:0
  %124 : Tensor = prim::CallMethod[name="forward"](%110, %input.9)
  %125 : Tensor = prim::CallMethod[name="forward"](%113, %124)
  %91 : int = prim::Constant[value=1]() # /Users/ashish.jha/opt/anaconda3/lib/python3.7/site-packages/torch/nn/functi
onal.py:1317:0
  %92 : None = prim::Constant()
  %93 : Float(1, 10) = aten::log_softmax(%125, %91, %92) # /Users/ashish.jha/opt/anaconda3/lib/python3.7/site-package
s/torch/nn/functional.py:1317:0
  return (%93)
```

图 10.16　跟踪模型图

直观上，图中前几行表示该模型的初始化层，如 cn1、cn2 等。接近末尾，我们看到最后一层，即 softmax 层。显然，该图是用带有静态类型变量的低级语言所编写的，与 TorchScript 语言非常相似。

9．除了图外，我们还可以通过运行以下命令，查看跟踪模型背后的确切的 TorchScript 代码。

```
print(traced_model.code)
```

将输出图 10.17 所示类似 Python 的代码行，定义模型的前向传递方法。

```
def forward(self,
    input: Tensor) -> Tensor:
  _0 = self.fc2
  _1 = self.dp2
  _2 = self.fc1
  _3 = self.dp1
  _4 = self.cn2
  input0 = torch.relu((self.cn1).forward(input, ))
  input1 = torch.relu((_4).forward(input0, ))
  input2 = torch.max_pool2d(input1, [2, 2], annotate(List[int], []), [0, 0], [1, 1], False)
  input3 = torch.flatten((_3).forward(input2, ), 1, -1)
  input4 = torch.relu((_2).forward(input3, ))
  _5 = (_0).forward((_1).forward(input4, ), )
  return torch.log_softmax(_5, 1, None)
```

图 10.17　跟踪模型代码

这正是我们在步骤 2 中使用 PyTorch 所编写的代码的 TorchScript 等效项。

10．导出或保存跟踪模型。

```
torch.jit.save(traced_model, 'traced_convnet.pt')
```

11．加载保存的模型。

```
loaded_traced_model = torch.jit.load('traced_convnet.pt')
```

请注意，我们不需要单独加载模型架构和参数。

12．使用这个模型进行推理。

```
loaded_traced_model(input_tensor.unsqueeze(0))
```

输出如图 10.18 所示。

```
tensor([[-9.3505e+00, -1.2089e+01, -2.2391e-03, -8.9248e+00, -9.8197e+00,
         -1.3350e+01, -9.0460e+00, -1.4492e+01, -6.3023e+00, -1.2283e+01]])
```

图 10.18　跟踪模型推断

13. 在原始模型上重新运行模型推理，检查这些结果。

```
model(input_tensor.unsqueeze(0))
```

产生的输出应与图 10.18 相同，这验证了跟踪模型是否正常工作。

由于 TorchScript 的 GIL-free 特性，我们可以使用跟踪模型而非原始 PyTorch 模型对象来构建更高效的 Flask 模型服务器和 Dockerized 模型微服务。虽然跟踪是 JIT 编译 PyTorch 模型的可行选项，但它有一些缺点。例如，如果模型的前向传递由控制流组成，像 if 和 for 语句，则跟踪将仅呈现控制流中多个可能的路径之一。为了在此类场景中将 PyTorch 代码准确地转换为 TorchScript 代码，我们将使用另一种称为脚本的编译机制。

### 10.4.3 使用 TorchScript 编写模型脚本

请按照上一个练习中的步骤 1 到 6 进行操作，然后按照本练习中给出的步骤进行操作。完整代码请访问：https://github.com/PacktPublishing/Mastering-PyTorch/blob/master/Chapter10/model_scripting.ipynb。

1. 在脚本中，我们不需要为模型提供任何虚拟输入，以下代码行将 PyTorch 代码直接转换为 TorchScript 代码。

```
scripted_model = torch.jit.script(model)
```

2. 运行以下代码行，查看脚本化模型图。

```
print(scripted_model.graph)
```

脚本模型图的输出应该与跟踪模型图类似，如图 10.19 所示。

```
graph(%self : __torch__.ConvNet,
      %x.1 : Tensor):
  %51 : Function = prim::Constant[name="log_softmax"]()
  %49 : int = prim::Constant[value=3]()
  %33 : int = prim::Constant[value=-1]()
  %26 : Function = prim::Constant[name="_max_pool2d"]()
  %20 : int = prim::Constant[value=0]()
  %19 : None = prim::Constant()
  %7 : Function = prim::Constant[name="relu"]()
  %6 : bool = prim::Constant[value=0]()

  %x.19 : Tensor = prim::CallFunction(%7, %x.17, %6) # <ipython-input-3-936a1c5cab85>:20:12
  %42 : __torch__.torch.nn.modules.dropout.___torch_mangle_1.Dropout2d = prim::GetAttr[name
="dp2"](%self)
  %x.21 : Tensor = prim::CallMethod[name="forward"](%42, %x.19) # <ipython-input-3-936a1c5cab
85>:21:12
  %45 : __torch__.torch.nn.modules.linear.___torch_mangle_2.Linear = prim::GetAttr[name="fc
2"](%self)
  %x.23 : Tensor = prim::CallMethod[name="forward"](%45, %x.21) # <ipython-input-3-936a1c5cab
85>:22:12
  %op.1 : Tensor = prim::CallFunction(%51, %x.23, %32, %49, %19) # <ipython-input-3-936a1c5ca
b85>:23:13
  return (%op.1)
```

图 10.19　脚本模型图

同样，我们可以看到类似的、冗长的、低级的脚本，脚本中列出了每行图的各个边。请注意，这里的图与图 10.16 不同，这表明在使用跟踪而非脚本时代码编译策略的差异。

3．还可以运行以下命令，查看等效的 TorchScript 代码。

```
print(scripted_model.code)
```

这里应该输出图 10.20 所示的内容。

```
def forward(self,
    x: Tensor) -> Tensor:
  _0 = __torch__.torch.nn.functional.___torch_mangle_12.relu
  _1 = __torch__.torch.nn.functional._max_pool2d
  _2 = __torch__.torch.nn.functional.___torch_mangle_13.relu
  _3 = __torch__.torch.nn.functional.log_softmax
  x0 = (self.cn1).forward(x, )
  x1 = __torch__.torch.nn.functional.relu(x0, False, )
  x2 = (self.cn2).forward(x1, )
  x3 = _0(x2, False, )
  x4 = _1(x3, [2, 2], None, [0, 0], [1, 1], False, False, )
  x5 = (self.dp1).forward(x4, )
  x6 = torch.flatten(x5, 1, -1)
  x7 = (self.fc1).forward(x6, )
  x8 = _2(x7, False, )
  x9 = (self.dp2).forward(x8, )
  x10 = (self.fc2).forward(x9, )
  return _3(x10, 1, 3, None, )
```

图 10.20　脚本模型代码

本质上，流程与图 10.17 类似；但是，由于编译策略不同，代码签名存在细微的差异。

4. 同样，可以通过以下方式导出和反馈脚本模型。

```
torch.jit.save(scripted_model, 'scripted_convnet.pt')
loaded_scripted_model = torch.jit.load('scripted_convnet.
pt')
```

5. 最后，使用脚本模型进行推理。

```
loaded_scripted_model(input_tensor.unsqueeze(0))
```

产生的结果应与图 10.18 完全相同，它验证脚本模型是否如期工作。

与跟踪类似，脚本化 PyTorch 模型是无 GIL 的，因此与 Flask 或 Docker 一起使用脚本化 PyTorch 模型，可以提高模型服务性能。表 10.1 对跟踪和脚本两种方法作了快速比较。

表 10.1 跟踪与脚本

| 跟　踪 | 脚　本 |
| --- | --- |
| ● 需要虚拟输入。<br>● 通过将虚拟收入传递给模型，记录数学操作的固定序列。<br>● 无法处理模型前向传递中的多个控制流（if-else）。<br>● 即使模型具有 TorchScript 不支持的 PyTorch 功能，脚本也可以工作<br>（https://pytorch.org/docs/stable/jit_unsupported.html） | ● 不需要虚拟输入。<br>● 通过检查 PyTorch 代码中的 nn.Module 内容，生成 TorchScript 代码/图。<br>● 可以处理所有类型的控制流。<br>● 只有当 PyTorch 模型不包含任何 TorchScript 不支持的功能时，脚本才可以工作 |

到目前为止，我们已经演示了如何转化 PyTorch 模型，并将其序列化为 TorchScript 模型。在下一节中，我们将暂停讨论 Python，专注于演示如何使用 C++加载 TorchScript 序列化模型。

### 10.4.4 在 C++中运行 PyTorch 模型

Python 有时会限制或无法运行使用 PyTorch 训练的机器学习模型。在本节中，我们将使用上一节中导出的序列化 TorchScript 模型对象（使用跟踪和脚本），在 C++代码中运行模型推理。

> **注意**
>
> 学习本节内容应具备 C++基本的工作知识。如果你想要学习 c++编码的基础知识，可以从以下链接开始：https://www.learncpp.com/。本节具体讨论了很多关于 c++代码编译的内容。你可以在以下链接中阅读更多关于 c++代码编译的工作原理：https://www.toptal.com/c-plusplus/c-plus-plus-understanding-compilation。

操作本练习时，请按照 https://cmake.org/install/中的步骤安装 CMake，以便能够构建 C++代码。接下来，我们将在当前工作目录中创建一个名为 cpp_convnet 的文件夹，并在该目录中进行工作。

1. 让我们直接编写运行模型推理流水线的 C++文件。完整的 C++代码可在此处获得：https://github.com/PacktPublishing/Mastering-PyTorch/blob/master/Chapter10/cpp_convnet/cpp_convnet.cpp。

```
#include <torch/script.h>
...
int main(int argc, char **argv) {
    Mat img = imread(argv[2], IMREAD_GRAYSCALE);
```

首先，使用 OpenCV 库将.jpg 图像文件读取为灰度图像。你需要使用以下链接为 C++安装 OpenCV 库。

a）Mac：https://docs.opencv.org/master/d0/db2/tutorial_macos_install.html

b）Linux：https://docs.opencv.org/3.4/d7/d9f/tutorial_linux_install.html

c）Win：https://docs.opencv.org/master/d3/d52/tutorial_windows_install.html

2．将灰度图像调整为 28×28 像素，这是 CNN 对模型的要求。

```
resize(img, img, Size(28, 28));
```

3．将图像数组转换为 PyTorch 张量。

```
auto input_ = torch::from_blob(img.data, { img.rows, img.
cols, img.channels() }, at::kByte);
```

本步骤所有与 Torch 相关的操作都使用 libtorch 库，这是所有与 torch C++ 相关的 API 的主页。如果你安装了 PyTorch，则无须单独安装 LibTorch。

4．因为 OpenCV 读取的是（28, 28, 1）维的灰度，所以我们需要将其转为（1, 28, 28）以适应 PyTorch 的要求。然后将张量重塑为形状（1, 1, 28, 28），其中第一个 1 是用于推理的 batch_size，第二个 1 是通道数，其灰度为 1。

```
    auto input = input_.permute({2,0,1}).unsqueeze_(0).
reshape({1, 1, img.rows, img.cols}).toType(c10::kFloat).
div(255);
    input = (input - 0.1302) / 0.3069;
```

因为 OpenCV 读取图像的像素值范围为 0 到 255，所以我们将这些值的范围归一化为 0 到 1。此后，我们使用均值 0.1302 和标准值 0.3069 将图像标准化，就像我们在上一节中所做的那样（参见“构建推理流水线”部分的步骤 2）。

5．在这一步中，我们加载上一个练习中导出的 JIT-ed TorchScript 模型对象。

```
    auto module = torch::jit::load(argv[1]);
    std::vector<torch::jit::IValue> inputs;
    inputs.push_back(input);
```

再次使用 LibTorch JIT API，加载使用 Python 中的 TorchScript 所编译的 JIT 模型。

6．进行模型预测。使用已加载的模型对象，通过提供的输入数据（在本例中为图像）进行前向传递。

```
auto output_ = module.forward(inputs).toTensor();
```

output_variable 包含每个类的概率列表。让我们选取概率最高的类标签并打印出来：

```
auto output = output_.argmax(1);
cout << output << '\n';
```

最后，成功退出 C++例程。

```
    return 0;
}
```

7. 虽然步骤 1～6 涉及 C++的各个部分，但我们还需要在同一工作目录中编写一个 CMakeLists.txt 文件。此文件的完整代码请访问：https://github.com/PacktPublishing/Mastering-PyTorch/blob/master/Chapter10/cpp_convnet/CMakeLists.txt。

```
cmake_minimum_required(VERSION 3.0 FATAL_ERROR)
project(cpp_convnet)
find_package(Torch REQUIRED)
find_package(OpenCV REQUIRED)
add_executable(cpp_convnet cpp_convnet.cpp)
...
```

这个文件基本上是安装和构建库的脚本，类似于 Python 项目中 setup.py。除了此代码，还需要将 OpenCV_DIR 环境变量设置为创建 OpenCV 构建工件的路径，如以下代码块所示。

```
export OpenCV_DIR=/Users/ashish.jha/code/personal/
Mastering-PyTorch/tree/master/Chapter10/cpp_convnet/
build_opencv/
```

8. 接下来，我们需要实际运行 CMakeLists 文件来构建工件。为了完成构建，我们需要在当前工作目录中创建一个新目录，并运行构建命令。在命令行中，我们只需要运行以下命令：

```
mkdir build
cd build
```

```
cmake -DCMAKE_PREFIX_PATH=/Users/ashish.jha/opt/anaconda3/lib/python3.7/site-packages/torch/share/cmake/ ..
cmake --build . --config Release
```

在第三行中，我们应该为 LibTorch 提供路径。如果想要找到自己的路径，请打开 Python 并执行以下命令：

```
import torch; torch.__path__
```

输出如下：

```
['/Users/ashish.jha/opt/anaconda3/lib/python3.7/site-packages/torch']_
```

执行第三行应输出图 10.21 所示的内容。

```
-- The C compiler identification is AppleClang 10.0.1.10010046
-- The CXX compiler identification is AppleClang 10.0.1.10010046
-- Check for working C compiler: /Library/Developer/CommandLineTools/usr/bin/cc
-- Check for working C compiler: /Library/Developer/CommandLineTools/usr/bin/cc -- works
-- Detecting C compiler ABI info
-- Detecting C compiler ABI info - done
-- Detecting C compile features
-- Detecting C compile features - done
-- Check for working CXX compiler: /Library/Developer/CommandLineTools/usr/bin/c++
-- Check for working CXX compiler: /Library/Developer/CommandLineTools/usr/bin/c++ -- works
-- Detecting CXX compiler ABI info
-- Detecting CXX compiler ABI info - done
-- Detecting CXX compile features
-- Detecting CXX compile features - done
-- Looking for pthread.h
-- Looking for pthread.h - found
-- Performing Test CMAKE_HAVE_LIBC_PTHREAD
-- Performing Test CMAKE_HAVE_LIBC_PTHREAD - Success
-- Found Threads: TRUE
-- Found Torch: /Users/ashish.jha/opt/anaconda3/lib/python3.7/site-packages/torch/lib/libtorch.dylib
-- Found OpenCV: /Users/ashish.jha/code/personal/Mastering-PyTorch/Chapter10/cpp_convnet/build_opencv (found version "4.5.0")
-- Configuring done
-- Generating done
-- Build files have been written to: /Users/ashish.jha/code/personal/Mastering-PyTorch/Chapter10/cpp_convnet/build
```

图 10.21　C++ CMake 输出

执行第四行应该输出图 10.22 所示的内容。

```
Scanning dependencies of target cpp_convnet
[ 50%] Building CXX object CMakeFiles/cpp_convnet.dir/cpp_convnet.cpp.o
[100%] Linking CXX executable cpp_convnet
[100%] Built target cpp_convnet
```

图 10.22　C++模型构建

9. 成功执行上一步后，我们将生成一个名为 cpp_convnet 的 C++编译二进制文件。现在，执行该二进制程序。换句话说，我们现在可以向 C++模型提供用于推理的样本图像。输入脚本模型：

```
./cpp_convnet ../../scripted_convnet.pt ../../digit_
image.jpg
```

或者，我们可以输入跟踪模型：

```
./cpp_convnet ../../traced_convnet.pt ../../digit_image.
jpg
```

任何一个模型输入都应该输出图 10.23 所示的内容。

```
2
[ CPULongType{1} ]
```

图 10.23　C++模型预测

根据图 10.3，我们发现 C++模型看起来运行正常。因为我们在 C++（即 OpenCV）中使用了不同的图像处理库，相对于 Python（PIL），像素值的编码略有不同，这会导致预测概率略有偏差，但如果应用正确的归一化，两种语言中最终的模型预测应该不会有太大差异。

使用 C++探索 PyTorch 模型的练习到此结束。本练习将帮助你开始使用 PyTorch 编写及训练你最喜欢的深度学习模型，并将其传输到 C++环境中。这将使预测更有效，也将开辟在无 Python 环境中使用托管模型的可能性（例如，某些嵌入式系统、无人机等）。

在下一节中，我们将不再使用 TorchScript，而是讨论一种通用神经网络建模格式（ONNX）。这种建模格式支持在跨深度学习框架、编程语言和操作系统中使用模型。我们将致力于在 TensorFlow 中加载 PyTorch 训练模型以进行推理。

### 10.4.5 使用 ONNX 导出 PyTorch 模型

在生产系统中，大多数已经部署的机器学习模型都是在一个特定的深度学习库中编写的，如 TensorFlow，它有复杂的模型服务基础设施。但是，如果某个模型是使用 PyTorch 编写的，我们希望可以使用 TensorFlow 运行该模型，以符合服务策略。这是框架（如 ONNX）的各种应用案例中非常有用的一种。

ONNX 是一种通用格式，其中深度学习模型的基本操作（例如，矩阵乘法和激活）是标准化的，在不同的深度学习库中以不同的方式编写。ONNX 使我们能够交替使用不同的深度学习库、编程语言甚至操作环境来运行相同的深度学习模型。

在这里，我们将演示如何在 TensorFlow 中使用 PyTorch 运行已经训练的模型。首先，我们将 PyTorch 模型导出为 ONNX 格式。然后，在 TensorFlow 代码中加载 ONNX 模型。

ONNX 适用于受限版本 TensorFlow，因此我们将使用 tensorflow==1.15.0。我们还需要安装用于练习的 onnx==1.7.0 和 onnx-tf==1.5.0 库。本练习的完整代码请访问 https://github.com/PacktPublishing/Mastering-PyTorch/blob/master/Chapter10/onnx.ipynb。请效仿“使用 TorchScript 进行模型跟踪”部分中的步骤 1 到 11，然后按照本练习中给出的步骤进行操作：

1．与模型跟踪类似，我们再次通过加载的模型传递一个虚拟输入：

```
demo_input = torch.ones(1, 1, 28, 28)
torch.onnx.export(model, demo_input, "convnet.onnx")
```

此处应该保存一个 ONNX 模型文件。在后台使用与模型跟踪中相同的机制，将模型序列化。

2．接下来，加载已保存的 ONNX 模型，并将其转换为 TensorFlow 模型。

```
import onnx
from onnx_tf.backend import prepare
model_onnx = onnx.load("./convnet.onnx")
tf_rep = prepare(model_onnx)
tf_rep.export_graph("./convnet.pb")
```

3．接下来，加载序列化的 TensorFlow 模型，进行模型图解析。这将帮助我们验证我们加载的模型架构是否正确，并识别图的输入和输出节点。

```
with tf.gfile.GFile("./convnet.pb", "rb") as f:
    graph_definition = tf.GraphDef()
    graph_definition.ParseFromString(f.read())
with tf.Graph().as_default() as model_graph:
    tf.import_graph_def(graph_definition, name="")
for op in model_graph.get_operations():
    print(op.values())
```

这里应该输出图 10.24 所示的内容。

```
(<tf.Tensor 'Const:0' shape=(16,) dtype=float32>,)
(<tf.Tensor 'Const_1:0' shape=(16, 1, 3, 3) dtype=float32>,)
(<tf.Tensor 'Const_2:0' shape=(32,) dtype=float32>,)
(<tf.Tensor 'Const_3:0' shape=(32, 16, 3, 3) dtype=float32>,)
(<tf.Tensor 'Const_4:0' shape=(64,) dtype=float32>,)
(<tf.Tensor 'Const_5:0' shape=(64, 4608) dtype=float32>,)
(<tf.Tensor 'Const_6:0' shape=(10,) dtype=float32>,)
(<tf.Tensor 'Const_7:0' shape=(10, 64) dtype=float32>,)
(<tf.Tensor 'input.1:0' shape=(1, 1, 28, 28) dtype=float32>,)
(<tf.Tensor 'transpose/perm:0' shape=(4,) dtype=int32>,)
(<tf.Tensor 'transpose:0' shape=(3, 3, 1, 16) dtype=float32>,)
                              ⋮
(<tf.Tensor 'mul_2/x:0' shape=() dtype=float32>,)
(<tf.Tensor 'mul_2:0' shape=(1, 10) dtype=float32>,)
(<tf.Tensor 'mul_3/x:0' shape=() dtype=float32>,)
(<tf.Tensor 'mul_3:0' shape=(10,) dtype=float32>,)
(<tf.Tensor 'add_3:0' shape=(1, 10) dtype=float32>,)
(<tf.Tensor '18:0' shape=(1, 10) dtype=float32>,)
```

图 10.24　TensorFlow 模型图

从图 10.24 中，我们能够识别标记出的输入和输出节点。

4．最后，为神经网络模型的输入和输出节点分配变量，实例化一个 TensorFlow 会话，并运行图，生成示例图像的预测。

```
model_output = model_graph.get_tensor_by_name('18:0')
model_input = model_graph.get_tensor_by_name('input.1:0')
sess = tf.Session(graph=model_graph)
output = sess.run(model_output, feed_dict={model_input:
input_tensor.unsqueeze(0)})
print(output)
```

这里应该输出图 10.25 所示的内容。

```
[[-9.35050774e+00 -1.20893326e+01 -2.23922171e-03 -8.92477798e+00
  -9.81972313e+00 -1.33498535e+01 -9.04598618e+00 -1.44924192e+01
  -6.30233145e+00 -1.22827682e+01]]
```

图 10.25 TensorFlow 模型预测

如你所见，TensorFlow 模型的预测结果与图 10.18 所示的 PyTorch 版本的预测结果完全相同，表明 ONNX 框架的运作很成功。我们鼓励读者进一步分析 TensorFlow 模型，并了解 ONNX 如何通过利用模型图中基本的数学运算，帮助我们在不同的深度学习库中重新生成完全相同的模型。

对导出 PyTorch 模型的不同方式的讨论到此结束。此处所介绍的技术将有助于在生产系统及跨平台工作中部署 PyTorch 模型。这个领域将伴随深度学习库、编程语言，甚至操作系统的新版本不断发展。

因此，我们强烈建议读者密切关注该领域的发展，并确保使用最新和最有效的方式导出模型，并将其投入生产。

到目前为止，我们一直在使用本地机器来服务并导出我们的 PyTorch 模型。在本章的下一部分也是最后一部分，我们将简要介绍一些知名云平台（例如，AWS、Google Cloud 和 Microsoft Azure）提供的 PyTorch 模型服务情况。

## 10.5 在云端提供 PyTorch 模型

深度学习的计算成本很高，因此需要强大而复杂的计算硬件。不是每个本地机器都具有足够的 CPU 和 GPU，并能够在合理的时间内训练巨大的深度学习模型。此外，我们不能保证为一个训练有素的模型提供推理服务的本地机器 100%可用。出于这些原因，云计算平台是训练和服务深度学习模型的重要选择。

在本节中，我们将讨论如何在一些最流行的云平台（**AWS**、**Google** 云和 **Microsoft Azure**）上使用 PyTorch。我们将探索在这些平台中服务已训练的 PyTorch 模型所采用的不同方式。本章前面部分讨论的模型服务练习是在本地机器上执行的，本节的目标是让你能够使用云上的虚拟机（Virtual Machines，VM）执行类似的练习。

## 10.5.1 将 PyTorch 与 AWS 结合使用

AWS 是最元始也是最受欢迎的云计算平台之一，与 PyTorch 深度融合。我们已经看到了由 AWS 和 Facebook（现更名为 Meta）联合开发的 TorchServe 形式的例子。

在本节中，我们将了解使用 AWS 为 PyTorch 模型提供服务的一些常用方法。首先，我们将简单学习如何使用 AWS 实例代替本地机器（笔记本电脑），为 PyTorch 模型提供服务。然后，我们将简要讨论 Amazon SageMaker，这是一个完全专用的云机器学习平台。我们将简要讨论 TorchServe 如何与 SageMaker 一起用于模型服务。

> **注意**
>
> 本节的学习前提是需要你基本熟悉 AWS。因此，我们不会详细说明什么是 AWS EC2 实例、什么是 AMI、如何创建实例等主题。若需查看此类主题，请访问：https://aws.amazon.com/getting-started/。相反，我们将专注于与 PyTorch 相关的 AWS 组件。

### 10.5.1.1 使用 AWS 实例服务 PyTorch 模型

在本节中，我们将演示如何在 VM（在本例中为 AWS 实例）中使用 PyTorch。阅读本部分后，你将能够在 AWS 实例“PyTorch 中的模型服务”部分的讨论中进行练习。

首先，你需要创建一个 AWS 账户（如果没有的话）。创建账户需要电子邮件地址和付款方式（信用卡）。你可以在此处找到有关创建账户的详细信息：https://aws.amazon.com/premiumsupport/knowledge-center/create-and-activate-aws

-account/。

拥有 AWS 账户后，你可以登录 AWS 控制台（https://aws.amazon.com/console/）。从这里开始，我们基本上需要实例化一个 VM（AWS 实例），以使用 PyTorch 来训练和服务模型。创建 VM 需要做出两个决定：

- 选择 VM 的硬件配置，也称为 **AWS 实例类型**；
- 选择 **Amazon 系统镜像**（**Amazon Machine Image**，**AMI**），其中包含所有必需的软件，如操作系统（Ubuntu 或 Windows）、Python、PyTorch 等。

你可以在此处详细了解前两个组件之间的关系：https://docs.aws.amazon.com/AWSEC2/latest/UserGuide/ec2-instances-and-amis.html。通常，当我们提到 AWS 实例时，我们指的是**弹性云计算**实例，也称为 **EC2** 实例。

根据 VM（RAM、CPU 和 GPU）的计算要求，你可以从 AWS 提供的一长串 EC2 实例中进行选择，可在此处找到：https://aws.amazon.com/ec2/instance-types/。由于 PyTorch 会严重影响 GPU 计算能力，因此我们建议使用包含 GPU 的 EC2 实例，尽管它们通常比仅使用 CPU 实例的成本更高。

关于选择 AMI，有两种可行的方法。你可以选择只安装操作系统的准系统 AMI，如 Ubuntu（Linux）。在这种情况下，你可以手动安装 Python（使用文档：https://docs.python-guide.org/starting/install3/linux/）和 PyTorch（使用文档：https://pytorch.org/get-started/local/#linux-prerequisites）。

我们也推荐另一种方法，从已经安装了 PyTorch 且预先构建好的 AMI 开始。AWS 提供深度学习 AMI，这使得在 AWS 上开始使用 PyTorch 的过程变得更快、更容易。你可以阅读这篇写得很好的博客，使用深度学习 AMI 启动你自己的 AWS EC2 实例：https://aws.amazon.com/blogs/machine-learning/get-started-with-deep-learning-using-the-aws-deep-learning-ami/。

一旦使用我们建议的方法中的任何一种成功启动实例，就可以使用可用方法中的连接实例：https://docs.aws.amazon.com/AWSEC2/latest/UserGuide/AccessingInstances.html。

SSH 是连接实例最常见的方式之一。连接实例后，它将具有与本地计算机工作相同的布局。逻辑上，第一个步骤应为测试 PyTorch 是否在机器内部工作。

要进行测试，首先，只需在命令行中输入 Python 即可打开 Python 交互式会话。然后，执行以下代码行：

```
import torch
```

如果执行没有错误，就表示你在系统中安装了 PyTorch。

此时，你可以简单地获取我们在前几章有关模型服务部分编写的所有代码。在主目录的命令行上，只需通过运行以下命令来克隆本书的 GitHub 仓库。

```
git clone https://github.com/PacktPublishing/Mastering-PyTorch.
git
```

然后，在第 10 章的子文件夹中，你将拥有服务 MNIST 模型的所有代码，我们已经在前几节中处理过 MNIST 模型。你基本上可以重新进行练习，但这次是在 AWS 实例上，而不是在你的本地计算机上。

让我们回顾一下在 AWS 上使用 PyTorch 需要采取的步骤：

1. 创建一个 AWS 账户。
2. 登录 AWS 控制台。
3. 单击控制台中的**启动虚拟机按钮**。
4. 选择一个 AMI，例如，选择 Deep Learning AMI（Ubuntu）。
5. 选择 AWS 实例类型，例如，选择包含 GPU 的 **p.2x large**。
6. 单击“**启动**”。
7. 单击“**创建新密钥对**”，为密钥对命名，并在本地下载。
8. 通过在命令行中运行以下代码来修改此密钥对文件的权限。

```
chmod 400 downloaded-key-pair-file.pem
```

9. 在控制台上单击“**查看实例**”，可查看已启动的实例的详细信息，需要特别注意实例的公共 IP 地址。

10. 使用 SSH，通过在命令行中运行以下命令来连接到实例。

```
ssh -i downloaded-key-pair-file.pem ubuntu@<Public IP
address>
```

公共 IP 地址与上一步中的相同。

11．连接后，启动 Python shell，并在 shell 中运行 import torch，确保 PyTorch 正确安装在实例上。

12．通过在实例的命令行中运行以下命令，克隆本书的 GitHub 仓库。

```
git clone https://github.com/PacktPublishing/Mastering-
PyTorch.git
```

13．转到仓库中第 10 章的文件夹，开始进行本章前几部分涵盖的各种模型服务练习。

本节的讨论基本结束，我们基本上已经学会了如何在远程 AWS 实例上开始使用 PyTorch。你可以在 PyTorch 的网站上阅读这一主题的更多相关信息：https://pytorch.org/get-started/cloud-partners/#aws-quick-start。接下来，我们将了解 AWS 完全专用的云机器学习平台——Amazon SageMaker。

#### 10.5.1.2 将 TorchServe 与 Amazon SageMaker 结合使用

我们已经在上一节中详细讨论了 TorchServe。众所周知，TorchServe 是由 AWS 和 Facebook（现更名 Meta）开发的 PyTorch 模型服务库。你可以使用 TorchServe，而不是手动定义模型推理流水线、模型服务 API 和微服务，TorchServe 提供了以上所有功能。

另一方面，Amazon SageMaker 是一个云机器学习平台，可以提供诸如训练大规模深度学习模型，以及在自定义实例上部署并托管训练模型等功能。使用 SageMaker 时，我们需要做的是：

- 指定我们想要启动并用于服务模型的 AWS 实例的类型和数量；
- 提供存储的预训练模型对象的位置。

我们不需要手动连接到实例并使用 TorchServe 服务模型。SageMaker 负责完成这些工作。你只需单击，就可开始使用 SageMaker 和 TorchServe 服务工业规模的 PyTorch 模型，具体操作请参阅此教程：https://aws.amazon.com/blogs/machine-learning/deploying-pytorch-models-for-inference-at-scale-using-torchserve/。你还可以探索使用 Amazon SageMaker 服务 PyTorch 的用例，请访问链接：https://docs.aws.amazon.com/sagemaker/latest/dg/pytorch.html。SageMaker 这样的工具用于模型的训练和服务时具有良好的可扩展性。然而，在使用这种一键式工具时，我们往往会失去一些灵活性和可调试性。因此，哪种工具最适合你的案例由你决定。对使用 AWS 云平台为 PyTorch 模型提供服务的讨论到此结束。接下来，我们将看看另一个云平台——Google Cloud。

### 10.5.2 在 Google Cloud 上提供 PyTorch 模型

与 AWS 类似，如果你还没有 Google 账户，首先需要创建一个账户（*@gmail.com）。此外，为了能够登录到 GoogleCloud 控制台（https://console.cloud.google.com），你需要添加付款方式（信用卡详细信息）。

> **注意**
>
> 我们不会在这里介绍 Google Cloud 的基础知识。相反，我们将专注于使用 Google Cloud 在虚拟机中服务 PyTorch 模型。若需查看 Google Cloud 的基础知识，请参阅：https://console.cloud。google.com/getting-started。

进入控制台后，我们需要按照类似于 AWS 的步骤启动一个虚拟机。在虚拟机中，我们可以为我们的 PyTorch 模型提供服务。你始终可以从准系统 VM 开始，然后手动安装 PyTorch。但我们将继续使用 Google 的深度学习 VM 镜像（https://cloud.google.com/deep-learning-vm），VM 镜像中已经预装了 PyTorch。以下是启动 Google Cloud VM 并用其提供 PyTorch 模型的步骤。

1．通过访问以下链接，在 Google Cloud 上启动深度学习 VM 镜像：https://console.cloud.google.com/marketplace/product/click-to-deploy-images/deepl

earning。

2. 在命令窗口中输入部署名称。将这个带有-vm 后缀的名称作为已启动的 VM 的名称。此 VM 内的命令提示符如下所示：

```
<user>@<deployment-name>-vm:~/
```

这里，user 是连接到 VM 的客户端，deployment-name 是在这一步中所选的 VM 的名称。

3. 在下一个命令窗口中选择 PyTorch 作为框架，提示平台在 VM 中预安装 PyTorch。

4. 选择此机器的区域。最好选择地理位置离你最近的区域。此外，不同区域的硬件产品（VM 配置）略有不同，因此你可能需要为特定机器配置选择特定区域。

5. 在步骤 3 中确定了软件需求之后，我们将确定硬件需求。在命令窗口的 GPU 部分，我们需要确定 GPU 类型，以及将要包含在 VM 中的 GPU 数量。

可在此处找到适用于 Google Cloud 的 GPU 类型列表：https://cloud.google.com/compute/docs/gpus。在 GPU 部分，还需勾选“自动安装 NVIDIA 驱动程序”的复选框，该程序需要使用 GPU 进行深度学习。

6. 同样，在 CPU 部分中，我们需要提供机器类型。可以在此处找到 Google Cloud 提供的机器类型列表：https://cloud.google.com/compute/docs/machine-types。关于步骤 5 和步骤 6，请注意不同的区域提供不同的机器和 GPU 类型，以及不同的 GPU 类型和 GPU 编号组合。

7. 最后，单击“**部署**”按钮，启动 VM，并引导你进入一个页面，其中包含从本地计算机连接到 VM 所需的所有说明。

8. 现在，你可以连接到 VM，并通过尝试从 Python shell 中导入 PyTorch 来确保成功安装 PyTorch。验证后，克隆本书的 GitHub 仓库。转到第 10 章文件夹，并开始在该 VM 中进行模型服务练习。

你可以在此处阅读创建 PyTorch 深度学习 VM 的更多相关信息：https://cloud.google.com/ai-platform/deep-learning-vm/docs/pytorch_start_instance。对使用 Google Cloud 为 PyTorch 模型提供服务的讨论到此结束。你可能已经注意到，这个过程与 AWS 非常相似。在下一个也是最后一个部分，我们将简要介绍如何使用 Microsoft 的云平台 Azure 为 PyTorch 模型提供服务。

## 10.5.3 使用 Azure 为 PyTorch 模型提供服务

与 AWS 和 Google Cloud 类似，Azure 同样需要 Microsoft 认可的电子邮件 ID 及有效的付款方式才能注册。

> **注意**
>
> 我们默认读者对本节提及的微软 Azure 云平台有基本了解。若需回顾 Azure 的基础知识，你可以访问：https://azure.microsoft.com/en-us/get-started/。

访问 Azure 地址（https://portal.azure.com/）后，推荐两种在 Azure 上开始使用 PyTorch 的方法：

- **数据科学虚拟机**（Data Science Virtual Machine，**DSVM**）；
- **Azure 机器学习**。

我们现在将简要讨论这些方法。

### 10.5.3.1 使用 Azure 的数据科学虚拟机

与 Google Cloud 的深度学习 VM 镜像类似，Azure 提供了自己的 DSVM 镜像（https://azure.microsoft.com/en-us/services/virtual-machines/data-science-virtual-machines/），这是一个完全专用于数据科学和机器学习（包括深度学习）的 VM 镜像。

这些镜像适用于 Windows 及 Linux/Ubuntu。本章末尾的“参考资料”部分提供了机器镜像的链接。

使用此镜像创建 DSVM 实例的步骤与在 Google Cloud 中讨论的步骤非常相似。你可以按照“参考资料”部分中提供的相应链接，以相应的步骤创建 Linux 或 Windows DSVM。

创建 DSVM 后，你可以启动 Python shell，尝试导入 PyTorch 库，以确保它已正确安装。可以按照这篇优秀的 Linux 和 Windows 文章中所提供的步骤，进一步测试此 DSVM 中可用的功能。“参考资料”部分提供了这些文章的链接。

最后，你可以在 DSVM 实例中复制本书的 GitHub 仓库，并使用第 10 章文件夹中的代码，进行本章讨论的 PyTorch 模型服务练习。

#### 10.5.3.2 Azure 机器学习服务

Azure 类似于亚马逊的 SageMaker，但比 SageMaker 问世更早。Azure 提供一个端到端的云机器学习平台。Azure 机器学习服务（Azure Machine Learning Service，AMLS）包括以下内容（仅举几例）：

- Azure 机器学习 VM；
- Notebook；
- 虚拟环境；
- 数据存储；
- 跟踪机器学习实验；
- 数据标注。

AMLS VM 和 DSVM 之间的主要区别在于前者是完全托管的。例如，AMLS VM 可以根据模型训练或服务要求进行放大或缩小。阅读更多 Azure 机器学习 VM 和 DSVM 之间差异的相关信息请访问：https://docs.microsoft.com/en-gb/azure/machine-learning/data-science-virtual-machine/overview。

像 SageMaker 一样，Azure 机器学习在大规模模型的训练、部署和服务方面非常有用。Azure 网站上有一个很好的教程，用于在 AMLS 上训练并部署

PyTorch 模型。“参考资料”提供了教程链接。

Azure 机器学习旨在为所有机器学习任务的用户提供一键式界面。因此，需要牢记关于灵活性的权衡。虽然我们没有在此处介绍关于 Azure 机器学习的详细信息，但 Azure 网站为读者进一步阅读提供了优秀资源：https://docs.microsoft.com/en-us/azure/machine-learning/overview-what-is-azure-ml。

对使用 Azure 云平台为 PyTorch 模型提供服务的讨论到此结束。可以在此处阅读在 Azure 上使用 PyTorch 的更多相关信息：https://azure.microsoft.com/en-us/develop/pytorch/。

关于在云上提供 PyTorch 模型服务的讨论也到此结束。我们在本节中讨论了 AWS、Google Cloud 和 Microsoft Azure。尽管有更多可用的云平台，但其他平台的产品性质，以及在这些平台中使用 PyTorch 的方式与我们所讨论的内容类似。本节将帮助你开始在云 VM 上处理 PyTorch 项目。

## 10.6 总结

在本章中，我们探索了在生产系统中部署已经训练的 PyTorch 深度学习模型的世界。我们构建了一个本地模型推理流水线，以便能够使用带有几行 Python 代码的预训练模型进行预测。我们利用该流水线的模型推理逻辑，使用 Python 的 Flask 库构建我们自己的模型服务器。此外，我们利用模型服务器，使用 Docker 构建了一个独立的模型微服务，该服务可以通过单行命令进行部署和扩展。

接下来，我们探索了 TorchServe。TorchServe 是在 PyTorch 中开发的专用模型服务框架。我们学习了如何使用这一工具通过几行代码为 PyTorch 模型提供服务，并讨论了它提供的高级功能，例如，模型版本控制和指标监控。此后，我们详细介绍了如何导出 PyTorch 模型。

首先，我们学习使用 TorchScript 执行此操作的两种不同方法：跟踪和脚本，演示了如何使用 TorchScript 导出模型，并在 C++代码中进行预测。然后，我们讨论了另一种使用 ONNX 导出模型的方法，演示了如何将已经训练的 PyTorch 模型导出为 ONNX 格式，然后再导出到 TensorFlow 中，以便使用 TensorFlow 代码进行预测。

在本章的最后一节中，我们探索了各种可以训练和服务 PyTorch 模型的云平台，并特别研究了 Google Cloud、AWS 和 Microsoft Azure 云平台。

完成本章学习后，你就可以开始构建自己的模型推理流水线了。开发模型服务基础设施具有多种可能性，最佳设计选择将取决于模型的具体要求：一些模型可能需要大量的性能优化才能减少推理延迟；某些模型可能需要部署于非常复杂的环境中，其软件选项有限。本章所涵盖的主题一定会帮助你通过这些不同的场景进行合理的思考，并准备一个实体模型服务系统。

在下一章中，我们将研究在 PyTorch 中使用模型的另一个实践——分布式训练。分布式训练将有助于在训练和验证深度学习模型时极大地节省时间和资源。

## 参考资料


- Azure Linux/Ubuntu 镜像：https://azuremarketplace.microsoft.com/en-us/marketplace/apps/microsoft-dsvm.ubuntu-1804?tab=Overview
- Azure Windows 镜像：https://azuremarketplace.microsoft.com/en-us/marketplace/apps/microsoft-dsvm.dsvm-win-2019?tab=Overview
- 按步骤创建 Linux DSVM：https://docs.microsoft.com/en-gb/azure/machine-learning/data-science-virtual-machine/dsvmubuntu-intro
- 按步骤创建 Windows DSVM：https://docs.microsoft.com/en-gb/azure/

machine-learning/data-science-virtual-machine/provision-vm

- Linux DSVM walkthrough: https://docs.microsoft.com/en-gb/azure/machine-learning/data-science-virtual-machine/linuxdsvm-walkthrough

- Windows DSVM walkthrough: https://docs.microsoft.com/en-gb/azure/machine-learning/data-science-virtual-machine/vm-doten-things

- 在 AMLS 上训练 PyTorch 模型的教程：https://docs.microsoft.com/en-us/azure/machine-learning/how-to-train-pytorchTutorial for deploying PyTorch model on AMLS: https://docs.microsoft.com/en-us/azure/machine-learning/how-to-deploy-andwhere?tabs=azcli

# 第 11 章

## 分布式训练

在服务我们前一章中大量讨论的预训练机器学习模型之前，我们需要训练我们的机器学习模型。在第 3 章“深度 CNN 架构”、第 4 章“深度循环模型架构”和第 5 章“混合高级模型”中，我们可以看到，深度学习模型架构的复杂度大幅增长。

如此庞大的模型通常具有数百万甚至数十亿个参数，最新的（在撰写本书时）**生成式预训练 Transformer 3**（**Generative Pre-Trained Transformer 3**，**GPT3**）语言模型有 1 750 亿个参数。使用反向传播来调整海量参数，需要耗费大量的内存和计算能力。即便如此，模型训练也可能需要几天时间才能完成。

在本章中，我们将通过在机器内给机器和程序分配训练任务，来探索加速模型训练过程的方法。我们将了解 PyTorch 提供的分布式训练 API（**torch.distributed**、**torch.multiprocessing** 和 **torch.utils.data.distributed.DistributedSampler**），使分布式训练看起来很容易。

我们将使用第 1 章“使用 PyTorch 概述深度学习”中的手写数字分类示例，演示使用 PyTorch 的分布式训练工具，加快在 CPU 上的训练。然后，我们将讨论在 GPU 上加速训练的类似方法。

完成本章学习后，你将能够充分利用硬件条件训练模型。训练过于庞大的模型时，本章中讨论的工具即便不是必需的，但也是至关重要的。

本章将涵盖以下主题：

- 使用 PyTorch 进行分布式训练；
- 使用 CUDA 在 GPU 上进行分布式训练。

## 11.1 技术要求

我们将在所有练习中使用 Python 脚本。以下是本章应使用 pip 安装的 Python 库列表。例如，在命令行中运行 pip install torch==1.4.0，如下所示安装 torch：

```
jupyter==1.0.0
torch==1.4.0
torchvision==0.5.0
```

与本章相关的所有代码文件请访问：https://github.com/PacktPublishing/Mastering-PyTorch/tree/master/Chapter11。

## 11.2 使用 PyTorch 进行分布式训练

在本书之前的练习中，我们默认模型训练是在一台机器上及其中某个 Python 程序中进行的。在本节中，我们将重温第 1 章“使用 PyTorch 概述深度学习”中的练习（手写数字分类模型），并将模型训练例程从常规训练转变为分布式训练。在此过程中，我们将探索 PyTorch 提供的用于分布训练过程的工具，从而提高速度和硬件效率。

首先，让我们看看在不使用分布式训练的情况下如何训练 MNIST 模型，然后，将其与分布式训练 PyTorch 流水线进行对比。

### 11.2.1 以常规方式训练 MNIST 模型

我们在第 1 章“使用 Python 概述深度学习”中构建手写数字分类模型，采用 Jupyter Notebook 的形式。在这里，我们把代码放在一起作为一个 Python 脚本文件。完整代码请访问：https://github.com/PacktPublishing/Mastering-PyTorch/blob/master/Chapter11/convnet_undistributed.py。

在以下步骤中，我们将回顾模型训练代码的不同部分。

1. 在 Python 脚本中，导入相关的库。

```
import torch
…
import argparse
```

2. 接下来，定义 CNN 模型架构。

```
class ConvNet(nn.Module):
    def __init__(self): …
    def forward(self, x): …
```

3. 然后，定义模型训练程序。这里特意写了完整代码，方便我们后面和分布式训练模式进行对比。

```
def train(args):
    torch.manual_seed(0)
    device = torch.device("cpu")
    train_dataloader=torch.utils.data.DataLoader(...)
    model = ConvNet()
    optimizer = optim.Adadelta(model.parameters(), 
lr=0.5)
    model.train()
```

在函数的前半部分，我们使用 PyTorch 训练数据集定义了 PyTorch 训练**数据加载器**。然后，我们实例化深度学习模型（称为 ConvNet），并定义优化模块。在后半部分，我们运行训练循环。该循环运行一定数量的迭代，如以下代码所示：

```
    for epoch in range(args.epochs):
        for b_i, (X, y) in enumerate(train_dataloader):
            X, y = X.to(device), y.to(device)
            pred_prob = model(X)
            loss = F.nll_loss(pred_prob, y) # nll is the
negative likelihood loss
            optimizer.zero_grad()
            loss.backward()
            optimizer.step()
```

在循环内部，我们以定义的批量大小（在本例中为 128）批次运行整个训练数据集。对于每个包含 128 个训练数据点的批处理，我们在模型中运行前向传递，计算预测概率。然后，我们同时使用预测与真实标签，计算批量损失，并使用此损失来计算梯度，以便使用反向传播调整模型参数。

4. 现在，我们拥有所有需要的组件，可以将所有组件放在一个 main()函数中。

```
def main():
    parser = argparse.ArgumentParser()
    …
    train(args)
```

在这里，我们使用了一个参数解析器，帮助我们在命令行中运行 Python 训练程序时输入超参数，如迭代次数。我们还对训练例程进行计时，以便稍后可以将其与分布式训练例程进行比较。

5. 在 Python 脚本中必须做的最后一件事是，确保 main()函数在我们执行命令行脚本时保持运行。

```
if __name__ == '__main__':
    main()
```

6. 现在，在命令行中运行以下命令，执行 Python 脚本：

```
python convnet_undistributed.py --epochs 1
```

我们只运行一次迭代的训练数据，因为重点不是模型的准确性，而是模型的训练时间。这应该输出图 11.1 所示的内容。

```
epoch: 0 [0/469 (0%)]	training loss: 2.308408
epoch: 0 [10/469 (2%)]	training loss: 1.772532
epoch: 0 [20/469 (4%)]	training loss: 0.953913
epoch: 0 [30/469 (6%)]	training loss: 0.694977
epoch: 0 [40/469 (9%)]	training loss: 0.481864
epoch: 0 [50/469 (11%)]	training loss: 0.394739
epoch: 0 [60/469 (13%)]	training loss: 0.415441
                  :
epoch: 0 [430/469 (92%)]	training loss: 0.137537
epoch: 0 [440/469 (94%)]	training loss: 0.088957
epoch: 0 [450/469 (96%)]	training loss: 0.040298
epoch: 0 [460/469 (98%)]	training loss: 0.136536
Finished training in 50.57237482070923 secs
```

图 11.1 常规模型训练日志的输出

训练一次迭代大约需要 50 秒，相当于 469 个批次，每个批次有 128 个数据点。最后一批是唯一的例外，它比普通批次少了 32 个数据点（因为总共有 60 000 个数据点）。

这时候，我们需要知道这个模型是在什么样的机器上训练的，这样我们才能参考上下文。例如，图 11.2 所示为作者所用计算机（MacBook）的系统规格。

```
Hardware Overview:

  Model Name: MacBook Pro
  Model Identifier: MacBookPro15,2
  Processor Name: Intel Core i5
  Processor Speed: 2.4 GHz
  Number of Processors: 1
  Total Number of Cores: 4
  L2 Cache (per Core): 256 KB
  L3 Cache: 6 MB
  Hyper-Threading Technology: Enabled
  Memory: 16 GB
```

图 11.2 计算机系统规格

可以在 Mac 终端上运行以下命令，获得上述信息。

```
/Volumes/Macintosh\ HD/usr/sbin/system_profiler
SPHardwareDataType
```

需要注意的是，作者的机器由 4 个 CPU 内核和 16 GB RAM 组成，这一点很重要。当你尝试并行化训练例程时，这是有效信息，稍后将对其进行详细讲解。

## 11.2.2 以分布式方式训练 MNIST 模型

在本节中，我们将大致重复上一节所提供的 6 个步骤，但会对代码进行一些编辑，以启用分布式训练。分布式训练应该比常规训练运行速度更快。此分布式训练 Python 脚本的完整代码请访问：https://github.com/PacktPublishing/Mastering-PyTorch/blob/master/Chapter11/convnet_distributed.py。

### 11.2.2.1 定义分布式训练例程

在本节中，我们将导入其他对促进分布式训练至关重要的 PyTorch 库，然后，重新定义模型训练例程。这一次，我们需要确保在训练单个模型时，不同的机器和流程可以协同工作。让我们开始吧！

1. 再次从导入必要的库开始。这一次有一些额外的库需要导入。

```
import torch
import torch.multiprocessing as mp
import torch.distributed as dist
import argparse
```

虽然 torch.multiprocessing 有助于在一台机器内生成多个 Python 程序（通常，我们可能会生成与机器中的 CPU 内核一样多的程序），但是 torch.distributed 能够启动不同机器之间的通信以协同训练模型。在执行期间，我们需要在每台机器中明确启动模型训练脚本。

内置的 PyTorch 通信后端之一（如 **Gloo**），将负责这些机器之间的通信。在每台机器内，多元处理将负责在多个程序中并行化训练任务。我们鼓励读者详细了解更多多元处理和分布的相关信息，请访问：https://pytorch.org/docs/stable/multiprocessing 和 https://pytorch.org/docs/stable/distributed.html。

2. 显而易见，模型架构定义步骤保持不变。

```
class ConvNet(nn.Module):
    def __init__(self): …
    def forward(self, x): …
```

3. 此时，该定义train()函数了，这一步会发生许多神奇的变化。以下突出显示的代码有助于分布式训练。

```
def train(cpu_num, args):
    rank = args.machine_id * args.num_processes + cpu_num
    dist.init_process_group(backend='gloo',
    init_method='env://', world_size=args.world_size,
    rank=rank)
    torch.manual_seed(0)
    device = torch.device("cpu")
```

正如我们所见，开端有额外的代码，代码由两个语句组成。首先，计算排序。本质上，这是整个分布式系统中程序的序号 ID。例如，如果我们使用 2 台机器，每台机器有 4 个 CPU 内核，为了充分利用硬件条件，我们可能希望启动 8 个进程，每台机器 4 个进程。

在这种情况下，我们需要采取方法标记这 8 个进程，以便记住其中的每一个。我们可以将 ID 0 和 1 分配给 2 台机器，然后将 ID 0 到 3 分配给每台机器中的四个进程。最后，第 $n$ 台机器的第 $k$ 个程序的秩见下式：

$$\text{rank} = n * 4 + k$$

第二行额外的代码使用了 torch.distributed 模块的 init_process_group，为每个启动的进程指定以下内容：

a）用于机器之间通信的后端（在本例中为 Gloo）。

b）参与分布式训练的进程总数（由 args.world_size 给出），也称为 world_size。

c）正在启动的进程的等级。

d）init_process_group 方法会阻止每个进程执行进一步的操作，直到使用此方法启动跨机器的所有进程。

关于后端，PyTorch 提供了 Gloa NCCL 和 MPI 3 个内置后端，用于分布式训练。简而言之，CPU 上的分布式训练使用 Gloo，而 GPU 上的分布式训练则使用 NCCL。关于通信后端的详细信息请访问：https://pytorch.org/tutorials/intermediate/dist_tuto.html#communication-backends。代码如下：

```
    train_dataset = …
    train_sampler = torch.utils.data.distributed.
DistributedSampler(
        train_dataset, num_replicas=args.world_size,
        rank=rank)
    train_dataloader = torch.utils.data.DataLoader(
 dataset=train_dataset, batch_size=args.batch_size,
 shuffle=False, num_workers=0, sampler=train_sampler)
    model = ConvNet()
    optimizer = optim.Adadelta(model.parameters(),
lr=0.5)
    model = nn.parallel.DistributedDataParallel(model)
    model.train()
```

与非分布式训练练习相比，我们将 **MNIST** 数据集实例化与数据加载器实例化分开，在这两个步骤之间插入一个数据采样器，即，**torch.utils.data.distributed.DistributedSampler**。

采样器的任务是将训练数据集划分为 **world_size**（数量）个储存分区，以便分布式训练会话中的所有进程都可以处理相同部分的数据。请注意，因为我们使用采样器来分配数据，所以需要在数据加载器实例化中将 shuffle 设置为 **False**。

我们的另一个补充代码是 **nn.parallel.DistributedDataParallel** 函数，应用于模型对象。这可能是这段代码中最重要的部分，因为 **DistributedDataParallel** 是一个关键组件 API，以分布式方式简化了梯度下降算法。在后台中，将发生以下情形：

a）分布式领域中的每个衍生进程都有自己的模型副本。

b）每个模型根据自身程序维护自己的优化器，进行与全局迭代同步的局部优化步骤。

c）在每个分布式训练迭代中，计算每个程序单独的损失和组合梯度，然后在各个程序中平均这些梯度。

d）将平均梯度普遍反向传播至每个模型副本，副本调整自身参数。

e）由于进行了普遍反向传播步骤，每次迭代时所有模型的参数都相同，这意味着它们会自动同步。

**DistributedDataParallel** 确保每个 Python 程序都在独立的 Python 解释器上运行，消除了 GIL 限制。但如果多个模型在同一解释器的多个线程中实例化，则可能会出现 GIL 限制。这进一步提高了性能，特别是对于需要密集计算的特定 Python 模型。

```
    for epoch in range(args.epochs):
        for b_i, (X, y) in enumerate(train_dataloader):
            X, y = X.to(device), y.to(device)
            pred_prob = model(X)
            …
        if b_i % 10 == 0 and cpu_num==0:
        print(...)
```

最后，训练循环与之前几乎相同。唯一的区别在于，我们将日志记录限制为等级仅为 0 的进程，因为等级为 0 的机器可以用于设置所有通信。因此，理论上，我们使用等级为 0 的进程来参考跟踪模型的训练性能。如果不限制这一点，我们将在每个模型训练迭代中获得与进程数量一样多的日志行。

#### 11.2.2.2　对多个进程执行分布式训练

我们在上一节中定义了模型及分布式训练例程。在本节中，我们将在多个硬件设置上执行该例程，并观察分布式训练对模型训练时间的影响。让我们开始吧！

1．从 train()函数转到 main()函数，我们可以看到添加了很多代码。

```
def main():
    parser = argparse.ArgumentParser()
    parser.add_argument('--num-machines', default=1,
type=int,)
    parser.add_argument('--num-processes', default=1,
type=int)
    parser.add_argument('--machine-id', default=0,
type=int)
    parser.add_argument('--epochs', default=1, type=int)
    parser.add_argument('--batch-size', default=128,
type=int)
    args = parser.parse_args()
    args.world_size = args.num_processes * args.num_
machines
    os.environ['MASTER_ADDR'] = '127.0.0.1'
    os.environ['MASTER_PORT'] = '8892'
    start = time.time()
    mp.spawn(train, nprocs=args.num_processes,
args=(args,))
    print(f"Finished training in {time.time()-start}
secs")
```

首先，我们可以观察以下附加参数。

a）num_machines：顾名思义，指定机器的数量。

b）num_processes：每台机器中生成的进程数。

c）machine_id：当前机器的序号 ID。请记住，此 Python 脚本需要在每台机器上单独启动。

d）batch_size：批次中的数据点数。为什么我们突然需要这个？

正如我们之前所说，我们需要 batch_size 有两个原因。首先，所有的进程都有自己的梯度，平均这些梯度以获得每次迭代的整体梯度。因此，我们需要明确指定在一次模型训练迭代中每个进程处理的数据点数量。其次，完整的训练数据集分为 world_size 个单独数据集。

因此，在每次迭代时，需要将整批数据划分为每个进程的 **world_size** 个子批数据。同时，因为 **batch_size** 现在与 **world_size** 耦合，我们将其作为输入参数提供给简化训练界面。因此，如果 **world_size** 加倍，则 **batch_size** 需要减半，以便在所有机器和进程中实现数据点的均匀分布。

在提供前面的附加参数后，我们计算派生参数 **world_size**。然后，指定两个重要的环境变量：

a）**MASTER_ADDR**：运行 rank 0（等级为 0）程序的机器的 IP 地址。

b）**MASTER_PORT**：运行 rank 0（等级为 0）程序的机器上的可用端口。

正如我们在上一节的“定义分布式训练例程”中第 3 步所说，等级为 0 的机器建立所有后端通信，因此重要的是整个系统始终能够定位主机。这就是我们提供其 IP 地址和端口的原因。

在这个例子中，训练过程将在一台本地机器上运行，因此有一个本地主机地址就足够了。但是，当在远程服务器中运行多机训练时，我们需要使用一个可用端口，提供 rank 0 服务器的确切 IP 地址。

我们所做的最后一项更改是使用多处理在机器中生成 **num_processes** 个进程，而不是简单地运行单个训练进程。传递分布参数给每个产生的进程，以便进程和机器在模型训练运行期间相互协调。

2. 分布式训练代码的最后一段与之前的相同。

```
if __name__ == '__main__':
    main()
```

3. 现在，我们可以启动分布式训练脚本。我们将从使用类分布式脚本的类非分布式运行开始。可以简单地通过将机器数量和进程数量设置为 1 来完成。

```
python convnet_distributed.py --num-machines 1
--num-processes 1 --machine-id 0 --batch-size 128
```

> **注意**
>
> 在撰写本文时，Gloo 后端仅适用于 Linux 和 MacOS。不幸的是，这意味着此代码不能在 Windows 操作系统上运行。

请注意，由于仅使用单个进程进行训练，因此与之前的练习相比，batch_size 保持不变。你将看到图 11.3 所示的输出内容。

```
epoch: 0 [0/469 (0%)]     training loss: 2.310592
epoch: 0 [10/469 (2%)]    training loss: 1.276357
epoch: 0 [20/469 (4%)]    training loss: 0.693506
epoch: 0 [30/469 (6%)]    training loss: 0.666963
epoch: 0 [40/469 (9%)]    training loss: 0.318174
epoch: 0 [50/469 (11%)]   training loss: 0.567527
                    ⋮
epoch: 0 [430/469 (92%)]          training loss: 0.084474
epoch: 0 [440/469 (94%)]          training loss: 0.140898
epoch: 0 [450/469 (96%)]          training loss: 0.154369
epoch: 0 [460/469 (98%)]          training loss: 0.110312
Finished training in 44.398102045059204 secs
```

图 11.3　单一流程的分布式训练

如果我们将此结果与图 11.1 中所示的结果进行比较，尽管遵循类似的模式，但训练时间略短。训练损失的演变也非常相似。

4．我们现在将使用 2 个而非 1 个进程，运行真正的分布式训练会话。因此，我们将批量大小从 128 减到 64。

```
python convnet_distributed.py --num-machines 1
--num-processes 2 --machine-id 0 --batch-size 64
```

你将看到图 11.4 所示的输出内容。

```
epoch: 0 [0/469 (0%)]     training loss: 2.309348
epoch: 0 [10/469 (2%)]    training loss: 1.524053
epoch: 0 [20/469 (4%)]    training loss: 0.993402
epoch: 0 [30/469 (6%)]    training loss: 0.777355
epoch: 0 [40/469 (9%)]    training loss: 0.407441
epoch: 0 [50/469 (11%)]   training loss: 0.655984
                    ⋮
epoch: 0 [420/469 (90%)]          training loss: 0.179646
epoch: 0 [430/469 (92%)]          training loss: 0.059710
epoch: 0 [440/469 (94%)]          training loss: 0.052976
epoch: 0 [450/469 (96%)]          training loss: 0.039953
epoch: 0 [460/469 (98%)]          training loss: 0.181595
Finished training in 30.58652114868164 secs
```

图 11.4　具有两个进程的分布式训练

正如我们所见，训练时间大大减少：从 **44** 秒减少到 **30** 秒。同样，训练损失的演变似乎没有受到影响，这演示了分布式训练如何在不损失模型准确性的情况下加快训练速度。

5．现在，让我们更进一步，使用 4 个进程而不是 2 个。因此，我们将批量大小从 64 减少到 32。

```
python convnet_distributed.py --num-machines 1
--num-processes 4 --machine-id 0 --batch-size 32
```

你将看到以下输出：

```
epoch: 0 [0/469 (0%)]     training loss: 2.314901
epoch: 0 [10/469 (2%)]    training loss: 1.642720
epoch: 0 [20/469 (4%)]    training loss: 0.802527
epoch: 0 [30/469 (6%)]    training loss: 0.679492
epoch: 0 [40/469 (9%)]    training loss: 0.300678
epoch: 0 [50/469 (11%)]   training loss: 1.030731
                          :
epoch: 0 [430/469 (92%)]          training loss: 0.100122
epoch: 0 [440/469 (94%)]          training loss: 0.253491
epoch: 0 [450/469 (96%)]          training loss: 0.027886
epoch: 0 [460/469 (98%)]          training loss: 0.120182
Finished training in 32.70223307609558 secs
```

图 11.5　具有 4 个流程的分布式训练

与我们的预期相反，训练时间没有进一步减少，实际上反而略有增加。我们需要回到图 11.2：在图中，机器有 4 个 CPU 内核，每个内核都被一个进程占据。

由于此会话在本地机器上运行，因此还有其他进程也在运行（例如 Google Chrome），可能会与我们的一个或多个分布式训练进程争夺资源。

在实践中，以分布式方式训练模型是在远程机器上完成的，这些远程机器唯一的工作是执行模型训练。在此类机器上，我们建议使用与 CPU 内核一样多（甚至更多）的进程。

尽管你可以启动比内核数量更多的进程，但是，由于多个进程将争夺一个资源（一个 CPU 内核），这样并不会明显改善训练时间（如果有的话）。阅读更多内核和进程的相关信息请访问：https://www.guru99.com/cpu-core-multicore-thread.html。

6．最后要注意的是，因为我们在本练习中只使用了一台机器，所以只需要启动一个 Python 脚本即可开始训练。但是，如果你在多台机器上进行训练，那么除了按照步骤 4 中的建议对 MASTER_ADDR 和 MASTER_PORT 进行更改外，还需要在每台机器上启动一个 Python 脚本。例如，如果有两台机器，那么在第一台机器上运行以下命令：

```
python convnet_distributed.py --num-machines 2
--num-processes 2 --machine-id 0 --batch-size 32
```

然后，在第二台机器上运行以下命令：

```
python convnet_distributed.py --num-machines 2
--num-processes 2 --machine-id 1 --batch-size 32
```

对使用 PyTorch 以分布式方式在 CPU 上训练深度学习模型的实践讨论到此结束。只需添加几行代码，即可将通用 PyTorch 模型训练脚本转变为分布式训练环境。我们在本节中进行的练习是针对一个简单的卷积网络的练习。然而，因为我们没有涉及模型架构代码，所以这个练习可以很容易地扩展到更复杂的学习模型。在更复杂的学习模型中，收获将变得更加明显且必要。

在下一节也是最后一节中，我们将简要讨论如何通过使用类似的代码更改，促进 GPU 上的分布式训练。

## 11.3 使用 CUDA 在 GPU 上进行分布式训练

在本书的各种练习中，你可能已经注意到 PyTorch 代码的共同行：

```
device = torch.device('cuda' if torch.cuda.is_available() else
'cpu')
```

这段代码只是用来寻找可用的计算设备，并优先选择CUDA（使用GPU）而非CPU。这种选择偏好是因为GPU可以在常规神经网络操作上提供计算加速，例如，通过并行化进行矩阵乘法和加法。

在本节中，我们将学习如何借助GPU上的分布式训练进一步提高速度。我们将在上一个练习所完成的工作的基础上再接再厉。请注意，大部分代码看起来相同。在以下步骤中，我们将突出显示更改的代码。执行脚本已留给读者用来练习。完整代码请访问：https://github.com/PacktPublishing/Mastering-PyTorch/blob/master/Chapter11/convnet_distributed_cuda.py。让我们开始吧！

1. 虽然导入和模型架构定义代码与之前完全相同，但我们需要在train()函数中进行一些更改。

```
def train(gpu_num, args):
rank = args.machine_id * args.num_processes + cpu_num
dist.init_process_group(
backend='nccl', init_method='env://',
world_size=args.world_size, rank=rank)
    torch.manual_seed(0)
    model = ConvNet()
torch.cuda.set_device(gpu_num)
model.cuda(gpu_num)
criterion = nn.NLLLoss().cuda(gpu_num) # nll is the
negative likelihood loss
```

正如我们在上一节的“定义分布式训练例程”第3步中所讨论的那样，NCCL是在使用GPU时通信后端的首选。模型和损失函数都需要放置在GPU设备上，以确保GPU提供的并行化矩阵运算得到充分利用，从而加快训练速度。

```
    train_dataset = ...
    train_sampler = ...
    train_dataloader = torch.utils.data.DataLoader(
       dataset=train_dataset, batch_size=args.batch_size,
       shuffle=False, num_workers=0, pin_memory=True,
```

```
        sampler=train_sampler)
    optimizer = optim.Adadelta(model.parameters(),
lr=0.5)
  model = nn.parallel.DistributedDataParallel(model,
        device_ids=[gpu_num])
    model.train()
```

**DistributedDataParallel API** 通过名为 **device_ids** 的附加参数，实现 GPU 进程的等级的调用（附加参数 device_ids 名称的来源）。在数据加载器中还有一个额外的参数 **pin_memory**，该参数被设置为 **True**。这一参数实际上有助于在模型训练期间更快地将数据从主机（在这种情况下为 CPU，即加载数据集的位置）传输到各个设备（GPU）。

此参数使数据加载器能够将数据固定到 CPU 内存中——换句话说，将数据样本分配到固定的锁定页面的 CPU 内存插槽，然后在训练期间，将这些插槽中的数据复制到相应的 GPU 中。你可以在此处阅读固定策略的更多相关信息：https://developer.nvidia.com/blog/how-optimize-data-transfers-cuda-cc/。**pin_memory =True** 机制与 **non_blocking=True** 参数协同工作，如以下代码所示：

```
for epoch in range(args.epochs):
        for b_i, (X, y) in enumerate(train_dataloader):
      X, y = X.cuda(non_blocking=True), y.cuda(non_
blocking=True)
            pred_prob = model(X)
            …
```

我们通过调用 pin_memory 和 non_blocking 参数，启用以下内容之间的重叠部分：

a）CPU 到 GPU 数据（实际情况）传输；

b）GPU 模型训练计算（或 GPU 内核执行）。

这基本上使整个 GPU 训练过程更加高效（更快）。

2. 除了更改 **train()**函数之外，我们还必须更改 **main()**函数中的几行内容：

```
def main():
    parser.add_argument('--num-gpu-processes', default=1,
type=int)
    args.world_size = args.num_gpu_processes * args.num_
machines
    mp.spawn(train, nprocs=args.num_gpu_processes,
args=(args,))
```

现在，我们获得 num_gpu_processes，而不是 num_process。其余代码也做相应更改。其余 GPU 代码与之前相同。现在，我们执行以下命令，准备好在 GPU 上运行分布式模型训练。

```
python convnet_distributed_cuda.py --num-machines 1
--num-gpu-processes 2 --machine-id 0 --batch-size 64
```

对使用 PyTorch 在 GPU 上进行分布式模型训练的简要讨论到此结束。正如我们在上一节所说，针对前面的示例提出的代码更改建议，可以扩展到其他深度学习模型中。

实际上，在 GPU 上使用分布式训练是大多数最新、最先进的深度学习模型的训练方式。现在，你应该可以开始使用 GPU 训练你自己的绝佳模型。

## 11.4 总结

在本章中，我们介绍了机器学习的一个重要实践方面——如何优化模型训练过程。我们使用 PyTorch 探索了分布式训练的范围和性能。首先，我们讨论了 CPU 上的分布式训练，使用分布式训练的原理重新训练了我们在第 1 章“使用 PyTorch 概述深度学习”中已经训练的模型。

在进行此练习时，我们了解了一些有用的 PyTorch API。一旦我们对代码进行了一些更改，这些 API 就可以发挥分布式训练的作用。最后，我们运行了新的训练脚本，并通过在多个进程中分配训练，发现训练显著加快。

在本章的后半部分，我们简要讨论了使用 PyTorch 在 GPU 上进行分布式模型训练，强调了模型训练以分布式方式在多个 GPU 上工作所需的基本代码更改，同时省略了实际执行，但将其脚本留给读者练习用。

在下一章中，我们将继续讨论第 3 章“深度 CNN 架构”和第 5 章“混合高级模型”已经涉及的应用机器学习的另一方面。这个领域非常重要，具有远大前景：我们将学习如何有效地使用 PyTorch 进行**自动机器学习**（**AutoML**）。这样，我们将能够使用 AutoML 来自动训练机器学习模型，也就是说，无须决定和定义模型架构。

# 第 12 章

# PyTorch 和 AutoML

**自动机器学习（Automated Machine Learning，AutoML）**提供一些方法，为给定的神经网络寻找最佳神经架构和最佳超参数设置。我们在第 5 章“混合高级模型”中讨论 **RandWireNN** 模型时，已经详细介绍了神经架构搜索。

在本章中，我们将更广泛地研究 PyTorch 的 AutoML 工具 **Auto-PyTorch**，这一工具可以同时执行神经架构搜索和超参数搜索。我们还将研究另一个名为 **Optuna** 的 AutoML 工具，可以为 PyTorch 模型执行超参数搜索。

完成本章学习后，即使你并非这一领域的专家，也将能够在几乎没有领域经验的情况下设计机器学习模型，而专业学者将能够大大加快模型选择的进程。

本章分为以下主题：

- 使用 AutoML 寻找最佳神经架构；
- 使用 Optuna 进行超参数搜索。

## 12.1 技术要求

我们将在所有练习中使用 Jupyter Notebook。以下是本章应使用 pip 安装的

Python 库列表。例如，在命令行中运行 pip install torch==1.7.0。

```
jupyter==1.0.0
torch==1.7.0
torchvision==0.8.1
torchviz==0.0.1
autoPyTorch==0.0.2
configspace==0.4.12
git+https://github.com/shukon/HpBandSter.git
optuna==2.2.0
```

> **注意**
>
> 在撰写本文时，Linux 和 MacOS 完全支持 Auto-PyTorch。但是，Windows 用户在安装库时可能会遇到问题。因此建议使用 MacOS 或 Linux 来处理 Auto-PyTorch。

与本章相关的所有代码文件都可以在以下 GitHub 页面上找到：https://github.com/PacktPublishing/Mastering-PyTorch/tree/master/Chapter12。

## 12.2 使用 AutoML 寻找最佳神经架构

可以这样理解，机器学习算法使学习给定的输入和输出之间关系的过程自动化。在传统的软件工程中，我们必须以函数的形式明确地编写/编码这些关系，该函数接收输入并返回输出。在机器学习世界中，机器学习模型为我们发现这样的函数。尽管在一定程度上实现了自动化，但我们仍有很多工作要做。除了挖掘和清理数据外，为了获得这些功能，还需要完成下列一些常规任务：

- 选择机器学习模型（或模型类型，然后是模型）；
- 确定模型架构（特别是在深度学习的情况下）；
- 选择超参数；

- 根据验证集性能调整超参数；
- 尝试不同的模型（或模型类型）。

这些任务证明了人类机器学习专家的要求是合理的。这些任务大多数都是手动完成的，要么需要花费大量时间，要么需要大量专业知识来减少所需的时间，而且我们的机器学习专家数量远远少于创建和部署机器学习模型所需的专家数量。这些模型越来越流行，富有价值，并且在工业界和学术界都很有用处。

这就是 AutoML 派上用场的地方。AutoML 已成为机器学习领域的一门学科，可以自动化我们之前列出的任务及其他任务。

在本节中，我们将了解 Auto-PyTorch——一个为了与 PyTorch 协同使用而创建的 AutoML 工具。我们将以练习的形式，找到一个最佳神经网络及超参数，运行手写数字分类（我们在第 1 章“使用 PyTorch 概述深度学习”中处理过的任务）。

与第 1 章不同的是，这一次，我们不决定架构或超参数，而是让 Auto-PyTorch 为我们决定。首先，我们将加载数据集，然后确定一个 Auto-PyTorch 模型搜索实例，最后运行模型搜索例程。这将为我们提供性能最佳的模型。

> **工具引入：**
>
> Auto-PyTorch (https://github.com/automl/Auto-PyTorch)Auto-PyTorch Tabular: Multi-Fidelity MetaLearning for Efficient and Robust AutoDL, Lucas Zimmer, Marius Lindauer, and Frank Hutter https:// arxiv.org/abs/2006.13799

我们将以 Jupyter Notebook 的形式执行模型搜索。在正文中，我们只展示代码的重要部分。完整代码请访问：https://github.com/PacktPublishing/Mastering-PyTorch/blob/master/Chapter12/automl-pytorch.ipynb。

#### 12.2.1.1 加载 MNIST 数据集

现在，我们将逐步讨论加载数据集的代码。

1．首先，导入相关的库。

```
import torch
from autoPyTorch import AutoNetClassification
```

最后一行很关键，因为我们在这里导入相关的 Auto-PyTorch 模块。这将帮助我们设置并执行模型搜索会话。

2．接下来，使用 Torch **应用程序编程接口（Application Programming Interface，API）**加载训练和测试数据集。

```
train_ds = datasets.MNIST(...)
test_ds = datasets.MNIST(...)
```

3．然后，将这些数据集张量转换为训练和测试输入（X）和输出（Y）数组，如下所示：

```
X_train, X_test, y_train, y_test = train_ds.data.numpy().
reshape(-1, 28*28), test_ds.data.numpy().reshape(-1,
28*28) ,train_ds.targets.numpy(), test_ds.targets.numpy()
```

请注意，我们将图像重塑为大小为 784 的扁平向量。在下一节中，我们将确定一个 Auto-PyTorch 模型搜索器，该搜索器期望输入一个扁平的特征向量，因此我们可以对其进行重塑。

Auto-PyTorch 目前（在编写本文时）仅分别以 **AutoNetClassification** 和 **AutoNetImageClassification** 形式，为特性化数据和图像数据提供支持。虽然本练习使用特征化数据，但我们将其作为练习留给读者，希望读者可以在这里使用图像数据。使用教程请访问：https://github.com/automl/Auto-PyTorch/blob/master/examples/basics/Auto-PyTorch%20Tutorial.ipynb。

### 12.2.1.2 使用 Auto-PyTorch 运行神经架构搜索

在上一节，我们加载了数据集。现在，我们将使用 Auto-PyTorch 确定模型搜索实例，并用来运行神经架构搜索和超参数搜索的任务。我们将按以下步骤进行。

1．这是练习中最重要的一步：确定一个 **autoPyTorch** 模型搜索实例，如下所示：

```
autoPyTorch = AutoNetClassification("tiny_cs",  # config
preset
              log_level='info', max_runtime=2000, min_
budget=100, max_budget=1500)
```

此处的配置源于 https://github.com/automl/Auto-PyTorch 中的 Auto-PyTorch 仓库所提供的示例。但通常，**tiny_cs** 用于硬件需求较少的快速搜索。

预算参数是用于设置 Auto-PyTorch 程序对资源消耗的限制。默认情况下，预算单位是时间——即我们愿意在模型搜索上花费多少时间（**CPU/GPU**）。

2．在实例化 Auto-PyTorch 模型搜索实例后，我们通过尝试在训练数据集上拟合该实例来执行搜索。

```
autoPyTorch.fit(X_train, y_train, validation_split=0.1)
```

在内部，Auto-PyTorch 将根据原文中提到的方法运行不同模型架构和超参数设置的多个 trial，查看原文请访问：https://arxiv.org/abs/2006.13799。

试验将以 10%的验证数据集为基准，性能最佳的 trial 作为输出返回。前面代码片段中的命令输出内容如图 12.1 所示。

图 12.1 大致展示了该超参数设置，即 Auto-PyTorch 为给定任务找到最佳超参数设置——例如，学习率为 0.068，动量为 0.934，等等。图 12.1 还展示了所选最佳模型配置的训练和验证集的准确性。

```
{'optimized_hyperparameter_config': {'CreateDataLoader:batch_size': 125,
  'Imputation:strategy': 'median',
  'InitializationSelector:initialization_method': 'default',
  'InitializationSelector:initializer:initialize_bias': 'No',
  'LearningrateSchedulerSelector:lr_scheduler': 'cosine_annealing',
  'LossModuleSelector:loss_module': 'cross_entropy_weighted',
  'NetworkSelector:network': 'shapedresnet',
  'NormalizationStrategySelector:normalization_strategy': 'standardize',
  'OptimizerSelector:optimizer': 'sgd',
  'PreprocessorSelector:preprocessor': 'truncated_svd',
  'ResamplingStrategySelector:over_sampling_method': 'none',
  'ResamplingStrategySelector:target_size_strategy': 'none',
  'ResamplingStrategySelector:under_sampling_method': 'none',
  'TrainNode:batch_loss_computation_technique': 'standard',
  'LearningrateSchedulerSelector:cosine_annealing:T_max': 10,
  'LearningrateSchedulerSelector:cosine_annealing:eta_min': 2,
  'NetworkSelector:shapedresnet:activation': 'relu',
  'NetworkSelector:shapedresnet:blocks_per_group': 4,
  'NetworkSelector:shapedresnet:max_units': 13,
  'NetworkSelector:shapedresnet:num_groups': 2,
  'NetworkSelector:shapedresnet:resnet_shape': 'brick',
  'NetworkSelector:shapedresnet:use_dropout': 0,
  'NetworkSelector:shapedresnet:use_shake_drop': 0,
  'NetworkSelector:shapedresnet:use_shake_shake': 0,
  'OptimizerSelector:sgd:learning_rate': 0.06829146967649465,
  'OptimizerSelector:sgd:momentum': 0.9343847098348538,
  'OptimizerSelector:sgd:weight_decay': 0.0002425066735211845,
  'PreprocessorSelector:truncated_svd:target_dim': 100},
 'budget': 40.0,
 'loss': -96.45,
 'info': {'loss': 0.12337125303244502,
  'model_parameters': 176110.0,
  'train_accuracy': 96.28550185873605,
  'lr_scheduler_converged': 0.0,
  'lr': 0.06829146967649465,
  'val_accuracy': 96.45}}
```

图 12.1　Auto-PyTorch 模型精度

3．收敛至训练模型最佳后，现在，我们可以使用该模型对测试集进行预测，如下所示：

```
y_pred = autoPyTorch.predict(X_test)
print("Accuracy score", np.mean(y_pred.reshape(-1) == y_
test))
```

输出内容应如图 12.2 所示。

```
Accuracy score 0.964
```

图 12.2　Auto-PyTorch 模型精度

正如我们所见，我们已经获得了一个测试集性能高达 96.4%的模型。在该背景下，此任务的随机选择会产生 10%的性能率。我们在没有定义模型架构或超参数的情况下就获得了这种良好的性能。在设置更高的预算后，更广泛的搜索可能会产生更好的性能。

此外，该性能将因正在运行搜索的硬件（机器）而发生变化。具有更多计算能力和内存的硬件可以在相同的时间预算内运行更多的搜索，因此性能会更好。

#### 12.2.1.3 可视化最佳 AutoML 模型

在本节中，我们将通过运行上一节中的模型搜索例程获得最佳的性能模型。我们将按以下步骤进行。

1. 查看了上一节的超参数后，让我们来看看 Auto-PyTorch 为我们设计的最优模型架构，代码如下：

```
pytorch_model = autoPyTorch.get_pytorch_model()
print(pytorch_model)
```

输出内容应如图 12.3 所示。

该模型由一些规整的残差块组成，包含全连接层、批量归一化层和 ReLU 激活。在图 12.3 的最后，我们看到最终的全连接层有 10 个输出——与数字 0 到 9 一一对应。

2. 我们还可以使用 **torchviz** 将实际的模型图可视化，代码段如下所示：

```
x = torch.randn(1, pytorch_model[0].in_features)
y = pytorch_model(x)
arch = make_dot(y.mean(), params=dict(pytorch_model.
named_parameters()))
arch.format="pdf"
arch.filename = "convnet_arch"
arch.render(view=False)
```

这应该会在当前工作目录中保存一个 **convnet_arch.pdf** 文件，打开时应该如图 12.4 所示。

```
pytorch_model = autoPyTorch.get_pytorch_model()
print(pytorch_model)
```

```
Sequential(
  (0): Linear(in_features=100, out_features=100, bias=True)
  (1): Sequential(
    (0): ResBlock(
      (layers): Sequential(
        (0): BatchNorm1d(100, eps=1e-05, momentum=0.1, affine=True, track_running_stats=True)
        (1): ReLU()
        (2): Linear(in_features=100, out_features=100, bias=True)
        (3): BatchNorm1d(100, eps=1e-05, momentum=0.1, affine=True, track_running_stats=True)
        (4): ReLU()
        (5): Linear(in_features=100, out_features=100, bias=True)
      )
    )
    (1): ResBlock(
      (layers): Sequential(
        (0): BatchNorm1d(100, eps=1e-05, momentum=0.1, affine=True, track_running_stats=True)
        (1): ReLU()
        (2): Linear(in_features=100, out_features=100, bias=True)
        (3): BatchNorm1d(100, eps=1e-05, momentum=0.1, affine=True, track_running_stats=True)
        (4): ReLU()
        (5): Linear(in_features=100, out_features=100, bias=True)
      )
    )
    (2): ResBlock(
      (layers): Sequential(
        (0): BatchNorm1d(100, eps=1e-05, momentum=0.1, affine=True, track_running_stats=True)
        (1): ReLU()
        (2): Linear(in_features=100, out_features=100, bias=True)
        (3): BatchNorm1d(100, eps=1e-05, momentum=0.1, affine=True, track_running_stats=True)
        (4): ReLU()
        (5): Linear(in_features=100, out_features=100, bias=True)
      )
    )
    (3): ResBlock(
                                   ⋮
    )
    (3): ResBlock(
      (layers): Sequential(
        (0): BatchNorm1d(100, eps=1e-05, momentum=0.1, affine=True, track_running_stats=True)
        (1): ReLU()
        (2): Linear(in_features=100, out_features=100, bias=True)
        (3): BatchNorm1d(100, eps=1e-05, momentum=0.1, affine=True, track_running_stats=True)
        (4): ReLU()
        (5): Linear(in_features=100, out_features=100, bias=True)
      )
    )
  )
  (3): BatchNorm1d(100, eps=1e-05, momentum=0.1, affine=True, track_running_stats=True)
  (4): ReLU()
  (5): Linear(in_features=100, out_features=10, bias=True)
)
```

图 12.3　Auto-PyTorch 模型架构

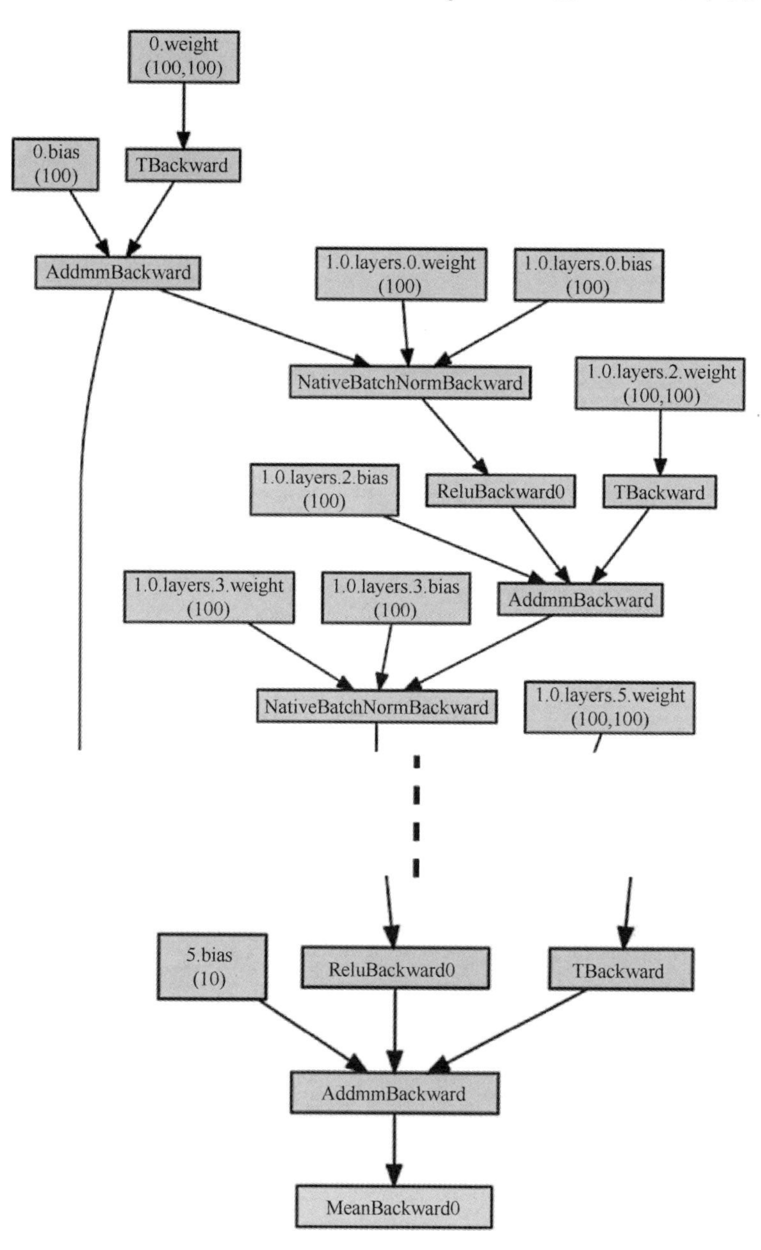


图 12.4 Auto-PyTorch 模型图

3．要想了解模型如何收敛至此解决方案，我们可以通过以下代码，查看模型在查找过程中所使用的搜索空间。

```
autoPyTorch.get_hyperparameter_search_space()
```

输出内容应如图 12.5 所示。

```
Configuration space object:
  Hyperparameters:
    CreateDataLoader:batch_size, Type: Constant, Value: 125
    Imputation:strategy, Type: Categorical, Choices: {median}, Default: median
    InitializationSelector:initialization_method, Type: Categorical, Choices: {default}, Default: default
    InitializationSelector:initializer:initialize_bias, Type: Constant, Value: No
    LearningrateSchedulerSelector:cosine_annealing:T_max, Type: Constant, Value: 10
    LearningrateSchedulerSelector:cosine_annealing:eta_min, Type: Constant, Value: 2
    LearningrateSchedulerSelector:lr_scheduler, Type: Categorical, Choices: {cosine_annealing}, Default: cosine_annea
ling
    LossModuleSelector:loss_module, Type: Categorical, Choices: {cross_entropy_weighted}, Default: cross_entropy_weig
hted
    NetworkSelector:network, Type: Categorical, Choices: {shapedresnet}, Default: shapedresnet
    NetworkSelector:shapedresnet:activation, Type: Constant, Value: relu
    NetworkSelector:shapedresnet:blocks_per_group, Type: UniformInteger, Range: [1, 4], Default: 2
    NetworkSelector:shapedresnet:max_units, Type: UniformInteger, Range: [10, 1024], Default: 101, on log-scale
    NetworkSelector:shapedresnet:num_groups, Type: UniformInteger, Range: [1, 9], Default: 5
    NetworkSelector:shapedresnet:resnet_shape, Type: Constant, Value: brick
    NetworkSelector:shapedresnet:use_dropout, Type: Constant, Value: 0
    NetworkSelector:shapedresnet:use_shake_drop, Type: Constant, Value: 0
    NetworkSelector:shapedresnet:use_shake_shake, Type: Constant, Value: 0
    NormalizationStrategySelector:normalization_strategy, Type: Categorical, Choices: {standardize}, Default: standar
dize
    OptimizerSelector:optimizer, Type: Categorical, Choices: {sgd}, Default: sgd
    OptimizerSelector:sgd:learning_rate, Type: UniformFloat, Range: [0.0001, 0.1], Default: 0.0031622777, on log-scal
e
    OptimizerSelector:sgd:momentum, Type: UniformFloat, Range: [0.1, 0.999], Default: 0.5495
    OptimizerSelector:sgd:weight_decay, Type: UniformFloat, Range: [1e-05, 0.1], Default: 0.050005
    PreprocessorSelector:preprocessor, Type: Categorical, Choices: {truncated_svd}, Default: truncated_svd
    PreprocessorSelector:truncated_svd:target_dim, Type: Constant, Value: 100
    ResamplingStrategySelector:over_sampling_method, Type: Categorical, Choices: {none}, Default: none
    ResamplingStrategySelector:target_size_strategy, Type: Categorical, Choices: {none}, Default: none
    ResamplingStrategySelector:under_sampling_method, Type: Categorical, Choices: {none}, Default: none
    TrainNode:batch_loss_computation_technique, Type: Categorical, Choices: {standard}, Default: standard
  Conditions:
    LearningrateSchedulerSelector:cosine_annealing:T_max | LearningrateSchedulerSelector:lr_scheduler == 'cosine_anne
aling'
    LearningrateSchedulerSelector:cosine_annealing:eta_min | LearningrateSchedulerSelector:lr_scheduler == 'cosine_an
nealing'
    NetworkSelector:shapedresnet:activation | NetworkSelector:network == 'shapedresnet'
    NetworkSelector:shapedresnet:blocks_per_group | NetworkSelector:network == 'shapedresnet'
    NetworkSelector:shapedresnet:max_units | NetworkSelector:network == 'shapedresnet'
    NetworkSelector:shapedresnet:num_groups | NetworkSelector:network == 'shapedresnet'
    NetworkSelector:shapedresnet:resnet_shape | NetworkSelector:network == 'shapedresnet'
    NetworkSelector:shapedresnet:use_dropout | NetworkSelector:network == 'shapedresnet'
    NetworkSelector:shapedresnet:use_shake_drop | NetworkSelector:network == 'shapedresnet'
    NetworkSelector:shapedresnet:use_shake_shake | NetworkSelector:network == 'shapedresnet'
    OptimizerSelector:sgd:learning_rate | OptimizerSelector:optimizer == 'sgd'
    OptimizerSelector:sgd:momentum | OptimizerSelector:optimizer == 'sgd'
    OptimizerSelector:sgd:weight_decay | OptimizerSelector:optimizer == 'sgd'
    PreprocessorSelector:truncated_svd:target_dim | PreprocessorSelector:preprocessor == 'truncated_svd'
```

图 12.5　Auto-PyTorch 模型搜索空间

这基本上列出了构建模型所需的各种要素，并为每种要素指定一个范围。例如，学习率被指定在 **0.0001** 到 **0.1** 的范围内，并且在对数尺度内对这个空间进行采样（不是线性而是对数采样）。

在图 12.1 中，我们已经看到了精确的超参数值。这些超参数值由

Auto-PyTorch 在这些范围中采样，作为给定任务的最佳值。我们也可以使用 Auto-PyTorch 模块中的 **HyperparameterSearchSpaceUpdates** 子模块，手动更改这些超参数范围，甚至添加更多超参数。更多详细信息请访问 GitHub https://github.com/automl/Auto-PyTorch#configuration 的 Auto-PyTorch 模块。

对 Auto-PyTorch（一种用于 PyTorch 的 AutoML 工具）的探索到此结束。我们使用 Auto-PyTorch 成功构建了一个 MNIST 数字分类模型，而没有确定模型架构或超参数。本练习将帮助你开始使用 Auto-PyTorch 工具和其他 AutoML 工具，以自动化方式构建 PyTorch 模型。此处列出一些其他类似的工具：

- Hyperopt：https://github.com/hyperopt/hyperopt。
- Tune：https://docs.ray.io/en/latest/tune/index.html。
- 超搜索：https://github.com/kevinzakka/hypersearch。
- Skorch：https://github.com/skorch-dev/skorch。
- BoTorch：https://botorch.org/。
- Optuna：https://optuna.org/。

虽然本章无法涵盖所有这些工具，但在下一节中，我们将讨论 Optuna。Optuna 是一个专门用于寻找一组最佳超参数的工具，并且与 PyTorch 配合良好。

## 12.3 使用 Optuna 进行超参数搜索

Optuna 是一种支持 PyTorch 的超参数搜索工具。你可以在 Optuna 文章（https://arxiv.org/pdf/1907.10902.pdf）中详细了解该工具所使用的搜索策略，例如 **TPE**（**Tree-Structured Parzen Estimation，树结构 Parzen 估计**）和 **CMA-ES**（**Covariance Matrix Adaptation Evolution，协方差矩阵适应进化策略**）。除了高级的超参数搜索方法外，该工具还提供了一个井然有序的 API，我们稍后将对其进行探讨。

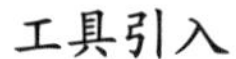


Optuna: A Next-Generation Hyperparameter Optimization Framework. Takuya Akiba, Shotaro Sano, Toshihiko Yanase, Takeru Ohta, and Masanori Koyama (2019, in KDD).

在本节中，我们将再次构建并训练 MNIST 模型。这次，我们使用 Optuna 找出最佳超参数设置，以练习的形式逐步讨论代码的重要部分。完整代码请访问：https://github.com/PacktPublishing/Mastering-PyTorch/blob/master/Chapter12/optuna_pytorch.ipynb。

## 12.4 定义模型架构和加载数据集

首先，我们将确定一个 Optuna 兼容的模型对象。此处的 Optuna 兼容指的是在 Optuna 提供的模型定义代码中添加 API，用来启用模型超参数的参数化。为此，我们将进行以下步骤。

1. 首先，导入必要的库。

```
import torch
import optuna
```

Optuna 库将在整个练习中为我们管理超参数搜索。

2. 接下来，定义模型架构。我们想要灵活处理一些超参数（例如，层数和每层中的单元数），因此我们需要将一些逻辑列入模型定义代码中。首先，我们已经声明，我们需要 1 到 4 个卷积层和 1 到 2 个完全连接层之间的任何空间，如下面的代码片段所示：

```
class ConvNet(nn.Module):
    def __init__(self, trial):
        super(ConvNet, self).__init__()
```

```
        num_conv_layers =  trial.suggest_int("num_conv_
layers", 1, 4)
        num_fc_layers = trial.suggest_int("num_fc_
layers", 1, 2)
```

3. 然后，逐一添加卷积层。每个卷积层后面紧跟着一个ReLU激活层，每个卷积层的深度在16到64之间。

步幅和填充分别固定为3和True，整个卷积块之后是MaxPool层，然后是Dropout层，Dropout概率范围为0.1到0.4（另一个超参数），如以下代码片段所示：

```
        self.layers = []
        input_depth = 1 # grayscale image
        for i in range(num_conv_layers):
            output_depth = trial.suggest_int(f"conv_
depth_{i}", 16, 64)
            self.layers.append(nn.Conv2d(input_depth,
output_depth, 3, 1))
            self.layers.append(nn.ReLU())
            input_depth = output_depth
        self.layers.append(nn.MaxPool2d(2))
        p = trial.suggest_float(f"conv_dropout_{i}", 0.1,
0.4)
        self.layers.append(nn.Dropout(p))
        self.layers.append(nn.Flatten())
```

4. 接下来，添加一个flattening层，以便后接全连接层。我们必须定义一个_get_flatten_shape函数来导出flattening层输出的形状，然后，依次添加全连接层，单元数目为16到64。Dropout层在每个全连接层之后，概率范围为0.1到0.4。

最后，添加一个固定的全连接层，输出10个数字（每个类别/数字一个），然后是一个LogSoftmax层。定义了所有层后，我们接着实例化模型对象，如下所示：

```
        input_feat = self._get_flatten_shape()
        for i in range(num_fc_layers):
            output_feat = trial.suggest_int(f"fc_output_
feat_{i}", 16, 64)
            self.layers.append(nn.Linear(input_feat,
output_feat))
            self.layers.append(nn.ReLU())
            p = trial.suggest_float(f"fc_dropout_{i}",
0.1, 0.4)
            self.layers.append(nn.Dropout(p))
            input_feat = output_feat
        self.layers.append(nn.Linear(input_feat, 10))
        self.layers.append(nn.LogSoftmax(dim=1))
        self.model = nn.Sequential(*self.layers)
    def _get_flatten_shape(self):
        conv_model = nn.Sequential(*self.layers)
        op_feat = conv_model(torch.rand(1, 1, 28, 28))
        n_size = op_feat.data.view(1, -1).size(1)
        return n_size
```

该模型初始化函数以 trial 对象为条件，Optuna 使其更加简便，并且将决定我们模型的超参数设置。最后，forward 方法非常简单，如下代码片段所示：

```
    def forward(self, x):
        return self.model(x)
```

至此，我们已经定义了我们的模型对象，现在可以继续加载数据集。

5. 数据集加载的代码与第 1 章“使用 PyTorch 概述深度学习”中的代码相同，并在以下代码段中再次呈现：

```
train_dataloader = torch.utils.data.DataLoader(...)
test_dataloader = ...
```

在本节中，我们已经成功定义了参数化模型对象并加载了数据集。我们现在将定义模型训练和测试例程，以及优化计划。

### 12.4.1 定义模型训练例程和优化计划

模型训练本身涉及优化器、学习率等超参数。在这部分练习中，我们将利用 Optuna 的参数化功能，同时定义模型训练程序。我们将继续进行以下步骤。

1．首先，定义训练例程。这些代码与我们在第 1 章“使用 PyTorch 概述深度学习”的训练例程代码相同，在此再次呈现。

```
def train(model, device, train_dataloader, optim, epoch):
    for b_i, (X, y) in enumerate(train_dataloader):
        …
```

2．模型测试例程需要稍加扩充。为了按照 Optuna API 要求运行，测试例程需要返回一个模型性能指标（在此为准确度），以便 Optuna 可以根据这个指标比较不同的超参数设置，如以下代码片段所示。

```
def test(model, device, test_dataloader):
    with torch.no_grad():
        for X, y in test_dataloader:
            …
    accuracy = 100. * success/ len(test_dataloader.
dataset)
    return accuracy
```

3．此前，我们会使用学习率来实例化模型和优化函数，并在任何函数之外启动训练循环。但是为了遵循 Optuna API 要求，现在我们需要使用一个 objective 函数执行所有操作。该函数接受同一个 trial 对象，作为参数提供给我们模型对象的 init 方法。

这里也需要 trial 对象，因为超参数与决定学习率值和选择优化器相关，如以下代码片段所示：

```
def objective(trial):
    model = ConvNet(trial)
    opt_name = trial.suggest_categorical("optimizer",
["Adam", "Adadelta", "RMSprop", "SGD"])
```

```
    lr = trial.suggest_float("lr", 1e-1, 5e-1, log=True)
    optimizer = getattr(optim,opt_name)(model.
parameters(), lr=lr)
    for epoch in range(1, 3):
        train(model, device, train_dataloader, optimizer,
epoch)
        accuracy = test(model, device,test_dataloader)
        trial.report(accuracy, epoch)
        if trial.should_prune():
            raise optuna.exceptions.TrialPruned()
    return accuracy
```

在每次迭代中，我们记录模型测试例程返回的准确度，检查是否要修剪（即是否会跳过）当前迭代。这是 Optuna 提供的另一个功能，用于加快超参数搜索过程，这样我们就不会在低劣的超参数设置上浪费时间。

### 12.4.2 运行 Optuna 的超参数搜索

在练习的最后一部分中，我们将实例化所谓的 **Optuna 研究**。我们将使用模型定义和训练例程，针对给定模型和给定数据集执行 Optuna 的超参数搜索过程。我们将进行以下步骤。

1. 在准备好前面部分中的所有必要组件后，我们准备开始超参数搜索过程——这在 Optuna 术语中称为 study。trial 是 study 中的一个超参数搜索迭代。可以在以下代码段中查看代码：

```
study = optuna.create_study(study_name="mastering_
pytorch", direction="maximize")
study.optimize(objective, n_trials=10, timeout=2000)
```

direction 参数帮助 Optuna 比较不同的超参数设置。因为我们的度量是准确度，所以我们需要使度量最大化。我们允许 study 最多为 2 000 秒或最多有 10 次不同的搜索（以先完成的为准）。前面的命令输出如图 12.6 所示。

```
[I 2020-10-24 18:39:34,357] A new study created in memory with name: mastering_pytorch

epoch: 1 [0/60000 (0%)]  training loss: 2.314928
epoch: 1 [16000/60000 (27%)]     training loss: 2.339143
epoch: 1 [32000/60000 (53%)]     training loss: 2.554311
epoch: 1 [48000/60000 (80%)]     training loss: 2.392770

Test dataset: Overall Loss: 2.4598, Overall Accuracy: 974/10000 (10%)

epoch: 2 [0/60000 (0%)]  training loss: 2.352818
epoch: 2 [16000/60000 (27%)]     training loss: 2.425988
epoch: 2 [32000/60000 (53%)]     training loss: 2.432955
epoch: 2 [48000/60000 (80%)]     training loss: 2.497166

[I 2020-10-24 18:44:51,667] Trial 0 finished with value: 9.82 and parameters: {'num_conv_layers': 4, 'num_fc_layers':
2, 'conv_depth_0': 20, 'conv_depth_1': 18, 'conv_depth_2': 38, 'conv_depth_3': 27, 'conv_dropout_3': 0.18560304003563
005, 'fc_output_feat_0': 54, 'fc_dropout_0': 0.18233257074201586, 'fc_output_feat_1': 55, 'fc_dropout_1': 0.104182596
77735323, 'optimizer': 'RMSprop', 'lr': 0.49822431360836333}. Best is trial 0 with value: 9.82.

[I 2020-10-24 18:46:24,551] Trial 1 finished with value: 95.68 and parameters: {'num_conv_layers': 1, 'num_fc_layer
s': 2, 'conv_depth_0': 39, 'conv_dropout_0': 0.3950204757059781, 'fc_output_feat_0': 17, 'fc_dropout_0': 0.3760852329
345368, 'fc_output_feat_1': 40, 'fc_dropout_1': 0.29727560678671294, 'optimizer': 'Adadelta', 'lr': 0.254984294053231
25}. Best is trial 1 with value: 95.68.

[I 2020-10-24 18:51:37,575] Trial 2 finished with value: 98.77 and parameters: {'num_conv_layers': 3, 'num_fc_layer
s': 2, 'conv_depth_0': 27, 'conv_depth_1': 28, 'conv_depth_2': 46, 'conv_dropout_2': 0.327456511733856, 'fc_output_f
eat_0': 57, 'fc_dropout_0': 0.12348496153785013, 'fc_output_feat_1': 54, 'fc_dropout_1': 0.36784682560478876, 'optimi
zer': 'Adadelta', 'lr': 0.4290610978292583}. Best is trial 2 with value: 98.77.

[I 2020-10-24 18:55:41,400] Trial 3 finished with value: 98.28 and parameters: {'num_conv_layers': 2, 'num_fc_layer
s': 1, 'conv_depth_0': 38, 'conv_depth_1': 40, 'conv_dropout_1': 0.3592746030824463, 'fc_output_feat_0': 20, 'fc_drop
out_0': 0.2247602402250409, 'optimizer': 'Adadelta', 'lr': 0.3167228174356792}. Best is trial 2 with value: 98.77.

[I 2020-10-24 18:59:54,755] Trial 4 finished with value: 10.28 and parameters: {'num_conv_layers': 2, 'num_fc_layer
s': 2, 'conv_depth_0': 26, 'conv_depth_1': 50, 'conv_dropout_1': 0.30220610162727457, 'fc_output_feat_0': 42, 'fc_dro
pout_0': 0.1561741472895425, 'fc_output_feat_1': 33, 'fc_dropout_1': 0.31642189637209367, 'optimizer': 'RMSprop', 'l
r': 0.45189990541514835}. Best is trial 2 with value: 98.77.

[I 2020-10-24 19:02:39,390] Trial 5 finished with value: 98.12 and parameters: {'num_conv_layers': 2, 'num_fc_layer
s': 1, 'conv_depth_0': 31, 'conv_depth_1': 22, 'conv_dropout_1': 0.3612944916702828, 'fc_output_feat_0': 25, 'fc_drop
out_0': 0.2839369529837842, 'optimizer': 'SGD', 'lr': 0.11490140528643872}. Best is trial 2 with value: 98.77.

[I 2020-10-24 19:06:33,825] Trial 6 finished with value: 98.29 and parameters: {'num_conv_layers': 2, 'num_fc_layer
s': 2, 'conv_depth_0': 24, 'conv_depth_1': 55, 'conv_dropout_1': 0.34239043023224586, 'fc_output_feat_0': 35, 'fc_dro
pout_0': 0.17065510224232447, 'fc_output_feat_1': 46, 'fc_dropout_1': 0.19804499857448277, 'optimizer': 'Adadelta',
'lr': 0.42138811722164293}. Best is trial 2 with value: 98.77.

[I 2020-10-24 19:09:33,855] Trial 7 pruned.

[I 2020-10-24 19:10:33,804] Trial 8 pruned.

[I 2020-10-24 19:15:36,906] Trial 9 pruned.
```

图 12.6　Optuna 日志

我们可以看到，第 3 个 trial 是最优的试验，产生了 98.77%的测试集准确率，最后 3 个 trial 被修剪。在日志中，我们还看到了每个未修剪 trial 的超参数。例如，在最优的 trial 中有 3 个卷积层，分别具有 27、28 和 46 个特征图，然后有 2 个分别具有 57 和 54 个单元/神经元的全连接层，依此类推。

2．每个 trial 都被赋予完成或修剪状态，可以用以下代码来区分：

```
pruned_trials = [t for t in study.trials if t.state ==
optuna.trial.TrialState.PRUNED]
complete_trials = [t for t in study.trials if t.state ==
optuna.trial.TrialState.COMPLETE]
```

3．最后，使用以下代码查看最成功的 trial 中所有的超参数。

```
print("results: ")
trial = study.best_trial
for key, value in trial.params.items():
    print("{}: {}".format(key, value))
```

你将看到图 12.7 所示的输出内容。

```
results:
num_trials_conducted:  10
num_trials_pruned:  3
num_trials_completed:  7
results from best trial:
accuracy:  98.77
hyperparameters:
num_conv_layers: 3
num_fc_layers: 2
conv_depth_0: 27
conv_depth_1: 28
conv_depth_2: 46
conv_dropout_2: 0.3274565117338556
fc_output_feat_0: 57
fc_dropout_0: 0.12348496153785013
fc_output_feat_1: 54
fc_dropout_1: 0.36784682560478876
optimizer: Adadelta
lr: 0.4290610978292583
```

图 12.7　Optuna 最优超参数

正如我们所见，输出内容不仅给出了 trial 的总数和成功的 trial 个数，还向我们展示了最成功的 trial 模型超参数，如层数、层中神经元的数量、学习率、优化计划等。

练习到此结束。我们已经成功地使用 Optuna，为手写数字分类模型的不同类型超参数定义了一系列超参数值。我们使用 Optuna 的超参数搜索算法，运行了 10 次不同的 trial，并在其中一次试验中获得了 98.77%的最高准确率。

最成功 trial 的模型（架构和超参数）可用于训练更大的数据集，从而服务于生产系统。

完成本节学习后，你可以使用 Optuna 在任何用 PyTorch 编写的神经网络模型中找到最佳超参数。如果模型庞大且需要调整的超参数非常多，Optuna 也可以用于分布式方式中。你可以在此处阅读分布式调优的更多相关信息：https://optuna.readthedocs.io/en/stable/tutorial/004_distributed.html#distributed。

最后，Optuna 不仅支持 PyTorch，还支持其他流行的机器学习库，如 TensorFlow、Sklearn、MXNet 等。

## 12.5 总结

在本章中，我们讨论了 AutoML。AutoML 旨在提供模型选择和超参数优化的方法，对于在决策方面缺乏专业知识的初学者来说非常有用，例如，在模型中放置多少层、使用哪个优化器等。AutoML 对专家来说也很实用，既可以加快模型训练过程，又可以为几乎不可能手动计算的给定任务发现卓越的模型架构。

我们研究了两种不同的可与 PyTorch 协同使用的 AutoML 工具。首先，我们讨论了 Auto-PyTorch，完成了寻找最佳神经架构和寻找完美超参数设置的任务。我们针对第 1 章“使用 PyTorch 概述深度学习”中的 MNIST 手写数字分类任务，使用 Auto-PyTorch 为该任务找到了最佳模型，获得了 96.4% 的最佳准确率。

接下来，我们探索了另一个自动运行超参数搜索的 AutoML 工具——Optuna。我们将此工具用于相同的任务。与 Auto-PyTorch 相比，Optuna 的不同之处在于，我们需要在高层（层类型）上手动定义架构，而较低级别的细节（层数和单元数）被超参数化了。Optuna 为我们提供了性能最佳的模型，准确率为

98.77%。

这两个练习都证明我们可以找到、训练并部署高性能 PyTorch 模型，而无须定义模型架构或超参数值。这创造了很多可能性，我们鼓励读者在你的任意一个机器学习项目中尝试 AutoML，让 AutoML 为你找到合适的模型，而不是自己手动定义模型。这可以为你节省几天时间，从而对不同模型架构进行实验。

在下一章中，我们将研究机器学习（尤其是深度学习）的另一个关键领域。这一领域的重要性日益上升。我们将仔细研究如何解释 PyTorch 模型产生的输出——这一领域通常被称为模型可解释性或模型可理解性。

# 第13章 PyTorch和AI可解释

在本书中，我们构建了几个深度学习模型，可以执行不同类型的任务，如手写数字分类器、图像字幕生成器、情感分类器等。尽管我们已经掌握了如何使用 PyTorch 训练并评估这些模型，但我们并不知道这些模型在进行预测时究竟会发生什么。模型可解释性或模型可理解性属于机器学习领域，我们需要回答以下问题：为什么模型做出这种预测？更详细地说，模型在输入数据中看到了什么才会做出这样的预测？

在本章中，我们将使用第 1 章“使用 PyTorch 概述深度学习”中的手写数字分类模型来了解其内部工作原理，从而解释该模型为何对给定的输入做出明确预测。首先，我们将只使用 PyTorch 代码剖析模型。然后，使用称为 **Captum** 的专用模型可解释性工具包，进一步调查模型内部发生的事情。Captum 是 PyTorch 的专用第三方库，为深度学习模型（包括基于图像和文本的模型）提供模型可解释性工具。

本章为你提供探索深度学习模型内部结构所需要的技能。以这种方式查看模型内部可以帮助你推理模型的预测行为。完成本章学习后，你将能够使用实践经验，开始使用 PyTorch（和 Captum）来解读你自己的深度学习模型。

本章介绍以下主题：

- PyTorch 中的模型可解释性；

● 使用 Captum 解释模型。

## 13.1 技术要求

我们将在所有练习中使用 Jupyter Notebook。以下是本章应使用 pip 安装的 Python 库列表。例如，在命令行中运行 pip install torch==1.4.0。

```
jupyter==1.0.0
torch==1.4.0
torchvision==0.5.0
matplotlib==3.1.2
captum==0.2.0
```

与本章相关的所有代码文件请访问：https://github.com/PacktPublishing/Mastering-PyTorch/tree/master/Chapter13。

## 13.2 PyTorch 中的模型可解释性

在本节中，我们将以练习的形式，使用 PyTorch 剖析已经训练的手写数字分类模型。更准确地说，我们将查看已经训练的手写数字分类模型的卷积层细节，了解模型正在从手写数字图像中学习哪些视觉特征。我们将查看卷积过滤器/内核及这些过滤器产生的特征图。

这些细节将帮助我们了解模型如何处理输入图像，从而做出预测。练习的完整代码请访问：https://github.com/PacktPublishing/Mastering-PyTorch/blob/master/Chapter13/pytorch_interpretability.ipynb。

### 13.2.1 训练手写数字分类器——回顾

我们将快速回顾训练手写数字分类模型所涉及的步骤。

1. 首先导入相关库，然后设置随机种子，以便能够复制本练习的结果。

```
import torch
np.random.seed(123)
torch.manual_seed(123)
```

2. 定义模型架构。

```
class ConvNet(nn.Module):
    def __init__(self):
    def forward(self, x):
```

3. 定义模型训练和测试例程。

```
def train(model, device, train_dataloader,
optim,  epoch):
def test(model, device, test_dataloader):
```

4. 定义训练和测试数据集加载器。

```
train_dataloader = torch.utils.data.DataLoader(...)
test_dataloader = torch.utils.data.DataLoader(...)
```

5. 实例化模型，并定义优化计划。

```
device = torch.device("cpu")
model = ConvNet()
optimizer = optim.Adadelta(model.parameters(), lr=0.5)
```

6. 开始模型训练循环，训练模型进行 20 次迭代。

```
for epoch in range(1, 20):
    train(model, device, train_dataloader, optimizer,
epoch)
    test(model, device, test_dataloader)
```

输出内容如图 13.1 所示。

7. 在样本测试图像上测试训练后的模型。示例测试图像加载代码如下：

```
test_samples = enumerate(test_dataloader)
b_i, (sample_data, sample_targets) = next(test_samples)
plt.imshow(sample_data[0][0], cmap='gray',
interpolation='none')
plt.show()
```

```
epoch: 1 [0/60000 (0%)]  training loss: 2.324445
epoch: 1 [320/60000 (1%)]        training loss: 1.727462
epoch: 1 [640/60000 (1%)]        training loss: 1.428922
epoch: 1 [960/60000 (2%)]        training loss: 0.717944
epoch: 1 [1280/60000 (2%)]       training loss: 0.572199
                                 ⋮
epoch: 19 [58880/60000 (98%)]    training loss: 0.016509
epoch: 19 [59200/60000 (99%)]    training loss: 0.118218
epoch: 19 [59520/60000 (99%)]    training loss: 0.000097
epoch: 19 [59840/60000 (100%)]   training loss: 0.000271

Test dataset: Overall Loss: 0.0387, Overall Accuracy: 9910/10000 (99%)
```

图 13.1　模型训练日志

输出内容如图 13.2 所示。

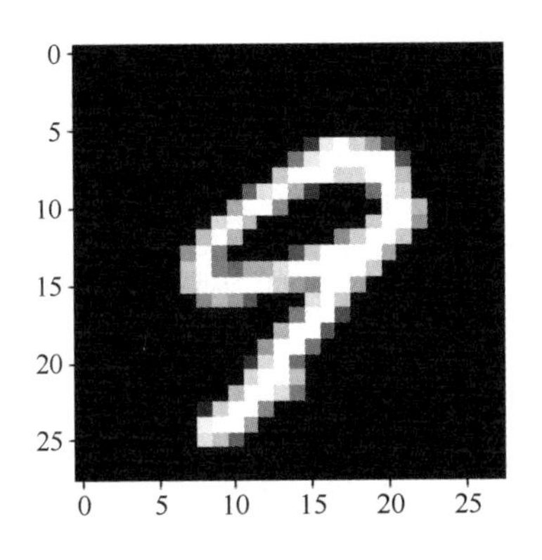


图 13.2　手写图像示例

8. 使用这个样本测试图像进行模型预测，代码如下：

```
print(f"Model prediction is : {model(sample_data).data.max(1)[1][0]}")
print(f"Ground truth is : {sample_targets[0]}")
```

输出内容如图 13.3 所示。

```
Model prediction is : 9
Ground truth is : 9
```

图 13.3　模型预测

因此，我们训练了一个手写数字分类模型，并用它来推理样本图像。现在，

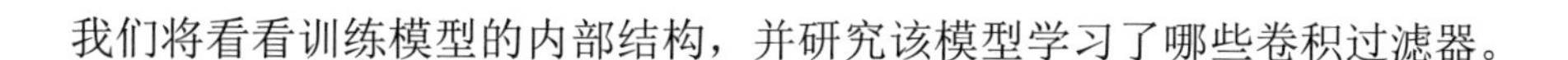
我们将看看训练模型的内部结构，并研究该模型学习了哪些卷积过滤器。

## 13.2.2 可视化模型的卷积过滤器

在本节中，我们将检查已经训练模型的卷积层，并查看模型在训练过程中学到的过滤器。这将让我们知道卷积层如何在输入图像上运行，正在提取什么样的特征，等等。

1. 首先，我们需要获取模型中所有层的列表，如下所示：

```
model_children_list = list(model.children())
convolutional_layers = []
model_parameters = []
model_children_list
```

输出内容如图 13.4 所示。

```
[Conv2d(1, 16, kernel_size=(3, 3), stride=(1, 1)),
 Conv2d(16, 32, kernel_size=(3, 3), stride=(1, 1)),
 Dropout2d(p=0.1, inplace=False),
 Dropout2d(p=0.25, inplace=False),
 Linear(in_features=4608, out_features=64, bias=True),
 Linear(in_features=64, out_features=10, bias=True)]
```

图 13.4　模型层

如你所见，模型有 2 个卷积层，每层都具有 3×3 大小的过滤器。第一个卷积层使用 **16** 个这样的过滤器，而第二个卷积层使用 **32** 个过滤器。在本练习中，我们专注于可视化卷积层，因为它们在视觉上更加直观。但是，你同样可以通过可视化学习的权重探索其他层，如线性层。

2. 接下来，我们只从模型中选择卷积层，并将它们存储在单独的列表中。

```
for i in range(len(model_children_list)):
    if type(model_children_list[i]) == nn.Conv2d:
        model_parameters.append(model_children_
list[i].w       eight)
        convolutional_layers.append(model_children_
list[i])
```

在这个过程中，我们还需要确定存储在每个卷积层中所学习到的参数或权重。

3．现在，我们准备可视化该卷积层的学习过滤器。我们从第一层开始，第一层有 16 个大小为 3×3 的过滤器。以下代码为我们展示了这些过滤器：

```
plt.figure(figsize=(5, 4))
for i, flt in enumerate(model_parameters[0]):
    plt.subplot(4, 4, i+1)
    plt.imshow(flt[0, :, :].detach(), cmap='gray')
    plt.axis('off')
plt.show()
```

输出内容如图 13.5 所示。

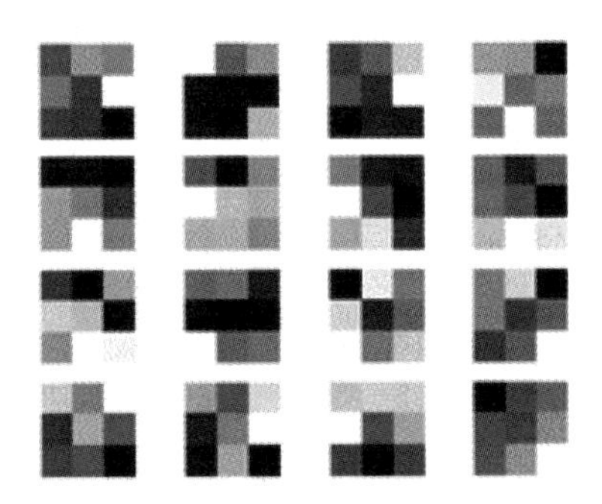

图 13.5　第一个卷积层的过滤器

首先，我们可以看到所有学习到的过滤器彼此略有不同，这是一个好兆头。这些过滤器的内部通常具有对比值，以便它们在围绕图像进行卷积时，可以提取某些类型的梯度。在模型推理期间，这 16 个过滤器每个都独立地运行输入的灰度图像，并生成 16 个不同的特征图。我们将在下一节中对其进行可视化。

4．同样，我们可以使用与之前相同的代码，将在第二个卷积层中学习的 32 个过滤器可视化：

```
plt.figure(figsize=(5, 8))
for i, flt in enumerate(model_parameters[1]):
plt.show()
```

输出内容如图 13.6 所示。

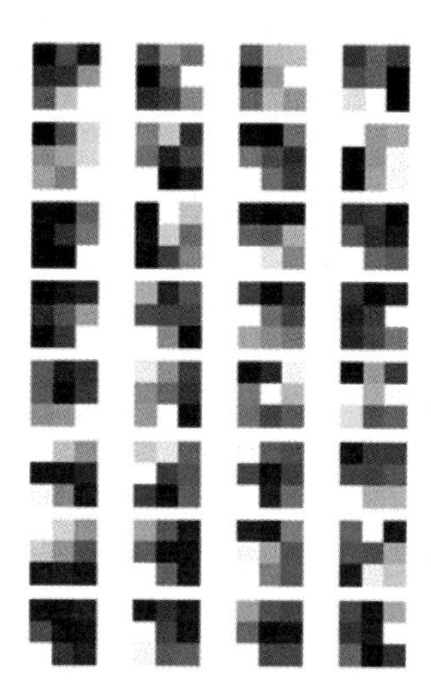

图 13.6　第二个卷积层的过滤器

同样，我们有 32 个不同的过滤器/内核，其对比值旨在从图像中提取梯度。这些过滤器已经应用于第一个卷积层的输出，因此产生更高级别的输出特征图。具有多个卷积层的 CNN 模型的目标，通常是不断生成越来越复杂或更高级别的特征。这些特征可以表示复杂的视觉元素，例如，脸上的鼻子、道路上的交通灯等。

接下来，我们将看看当这些过滤器操作/卷积它们的给定输入时会产生什么结果。

### 13.2.3 可视化模型的特征图

在本节中，我们将通过卷积层运行样本手写图像，并将这些层的输出可视化。

1. 首先，我们需要以列表的形式收集每个卷积层输出的结果，通过使用以下代码实现。

```
per_layer_results = [convolutional_layers[0](sample_
data)]
```

```
for i in range(1, len(convolutional_layers)):
    per_layer_results.append(convolutional_layers[i](per_layer_results[-1]))
```

请注意，我们分别为每个卷积层调用前向传递，同时确保第 *n* 个卷积层以输入的形式接收第（*n*-1）个卷积层的输出。

2．现在，我们可以将两个卷积层产生的特征图可视化。我们将运行以下代码，从第一层开始。

```
plt.figure(figsize=(5, 4))
layer_visualisation = per_layer_results[0][0, :, :, :]
layer_visualisation = layer_visualisation.data
print(layer_visualisation.size())
for i, flt in enumerate(layer_visualisation):
    plt.subplot(4, 4, i + 1)
    plt.imshow(flt, cmap='gray')
    plt.axis("off")
plt.show()
```

输出内容如图 13.7 所示。

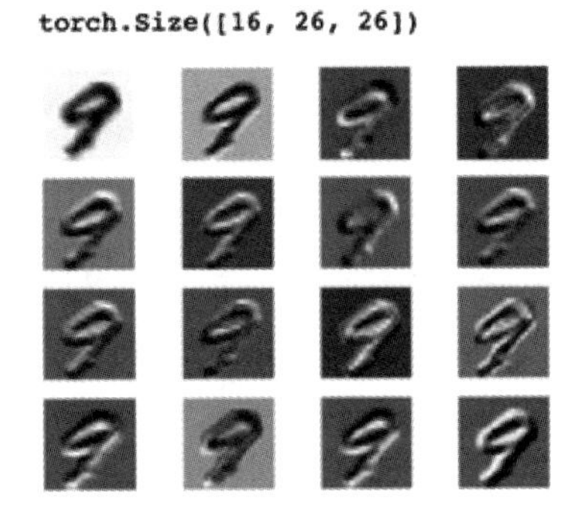


图 13.7　第一个卷积层的特征图

数字（**16,26,26**）表示第一个卷积层的输出维度。本质上，样本图像大小为（28,28），过滤器大小为（3,3），并且没有填充。因此，生成的特征图大小将为（26,26）。由于 16 个过滤器产生了 16 个这样的特征图（请参考图 13.5），所以总的输出维度是（16,26,26）。

如你所见，每个过滤器在输入图像中生成一个特征图。此外，每个特征图代表图像中不同的视觉特征。例如，左上角的特征图本质上是反转图像中的像素值（请参阅图13.2），而右下角的特征图则表示某种形式的边缘检测。

然后，将这16个特征图传递到第二个卷积层，其中另外32个过滤器分别对这16个特征图进行卷积，以产生32个新的特征图。接下来，我们看看这些特征图。

3．我们可以使用与之前相同的代码，对代码稍作更改（如下面的代码中所强调的），可视化下一个卷积层产生的32个特征图。

```
plt.figure(figsize=(5, 8))
layer_visualisation = per_layer_results[1][0, :, :, :]
    plt.subplot(8, 4, i + 1)
plt.show()
```

输出内容如图13.8所示。

```
torch.Size([32, 24, 24])
```

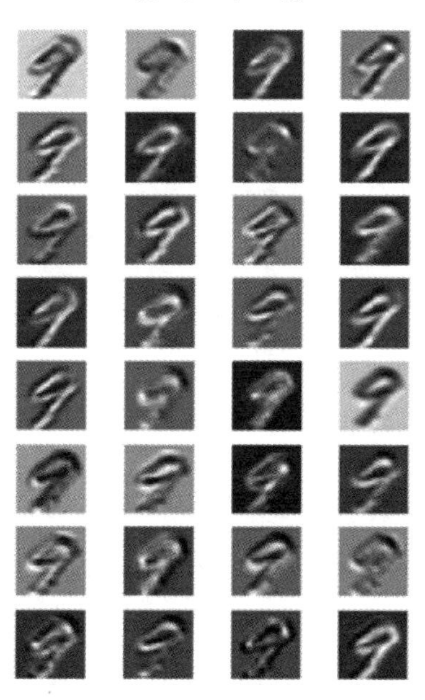

图13.8　第二个卷积层的特征图

与之前的 16 个特征图相比，这 32 个特征图显然更加复杂。这些特征图似乎做的不仅仅是边缘检测，这是由于特征图已经在卷积第一个卷积层的输出，而不是原始输入图像。

在这个模型中，2 个卷积层后面是 2 个线性层，分别具有（4 608×64）和（64×10）个参数。尽管线性层权重对于可视化也很有用，但从视觉上看，参数的绝对数量（4 608×64）会让你大吃一惊。因此，在本节中，我们将视觉分析仅限于卷积权重。

幸运的是，我们有更巧妙的方法来解释模型预测，而无须查看如此大量的参数。在下一节中，我们将探索 Captum，这是一个机器学习模型可解释性工具包，可与 PyTorch 配合使用，并帮助我们在几行代码中解释模型决策。

## 13.3 使用 Captum 解释模型

Captum(https://captum.ai/)是 Facebook（现更名为 Meta）在 PyTorch 上构建的开源模型可解释性库，目前（在撰写本书时）正在积极开发中。在本节中，我们将使用上一节训练的手写数字分类模型，并使用 Captum 提供的一些模型可解释性工具来解释该模型所做的预测。完整代码请访问：https://github.com/PacktPublishing/Mastering-PyTorch/blob/master/Chapter13/captum_interpretability.ipynb。

### 13.3.1 设置 Captum

模型训练代码类似于训练手写数字分类器呈现的代码（回顾部分）。在以下步骤中，我们将使用已经训练的模型和样本图像来理解模型内部发生的事情，同时对给定图像进行预测。

1. 为了使用 Captum 的内置模型可解释性函数，我们需要运行一些与 Captum 相关的额外导入。

```
from captum.attr import IntegratedGradients
from captum.attr import Saliency
from captum.attr import DeepLift
from captum.attr import visualization as viz
```

2．为了对输入图像进行模型前向传递，我们需要重塑输入图像，以匹配模型输入大小。

```
captum_input = sample_data[0].unsqueeze(0)
captum_input.requires_grad = True
```

按照 Captum 的要求，输入张量（图像）需要涉及梯度计算。因此，我们将输入的 requires_gradflag 设置为 True。

3．接下来，我们使用以下代码，准备通过模型可解释性方法处理样本图像：

```
orig_image = np.tile(np.transpose((sample_data[0].cpu().
detach().numpy() / 2) + 0.5, (1, 2, 0)), (1,1,3))
_ = viz.visualize_image_attr(None, orig_image,
cmap='gray', method="original_image", title="Original
Image")
```

输出内容如图 13.9 所示。

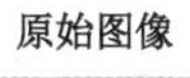


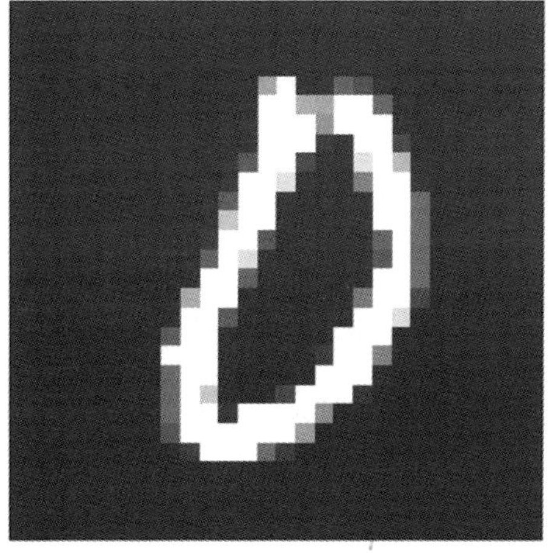

图 13.9　原始图像

我们已经在深度维度上平铺了灰度图像，以便 Captum 方法可以使用，该方法需要 3 通道图像。

接下来，我们将通过预训练的手写数字分类模型，将 Captum 的一些可解释性方法实际应用于所准备的灰度图像的前向传递。

### 13.3.2 探索 Captum 的可解释性工具

在本节中，我们将研究 Captum 提供的一些模型可解释性方法。

查看显著性是解释模型结果最基本的方法之一，表示输出（在本例中为 0 类）相对于输入（即输入图像像素）的梯度。相对于特定输入的梯度越大，该输入就越重要。关于显著性中的梯度计算请访问：https://arxiv.org/pdf/1312.6034.pdf。Captum 提供实现显著性方法。

1．在下面的代码中，我们使用 Captum 的 Saliencymodule 来计算梯度。

```
saliency = Saliency(model)
gradients = saliency.attribute(captum_input,
target=sample_targets[0].item())
gradients = np.reshape(gradients.squeeze().cpu().
detach().numpy(), (28, 28, 1))
_ = viz.visualize_image_attr(gradients, orig_image,
method="blended_heat_map", sign="absolute_value",
show_colorbar=True, title="Overlayed Gradients")
```

输出内容应如图 13.10 所示。

在前面的代码中，我们将所获得的梯度重塑为（28, 28, 1）大小，以便将它们叠加在原始图像上，如图 13.10 所示。Captum 的 viz 模块为我们处理可视化。我们可以使用以下代码进一步将梯度可视化，而无须原始图像。

```
plt.imshow(np.tile(gradients/(np.max(gradients)),
(1,1,3)));
```

输出内容如图 13.11 所示。

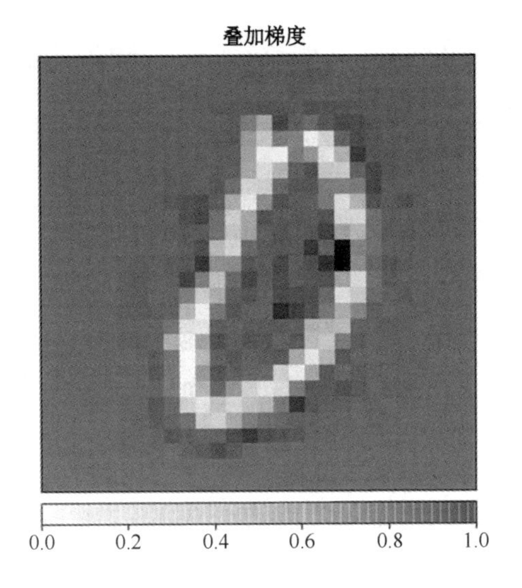


图13.10　叠加梯度

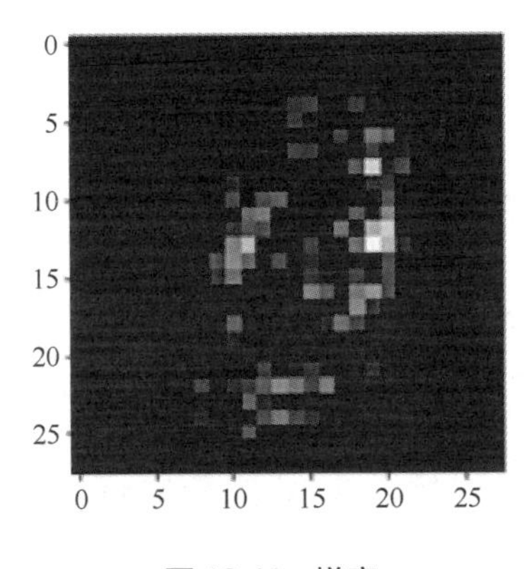


图13.11　梯度

如你所见，梯度分布在图像可能包含数字0的像素区域中。

2．接下来，我们将使用类似的代码方法查看另一种可解释性方法——积分梯度。使用这种方法，我们将寻找**特征属性**或**特征重要性**。也就是说，我们将寻找进行预测时需要使用哪些重要的像素。使用积分梯度技术，除了输入图像外，我们还需要确定一个基线图像，基线图像通常指所有像素值都设置为零的图像。

然后沿着从基线图像到输入图像的路径，计算输入图像的梯度积分。完成梯度积分技术的细节可以在以下原文中找到 https://arxiv.org/abs/1703.01365。以下代码使用 Captum 的 IntegratedGradients 模块，提取每个输入图像像素的重要性。

```
integ_grads = IntegratedGradients(model)
attributed_ig, delta=integ_grads.attribute(captum_input,
target=sample_targets[0], baselines=captum_input * 0,
return_convergence_delta=True)

attributed_ig = np.reshape(attributed_ig.squeeze().cpu().
detach().numpy(), (28, 28, 1))
_ = viz.visualize_image_attr(attributed_ig, orig_image,
method="blended_heat_map",sign="all",show_colorbar=True,
title="Overlayed Integrated Gradients")
```

输出内容如图 13.12 所示。

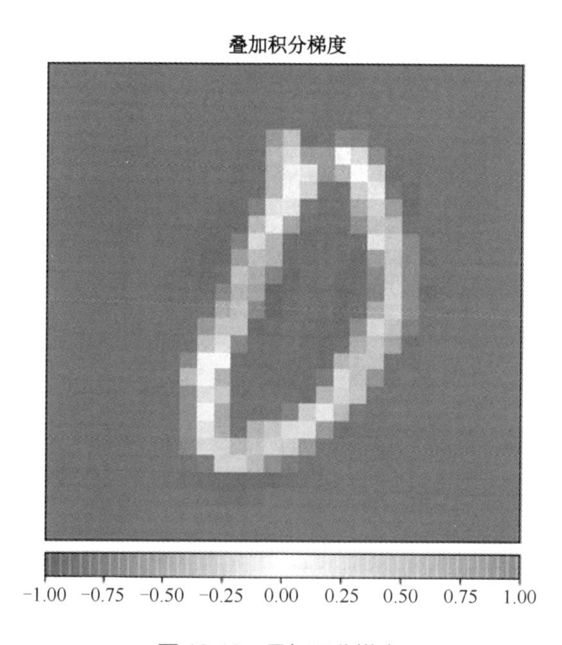


图 13.12　叠加积分梯度

正如我们所预期的那样，包含数字 0 的像素区域的梯度很高。

3．最后，我们将研究另一种基于梯度的归因技术，称为 **DeepLift**。除输入图像外，DeepLift 还需要一个基线图像。对于基线图像，我们再次使用所有像素值都设置为零的图像。DeepLift 计算非线性激活输出相对于输入图从基线图像到输入图像的变化（图 13.9）。以下代码使用 Captum 所提供的 DeepLift 模块计算梯度，并显示这些叠加在原始输入图像的梯度。

```
deep_lift = DeepLift(model)
attributed_dl = deep_lift.attribute(captum_input,
target=sample_targets[0], baselines=captum_input * 0,
return_convergence_delta=False)

attributed_dl = np.reshape(attributed_dl.squeeze(0).
cpu().detach().numpy(), (28, 28, 1))
_ = viz.visualize_image_attr(attributed_dl, orig_image,
method="blended_heat_map",sign="all",show_colorbar=True,
title="Overlayed DeepLift")
```

输出内容应如图 13.13 所示。

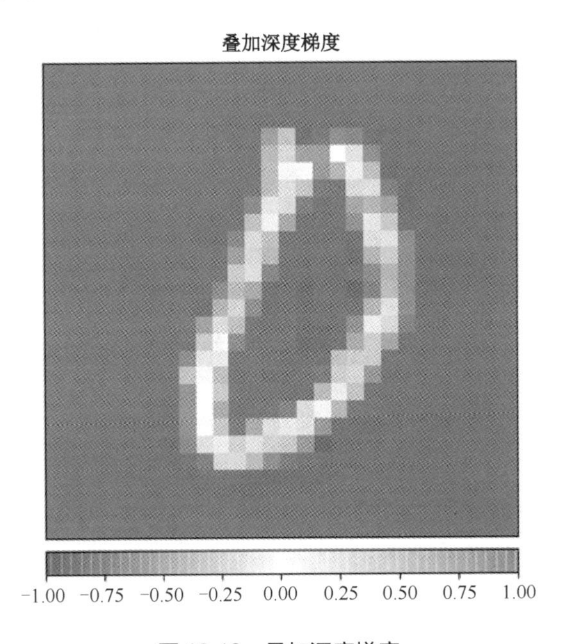


图 13.13　叠加深度梯度

同样，包含数字 0 的像素周围的梯度值极大。

本练习和本章节到此结束。Captum 还提供了更多的模型可解释性技术，如 LayerConductance、GradCAM 和 SHAP。阅读这些技术的更多相关信息请访问：https://captum.ai/docs/algorithms。模型可解释性是一个活跃的研究领域，因此 Captum 等库可能会迅速发展。在不久的将来，研究者们可能会开发更多这样的库，使模型可解释性成为机器学习生命周期的一个标准组成部分。

## 13.4 总结

在本章中，我们简要探讨了如何使用 PyTorch 来解释或结束深度学习模型所做出的决策。以手写数字分类模型为例，我们首先揭示了 CNN 模型卷积层的内部工作原理，演示了如何将卷积层产生的卷积过滤器和特征图可视化。

然后，我们使用了一个基于 PyTorch 的专用第三方模型可解释性库，称为 Captum。我们将 Captum 提供的“开箱即用”方法用于特征属性技术，如显著性、积分梯度和深度提升。我们使用这些技术，演示了模型如何使用输入进行预测，以及输入的哪些部分对于模型预测更为重要。

在本书的下一章也是最后一章中，我们将学习如何在 PyTorch 上快速训练并测试机器学习模型——这项技能对在各种机器学习中快速迭代非常有用。我们还将讨论一些能够使用 PyTorch 进行快速原型设计的深度学习库和框架。

# 第 14 章

# 使用 PyTorch 进行快速原型设计

在前面的章节中，我们已经看到了 PyTorch 作为 Python 库的多个方面的功能；看到它在视觉训练和文本模型中的运用；了解了它用于加载和处理数据集的广泛**应用程序编程接口（Application Programming Interface，API）**；探索了 PyTorch 提供的模型推理支持；还注意到 PyTorch 跨编程语言（如 C++），以及与其他深度学习库（如 TensorFlow）的互操作性。

为了适应所有这些功能，PyTorch 提供了丰富而广泛的 API 家族，这是有史以来最好的深度学习库之一。然而，这些功能的广泛性也使 PyTorch 成为一个大型的库，这有时会让用户不敢执行简化或简单的模型训练和测试任务。

本章重点介绍一些构建在 PyTorch 上的库，这些库旨在提供直观且易于使用的 API，用于使用几行代码构建快速模型训练和测试流水线。我们将首先讨论 **fast.ai**，这是最受欢迎的高级深度学习库之一。

我们将展示 fast.ai 如何帮助加快深度学习研究过程，并使深度学习能够使用所有级别的专业知识。最后，我们将看看 **PyTorch Lightning**，它使我们能够使用完全相同的代码在任一硬件配置上进行训练，无论是多个**中央处理单元（CPU）**、**图形处理单元（GPU）**，还是**张量处理单元（TPU）**。

还有其他这种类型的库（如 PyTorch Ignite、Poutyne 等），都是为了实现类似的目标，但我们不会在这里介绍它们。本章将帮助你熟悉这些高级深度学习库，对于快速构建深度学习模型的原型非常有用。

完成本章学习后，你将能够在自己的深度学习项目中使用 fast.ai 和 PyTorch Lightning，并有望显著减少用于模型训练和测试的时间。

本章分为以下主题：

- 使用 fast.ai 快速设置模型训练；
- 在任何硬件上使用 PyTorch Lightning 训练模型。

## 14.1 技术要求

我们将在所有练习中使用 Jupyter Notebook。以下是本章应使用 pip 安装的 Python 库列表。例如，在命令行中运行 pip install torch==1.4.0。

```
jupyter==1.0.0
torch==1.4.0
torchvision==0.5.0
matplotlib==3.1.2
pytorch-lightning==1.0.5
fast.ai==2.1.8
```

与本章相关的所有代码文件都可以在以下 GitHub 页面上找到：https://github.com/PacktPublishing/Mastering-PyTorch/tree/master/Chapter14。

## 14.2 使用 fast.ai 快速设置模型训练

在本节中，我们将以练习的形式，使用 fast.ai 库（https://docs.fast.ai/）。用不到 10 行代码，训练并评估手写数字分类模型。我们还将使用 fast.ai 的 interpretability 模块理解训练模型在哪些方面仍然表现不佳。可以在以下 GitHub 页面找到该练习的完整代码：https://github.com/PacktPublishing/Mastering-PyTorch/blob/master/Chapter14/fast.ai.ipynb。

### 14.2.1 设置 fast.ai 并加载数据

在本节中，我们将首先导入 fast.ai 库，加载 MNIST 数据集，最后对数据集进行预处理，以进行模型训练。我们将按以下步骤进行。

1．首先，我们将以推荐的方式导入 fast.ai，如下所示：

```
import os
from fast.ai.vision.all import *
```

虽然 import*不是以推荐的方式导入 Python 中的库，但文档建议采用 fast.ai 这种格式，因为 fast.ai 适用于**读取-评估-打印循环**（**REPL**）环境。了解更多相关内容请访问：https://www.fast.ai/2020/02/13/fast.ai-A-Layered-API-for-Deep-Learning/。

总的来说，上面代码从 fast.ai 库中导入了一些关键模块，这些模块通常是用户执行模型训练和评估所必需的。可以在此处找到完全导入模块的列表：https://fast.ai1.fast.ai/imports.html。

2．接下来，我们将使用 fast.ai 的即用型数据模块加载 MNIST 数据集，这是使用 fast.ai 库所提供的数据集列表，如下：

```
path = untar_data(URLs.MNIST)
print(path)
```

可以使用 fast.ai 在 https://www.docs.fast.ai/data.external 中查看可用数据集的列表。上面的代码应该输出如图 14.1 所示的内容。

```
/Users/ashish.jha/.fastai/data/mnist_png
```

图 14.1　fast.ai 数据集路径

这是数据集的存储位置，读者需要了解以备将来使用。

3．现在，我们可以使用存储数据集看一下示例图片路径，从而了解数据集是如何布局的，代码如下：

```
files = get_image_files(path/"training")
print(len(files))
print(files[0])
```

输出如图 14.2 所示。

```
60000
/Users/ashish.jha/.fastai/data/mnist_png/training/9/36655.png
```

图 14.2　fast.ai 数据集示例

训练数据集中共有 60 000 张图像。正如我们所见，training 文件夹中，有一个子文件夹 9 对应数字 9，在该子文件夹中的图像带有数字 9。

4．我们可以使用上一步收集的信息，为 MNIST 数据集生成标签。首先，我们公布一个函数。该函数采用图像路径，并使用其母文件夹的名称来派生图像所属的数字（类别）。我们使用这个函数和 MNIST 数据集路径，实例化一个 DataLoader，如下面的代码所示：

```
def label_func(f): return f.parent.name
dls = ImageDataLoaders.from_path_func(path, fnames=files,
label_func=label_func, num_workers=0)
dls.show_batch()
```

输出应该如图 14.3 所示。

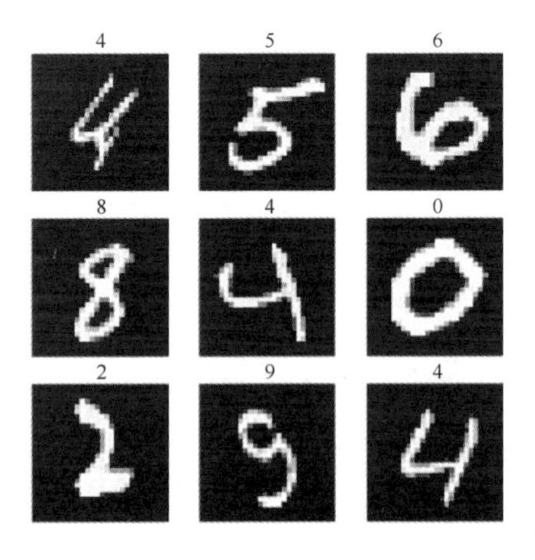


图 14.3　fast.ai 批量显示

如我们所见，数据加载器已经正确设置。现在，我们准备继续进行模型训练。模型训练将在下一节中进行。

### 14.2.2 使用 fast.ai 训练 MNIST 模型

通过上一节中创建的 DataLoader，我们现在将使用三行代码，训练一个带有 fast.ai 的模型。

1. 首先，我们使用 fast.ai 的 cnn_learner 模块实例化模型。我们并没有从头开始定义模型架构，而是使用 resnet18 作为基础架构。你可以在此处阅读有关计算机视觉任务可用基础架构的广泛列表：https://fast.ai1.fast.ai/vision.models.html。

并且，可以随时查看第 3 章“深度 CNN 架构”中提供的模型架构详细信息。

2. 接下来，我们还定义了模型训练日志应包含的指标。在实际训练模型之前，我们使用 fast.ai 的 **Learning Rate Finder** 为这个模型架构和数据集组合建议一个良好的学习率。阅读学习率查找器的更多相关信息请参照：https://fast.ai1.fast.ai/callbacks.lr_finder.html。此步骤的代码如下：

```
learn = cnn_learner(dls, arch=resnet18, metrics=accuracy)
learn.lr_find()
```

输出如图 14.4 所示。

本质上，学习率查找器在每次迭代中以不同的学习率进行模型训练，从低值开始到高值结束，然后根据相应的学习率值标出每次迭代的损失。正如图 14.4 所示，学习率为 0.020 9，损失最小。因此，我们将选择这个最小值作为模型训练的基本学习率值。

3. 现在，我们准备训练模型。可以使用 learn.fit 从头开始训练模型，但为了获得更好的性能，我们将使用 learn.fine_tune 方法微调预先训练的 resnet18 模型，如以下代码行所示：

```
learn.fine_tune(epochs=2, base_lr=0.0209, freeze_
epochs=1)
```

```
SuggestedLRs (lr_min=0.02089296132326126, lr_steep=0.009120108559727669)
```

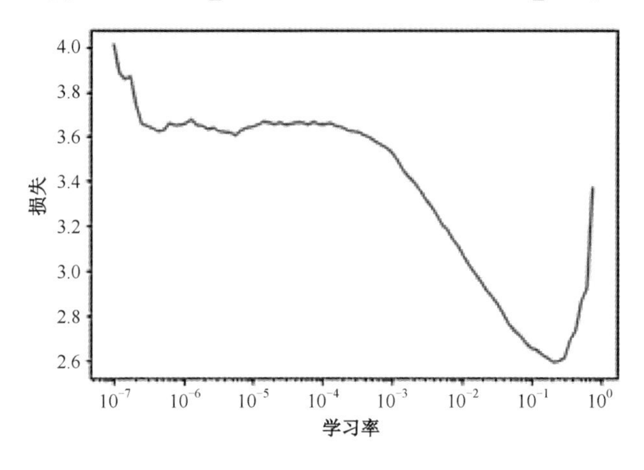


图 14.4　学习率查找器输出

这里的 freeze_epochs 指的是模型最初使用冻结网络训练的迭代数，其中只有最后一层未冻结。epochs 指此后通过解冻整个 resnet18 网络来训练模型的迭代数量。代码输出应该如图 14.5 所示。

| 迭代 | 训练损失 | 验证损失 | 准确性 | 时间 |
|---|---|---|---|---|
| 0 | 0.281835 | 0.199095 | 0.946417 | 08:30 |

| 迭代 | 训练损失 | 验证损失 | 准确性 | 时间 |
|---|---|---|---|---|
| 0 | 0.122436 | 0.080322 | 0.982583 | 10:24 |
| 1 | 0.033702 | 0.027708 | 0.991833 | 08:32 |

图 14.5　fast.ai 训练日志

正如我们所见，第一次迭代训练使用了冻结网络，然后使用未冻结网络进行两个后续迭代的训练。我们还在日志中看到了准确性指标，步骤 2 将公布我们的指标。训练日志看起来很合理，模型看起来确实在学习任务。在本练习的下一部分和最后一部分，我们将查看此模型在一些样本上的性能，并尝试了解其失败之处。

### 14.2.3 使用 fast.ai 评估和解释模型

首先，我们将查看已经训练的模型在一些样本图像上的表现，最后探索模型常犯的错误，以了解改进的余地。我们将按以下步骤进行。

1．启动训练的模型，可以使用 show_results 方法查看模型的一些预测，如以下代码行所示：

```
learn.show_results()
```

输出应该如图 14.6 所示。

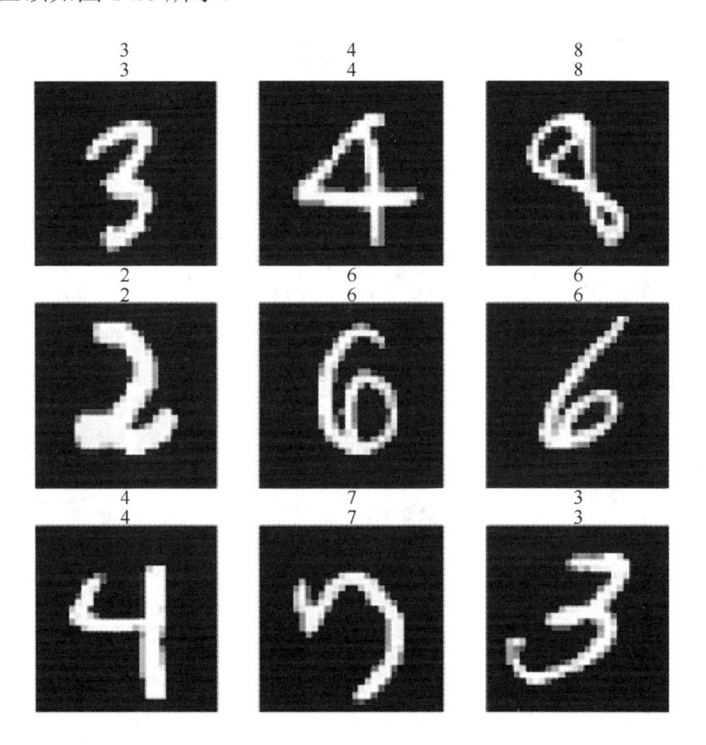


图 14.6 fast.ai 样本预测

从图 14.6 中，我们可以看到模型已正确完全处理了 9 张图像。训练模型的准确率已经达到99%，因此我们需要100张图像来查看错误的预测。相反，我们将在下一步中专门查看模型所犯的错误。

2. 在第13章“PyTorch和AI可解释性”中，我们了解了**模型可解释性**。有一种方法可以试图了解训练模型如何工作，即查看其最失败之处。我们可以使用fast.ai的Interpretation模块，用两行代码来完成此项工作，如下所示：

```
interp = Interpretation.from_learner(learn)
interp.plot_top_losses(9, figsize=(15,10))
```

输出应该如图14.7所示。

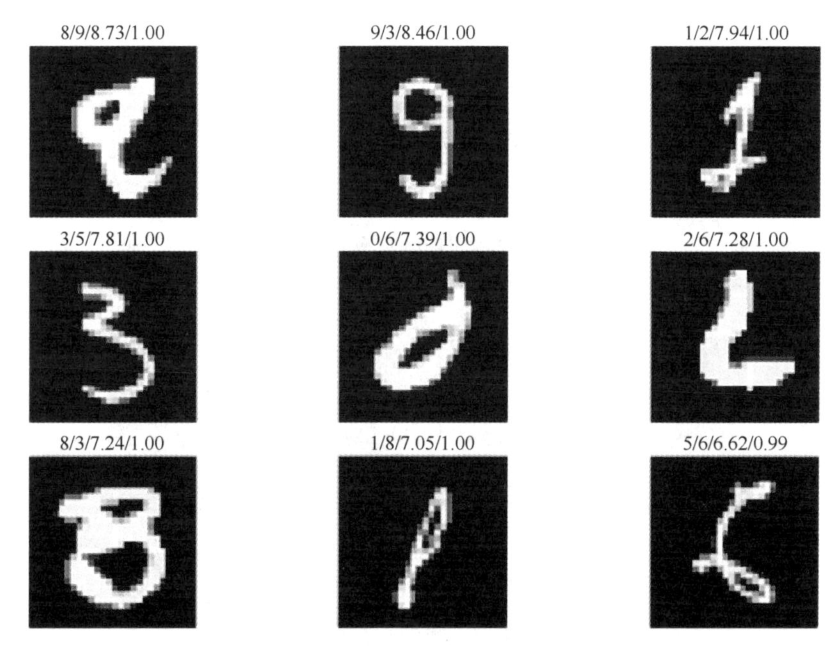


图14.7　fast.ai 顶级模型错误

在图14.7中，我们可以看到每张图像都标有预测、真实情况、交叉熵损失和预测概率。以上情况的预测对人类来说都是很难的，而且很容易出错，因此模型预测出错也是可以接受的。但是在右下角的情况中，该模型明显出错。我们可以针对前一章中出现的这种反常情况，进一步剖析模型，跟进这种类型的分析。

本次练习和对 fast.ai 的讨论到此结束。fast.ai 为机器学习工程师和研究人员（初学者和高级用户）提供了很多内容。本次练习旨在展示 fast.ai 的快速性和易用性。本节的课程可用于使用 fast.ai 处理其他机器学习任务。fast.ai 在后台使用 PyTorch 的功能，因此始终可以在这两个框架之间切换。

在下一节中，我们将探索另一个这种类型的库。这个库构建在 PyTorch 上，方便用户使用相对较少的代码行进行模型训练，使代码与硬件无关。

## 14.3 在任何硬件上使用 PyTorch Lightning 训练模型

PyTorch Lightning (https://github.com/PyTorchLightning/pytorch-Lightning) 是另一个构建在 PyTorch 上的库，用于提取模型训练和评估所需的样板代码。该库的特殊功能在于，使用 PyTorch Lightning 编写的任何模型训练代码，都可以在不更改任何硬件配置（如多个 CPU、多个 GPU，甚至多个 TPU）的情况下运行。

在下面的练习中，我们将在 CPU 上使用 PyTorch Lightning 训练，并评估手写数字分类模型。你可以使用相同的代码在 GPU 或 TPU 上进行训练。练习的完整代码请访问：https://github.com/PacktPublishing/Mastering-PyTorch/blob/master/Chapter14/pytorch_lightning.ipynb。

### 14.3.1 在 PyTorch Lightning 中定义模型组件

在这部分练习中，我们将演示如何在 PyTorch Lightning 中初始化模型类。这个库基于自我包含模型系统的理念，也就是说，模型类不仅包含模型架构定义，还包含优化器定义和数据集加载器，训练、验证和测试集性能计算功能也全部集中在一处。

我们将按以下步骤进行。

1. 首先，导入相关模块。

```
import torch
import torch.nn as nn
from torch.nn import functional as F
from torch.utils.data import DataLoader
from torchvision.datasets import MNIST
from torchvision import transforms
import pytorch_lightning as pl
```

我们可以看到，PyTorch Lightning 仍然使用了很多本机的 PyTorch 模块来定义模型类。另外，我们还直接从 torchvision.datasets 模块导入了 MNIST 数据集来训练手写数字分类器。

2. 接下来，我们定义 PyTorch Lightning 模型类，包含训练和评估模型所需的内容。我们先来看看该类别中与模型架构相关的方法。

```
class ConvNet(pl.LightningModule):
    def __init__(self):
        super(ConvNet, self).__init__()
        self.cn1 = nn.Conv2d(1, 16, 3, 1)
        …
        self.fc2 = nn.Linear(64, 10)
    def forward(self, x):
        x = self.cn1(x)
        …
        op = F.log_softmax(x, dim=1)
        return op
```

这两个方法（_init_和 forward）的工作方式与它们使用本机 PyTorch 代码的方式相同。

3. 最后，我们看看模型类的其他方法。

```
    def training_step(self, batch, batch_num):
        …
    def validation_step(self, batch, batch_num):
        …
    def validation_epoch_end(self, outputs):
        …
    def test_step(self, batch, batch_num):
        …
    def test_epoch_end(self, outputs):
        …
    def configure_optimizers(self):
        return torch.optim.Adadelta(self.parameters(),
lr=0.5)
    def train_dataloader(self):
        …
    def val_dataloader(self):
        …
    def test_dataloader(self):
        …
```

尽管 **training_step**、**validation_step** 和 **test_step** 等方法旨在评估训练集、验证集和测试集上的每次迭代性能，但*_epoch_end 方法用于计算每个迭代的性能。*_dataloader 方法可用于训练集、验证集和测试集。最后是 configure_optimizer 方法，它定义用于训练模型的优化器。

### 14.3.2 使用 PyTorch Lightning 训练并评估模型

设置模型类后，我们现在将在练习部分训练模型，然后评估训练模型在测试集上的性能。

我们将按以下步骤进行。

1. **实例化模型对象**：在这里，我们将首先使用上一节“在 PyTorch Lightning 中定义模型组件”第 3 步中定义的模型类来实例化模型对象。然后，使用 PyTorch Lightning 中的 trainer 模块定义训练器对象。

请注意，我们仅使用 CPU 进行模型训练，但你可以轻松切换到 GPU 或 TPU。PyTorch Lightning 的妙处在于，你可以根据你的硬件设置，在 trainer 定义代码中添加诸如 gpus=8 或 tpus=2 之类的参数，并且整个代码仍然可以运行，无须进一步修改。

使用以下代码行开始模型训练过程。

```
model = ConvNet()
trainer = pl.Trainer(progress_bar_refresh_rate=20, max_
epochs=10)
trainer.fit(model)
```

输出如图 14.8 所示。

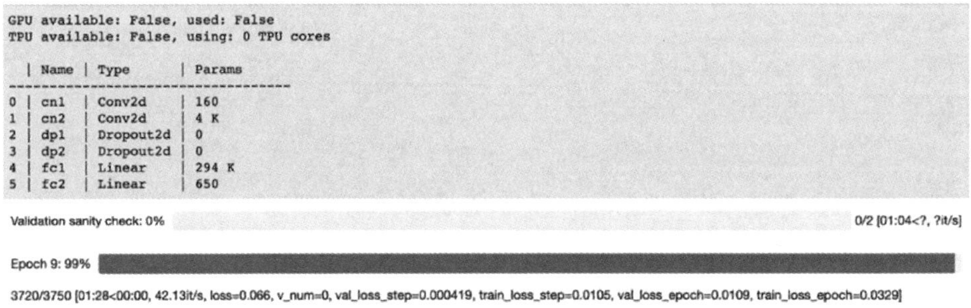

```
GPU available: False, used: False
TPU available: False, using: 0 TPU cores

  | Name | Type      | Params
-------------------------------------
0 | cn1  | Conv2d    | 160
1 | cn2  | Conv2d    | 4 K
2 | dp1  | Dropout2d | 0
3 | dp2  | Dropout2d | 0
4 | fc1  | Linear    | 294 K
5 | fc2  | Linear    | 650

Validation sanity check: 0%          0/2 [01:04<?, ?it/s]

Epoch 9: 99%
3720/3750 [01:28<00:00, 42.13it/s, loss=0.066, v_num=0, val_loss_step=0.000419, train_loss_step=0.0105, val_loss_epoch=0.0109, train_loss_epoch=0.0329]
```

图 14.8 PyTorch Lightning 训练日志

首先，trainer 对象评估可用的硬件，同时记录将要训练的整个模型架构，以及架构中每层的参数数量，此后开始迭代间的模型训练。在定义 trainer 对象时，使用 max_epochs 参数训练模型至规定的第 10 次迭代。我们还可以看到，每次迭代都记录了训练损失和验证损失。

2. **测试模型**：模型训练了 10 次迭代后可以测试。使用.test 方法，我们请求用本节第 1 步中定义的 trainer 对象对测试集运行推理，如下所示。

```
trainer.test()
```

输出如图 14.9 所示。

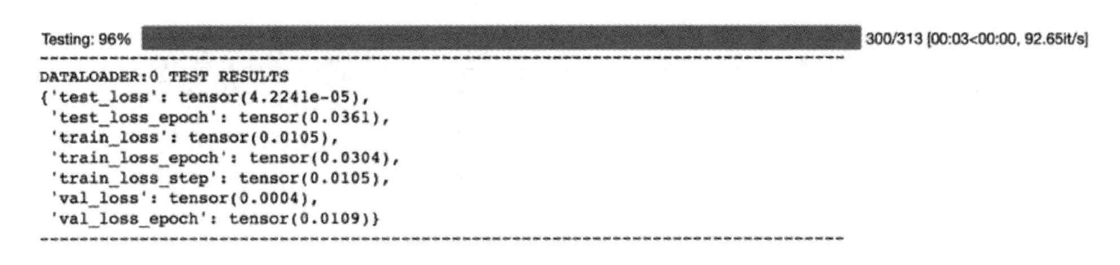

Testing: 96% 300/313 [00:03<00:00, 92.65it/s]
DATALOADER:0 TEST RESULTS
{'test_loss': tensor(4.2241e-05),
'test_loss_epoch': tensor(0.0361),
'train_loss': tensor(0.0105),
'train_loss_epoch': tensor(0.0304),
'train_loss_step': tensor(0.0105),
'val_loss': tensor(0.0004),
'val_loss_epoch': tensor(0.0109)}


图 14.9　PyTorch Lightning 测试日志

可以使用训练的模型来输出训练、验证和测试损失。

3．**探索训练模型**：最后，PyTorch Lightning 还提供了 TensorBoard (https://www.tensorflow.org/tensorboard) 和简洁界面。TensorBoard 最初为 TensorFlow 研发，是一个很棒的可视化工具包。通过运行以下代码行，我们可以在 Web 应用程序中，以交互方式探索训练模型的训练、验证和测试集性能。

```
# Start TensorBoard.
%reload_ext tensorboard
%tensorboard --logdir lightning_logs/
```

输出如图 14.10 所示。

```
Reusing TensorBoard on port 6007 (pid 21690), started 22:03:23 ago. (Use '!kill 21690' to kill it.)
```

图 14.10　PyTorch Lightning TensorBoard 日志

正如输出提示中所建议的，如果我们在 Web 浏览器上访问 http://localhost:6007/，将打开一个 TensorBoard 会话，该会话应如图 14.11 所示。

在这个交互式可视化工具包中，我们可以依据损失、准确性和各种其他指标查看 epoch-wise 模型训练进度。这是 PyTorch Lightning 的另一个巧妙功能，使我们只需几行代码即可获得丰富的模型评估和调试体验。

本练习和本节内容的讲解到此结束。虽然本节是对 PyTorch Lightning 库的简要概述，但完成学习后，你将能够了解 PyTorch Lightning 库，了解它如何工作，以及它如何为你的项目工作。PyTorch Lightning 的文档页面提供了更多示例和教程，如有兴趣请访问：https://pytorch-lightning.readthedocs.io/en/stable/。

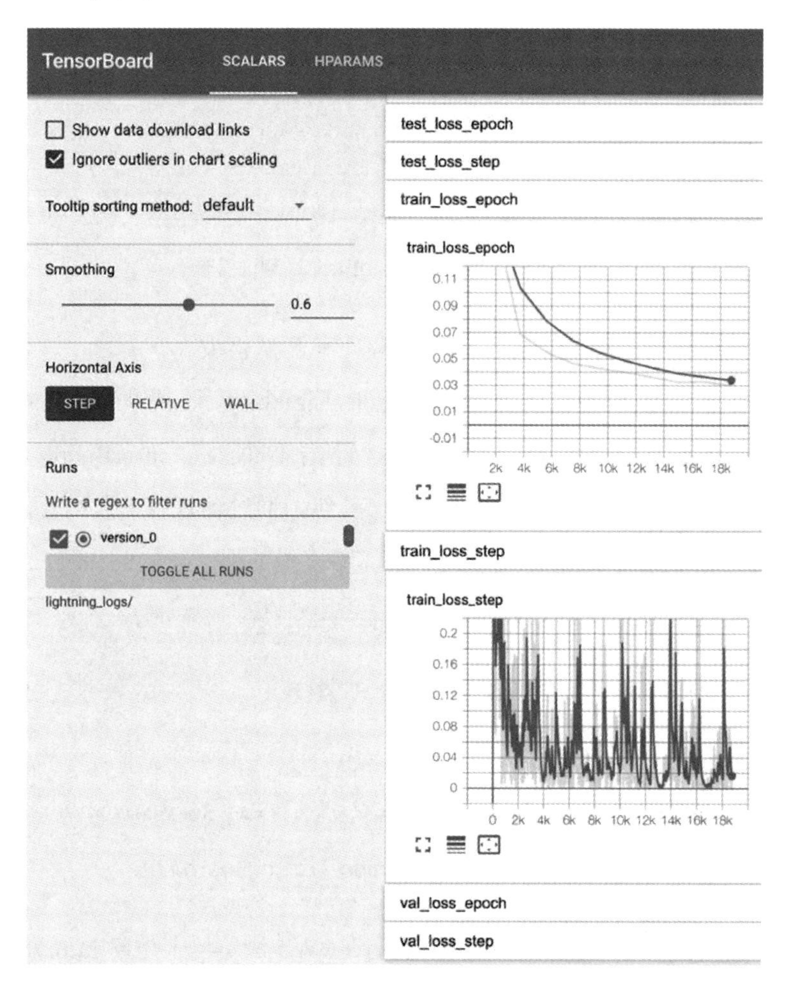


图 14.11　PyTorch Lightning TensorBoard 输出

> **注意**
>
> 常规 PyTorch 代码还提供了与 TensorBoard 的接口，但代码比较长。阅读更多相关内容请访问：https://pytorch.org/docs/stable/tensorboard.html。

如果你正尝试试验各种模型，或者想减少模型训练流水线中的代码，PyTorch Lightning 库值得一试。

## 14.4 总结

在本书的最后一章，我们专注于提取模型训练代码中涉及的噪声细节和核心组件，以促进模型的快速原型设计。由于 PyTorch 代码通常会被大量此类噪声的详细代码组件塞满，因此我们查看了一些构建在 PyTorch 上的高级库。

首先，我们探索了 fast.ai，使 PyTorch 模型能够用不到 10 行代码进行训练。我们以练习的形式展示了使用 fast.ai 训练手写数字分类模型的有效性。我们使用 fast.ai 的一个模块加载数据集，使用另一个模块训练和评估模型，最后使用另一个模块来解释训练后的模型反应。

接下来，我们查看了 PyTorch Lightning。PyTorch Lightning 是另一个构建在 PyTorch 上的高级库。我们进行了一个类似训练手写数字分类器的练习，演示了典型 PyTorch Lightning 会话中所使用的代码布局，以及与常规 PyTorch 代码相比，代码布局如何简洁。

我们强调了 PyTorch Lightning 如何促进在不同硬件配置上使用完全相同的模型训练代码。最后，我们还探索了 PyTorch Lightning 提供的与 TensorBoard 相关的模型评估接口。

虽然我们讨论了这两个库，但还有更多库可供使用，如 PyTorch Ignite 和 Poutyne。随着 PyTorch 的不断发展和延伸，将有越来越多的 PyTorch 用户使用此类高级库。因此，类似于我们在前几章中讨论的 PyTorch 的诸多其他方面（例如，第 13 章“PyTorch 和 AI 可解释性”中的可解释性，以及第 12 章“PyTorch 和 AutoML”中的自动化机器学习），这些领域也需要持续关注。

希望本书涵盖的各种主题能帮助你有效地使用 PyTorch 进行深度学习。除了在 PyTorch 中编写的各种深度学习架构和有趣的应用程序外，我们还探索了一些有用的实际概念，如模型部署、分发和原型设计。因此，如果你对使用

PyTorch 的任何特殊方面存有疑问，本书也可以作为指南。

现在，轮到你将本书讨论的 PyTorch 技能应用到你的深度学习项目中了。感谢你阅读本书，请继续保持学习！